高职高专“十三五”规划教材 土建专业

建筑制图与识图

（第二版）

主　编　吴　伟　张多峰　任 非
副主编　吴　俊　张　诚
主　审　李汉华

南京大学出版社

内容提要

本教材依据高等职业院校建筑工程技术专业人才培养方案的基本要求，按照“任务驱动，教、学、做一体化”的课程教学模式编写。教学内容按照建筑工程“施工员”的岗位任职要求选取，教学任务设计贴近工程实际，强化工程图识读能力。

全书在6个教学项目模块中设计了21个学习型教学任务，内容包括：制图基础知识、正投影原理与三视图绘制、正等轴测图和斜二轴测图绘制、组合体三视图识读、建筑形体图示表达、房屋建筑施工图识读与绘制、房屋结构施工图识读与绘制、室内给排水施工图识读等。

本书适合作为高等职业院校建筑工程类专业的教材，也可作为社会人员的自学用书。

图书在版编目(CIP)数据

建筑制图与识图 / 吴伟，张多峰，任非主编. -- 2版. --南京 ：南京大学出版社，2016.8 (2018.9重印)
高职高专“十三五”规划教材. 土建专业
ISBN 978-7-305-17390-5

Ⅰ. ①建… Ⅱ. ①吴… ②张… ③任… Ⅲ. ①建筑制图-高等职业教育-教材 Ⅳ. ①TU204.2

中国版本图书馆 CIP 数据核字(2016)第 192479 号

出版发行 南京大学出版社
社 址 南京市汉口路22号 邮编 210093
出 版 人 金鑫荣

丛 书 名 高职高专“十三五”规划教材 · 土建专业
书 名 建筑制图与识图(第二版)
主 编 吴 伟 张多峰 任 非
责任编辑 蒋 滔 何永国 编辑热线 025-83597087

照 排 南京理工大学资产经营有限公司
印 刷 南京京新印刷厂
开 本 787×1092 1/16 印张 15 字数 326千
版 次 2016年8月第2版 2018年9月第3次印刷
ISBN 978-7-305-17390-5
定 价 35.00元

网 址:http://www.njupco.com
官方微博:http://weibo.com/njupco
官方微信号:njupress
销售咨询热线:(025)83594756

前　言

《建筑制图与识图》课程是建筑工程类专业一门制图理论和识图技能兼具的技术基础课。编者在开发教材的过程中，依据建筑工程技术专业人才培养方案的基本要求，设计“任务驱动，教、学、做一体化”的课程教学模式，突出学生实践能力培养。为此，本教材有突出的以下几个特点：

1. 按照建筑工程施工员岗位的任职要求选取课程教学内容，以必需、够用为原则，降低理论深度，将制图理论学习和工程图识读能力紧密结合。

2. 教材按照“任务驱动，教、学、做一体化”的课程教学模式编写，将知识点组织到各个教学任务中，指导学生在完成实训任务的过程中学习和掌握必要的基础理论和基本技能，边教、边学、边做，提高学习效率。

3. 教材案例联系工程实际，绘图技能方法来自于工程技术人员的实践经验总结，争取职业能力培养和职业岗位要求“零”距离接轨。

4. 本教材贯彻《房屋建筑制图统一标准》(GB/T50001—2010)，力求图形严谨规范、概念叙述准确、语言通俗易懂。

本教材适合于高等职业学院建筑工程类专业作为教材使用，也可作为建筑工程技术人员的参考用书。

使用本教材在教师的指导下也可用 AutoCAD 完成较复杂的绘图任务。

本书由江西建设职业技术学院吴伟、山东水利职业学院张多峰、三门峡职业技术学院任非担任主编，江西环境工程职业学院吴俊、武昌职业学院张诚担任副主编。全书由江西建设职业技术学院李汉华主审。

由于作者水平有限，书中难免存在错误和不当之处，恳请读者批评指正。

编　者

2016 年 5 月

教学资源下载

目　录

项目一
制图基本知识与技能

教学任务	教学目标	
	知识目标	技能目标
任务一　课程了解与制图工具准备	1. 了解课程的地位和作用 2. 了解课程的教学目的、内容及要求 3. 了解课程的学习方法 4. 了解绘图铅笔的型号意义	1. 掌握磨削铅笔的正确方法 2. 掌握应用图板、丁字尺、三角板绘制直线的方法 3. 掌握圆规铅芯的磨削和圆规使用方法
任务二　制图标准学习与应用	1. 掌握房屋建筑制图图线标准 2. 掌握房屋建筑制图尺寸标注标准	1. 能够正确使用绘图工具 2. 能够绘制符合国家标准的图线 3. 能够正确注写符合国家标准的尺寸和文字 4. 能够正确绘制图框、标题栏 5. 能够正确布图
任务三　绘制平面几何图形	1. 掌握正三边形、五边形、六边形的绘图方法 2. 掌握椭圆的绘图方法 3. 掌握圆弧连接的绘图方法 4. 掌握平面图形线段分析方法和绘图步骤。	1. 能够使用圆规绘制正多边形、椭圆 2. 能够使用圆规绘制圆弧连接平面图形

任务一　课程了解与制图工具准备

一、本课程的地位和作用

《建筑制图与识图》是学习绘制和阅读建筑工程图样方法的一门课程，是建筑工程类相关专业的一门技术基础课。

所谓建筑工程图样，就是表达工程建筑物的形状、大小、材料、构造以及各组成部分之间相互关系的图纸。在现代房屋工程建设中，无论是砖石砌筑还是混凝土浇筑、基础开挖、建筑设备安装等，都离不开建筑工程图样。在建筑工程技术领域，建筑图样是建筑工程技术人员用以表达设计意图、组织生产施工、交流技术思想的重要技术资料。设计人员通过图样把房屋工程结构和尺寸表达出来，施工人员通过图样组织建筑施工，使用者通过图样来进行房屋维护和改造，因此，工程图是工程技术人员的“共同语言”。

二、本课程的教学目的、内容及要求

本课程的教学目的是培养学生达到房屋建筑工程一线施工员所应具有的绘制、阅读工程图样的能力水平，其具体的教学内容和要求是：

1. 制图基本知识

要求掌握建筑制图基本标准；正确使用制图仪器；掌握平面图形的绘图方法。

2. 正投影原理和制图方法

要求掌握正投影的基本原理及各种图示方法，能够图示表达常见形体结构；掌握正等轴测图和斜二轴测图的画法。

3. 专业制图

要求掌握房屋建筑相关专业制图标准；掌握工程图的图示特点、表达方法，能够识读房屋建筑施工图、钢筋混凝土结构施工图、钢结构施工图、室内给排水施工图等图样。

三、本课程的学习方法

1. 理解制图原理

正投影原理是工程制图的基本理论，课堂学习重在理解制图原理，注意分析物体与平面图形的对应关系，逐步培养空间想象能力。

2. 掌握制图方法

不同特点的工程建筑物制图方法也不同，课程的主要内容就是解决各种形体的制图方法和读图方法。绘图和读图方法的掌握应用主要是通过完成一系列的学习任务来实现的，所以学习中最重要的环节是制图和读图的实训。

3. 学习与工程实践相结合

工程图样直接为生产建设服务，与专业技术密切相关，在绘制和阅读工程图样的过程中，注意与生产实践相结合，逐步积累工程建设专业知识。

4. 保证作业质量

制图和识图实训任务重，要求质量高，学习过程中需要有耐心细致的作风和持之以恒的精神。

四、手工制图常用工具与使用

1. 图板、丁字尺和三角板

图板是铺贴图纸用的，要求板面平滑光洁；又因它的左侧边为丁字尺的导边，所以必须平直光滑，图纸用胶带纸固定在图板上。当图纸较小时，应将图纸铺贴在图板靠近左上方的位置，如图 1-1 所示。

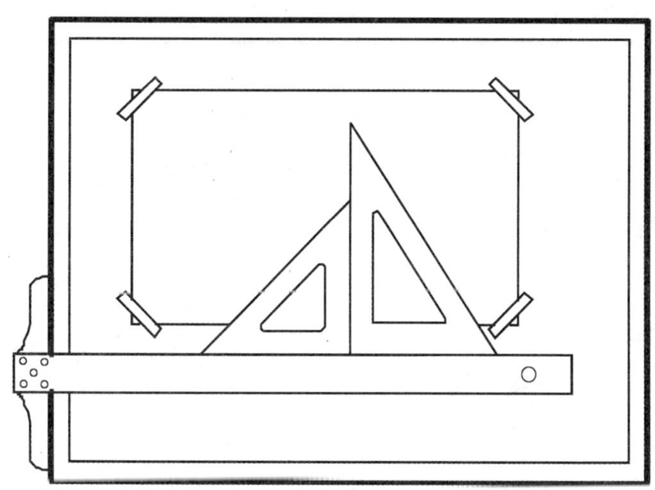

图 1-1　绘图板、丁字尺和三角板

丁字尺由尺头和尺身两部分组成。它主要用来画水平线，其头部必须紧靠绘图板左边，然后用丁字尺的上边画线。移动丁字尺时，用左手推动丁字尺头沿图板上下移动，把丁字尺调整到准确的位置，然后压住丁字尺进行画线。画水平线是从左到右画，铅笔在画线前进方向稍向前倾斜，有多条水平线时，按先上后下的顺序依次画出，如图 1-2(a)所示。画竖直线是从下向上，在画线前进方向略有倾斜，有多条竖直线时，按先左后右的顺序依次画出，如图 1-2(b)所示。

三角板分 45°和 30°、60°两块，可配合丁字尺画铅垂线及 15°倍角的斜线，如图 1-2(c)所示。用两块三角板配合可以画任意角度已知直线的平行线或垂直线，如图

1－3所示。

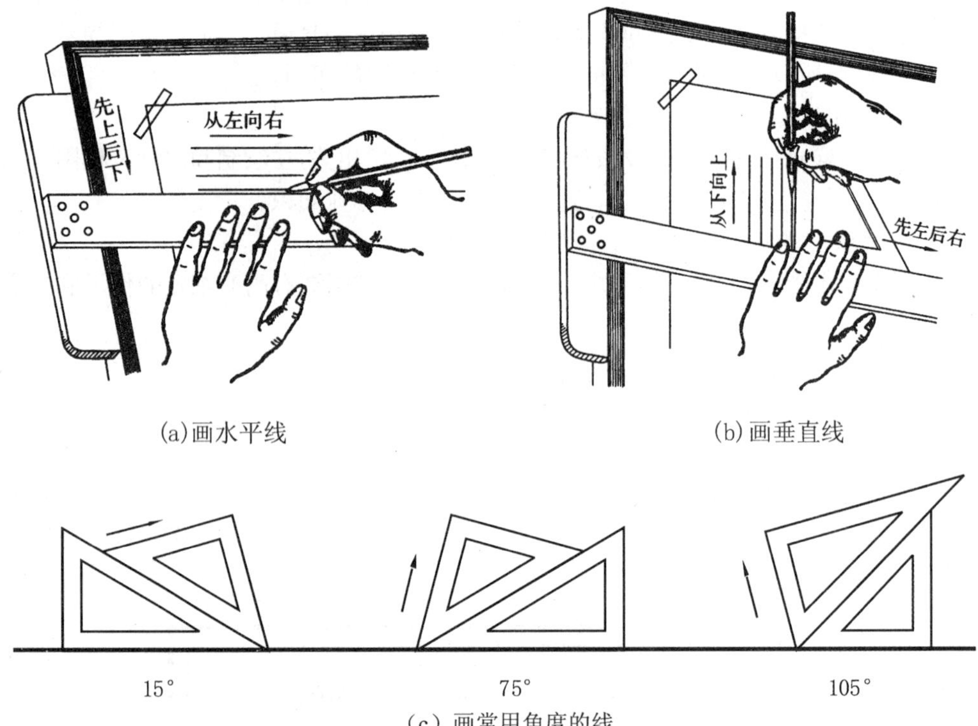

(a)画水平线

(b)画垂直线

(c) 画常用角度的线

图 1－2 丁字尺和三角板的配合使用

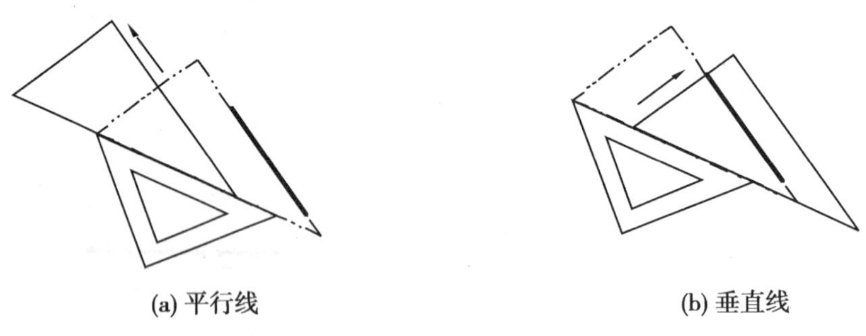

(a) 平行线

(b) 垂直线

图 1－3 三角板画平行线和垂直线

2. 铅笔

绘图用铅笔的铅芯分别用 B 和 H 表示其软、硬程度，绘图时根据不同使用要求，应准备以下几种硬度不同的铅笔：

B 或 HB——画粗实线用；

HB 或 H——画箭头和写字用；

H 或 2H——画各种细线和画底稿用。

其中用于画粗实线的 B 或 HB 型铅笔磨成矩形，其宽度 b 为粗实线的线宽（一般 $b \approx 0.7$ mm），其余的磨成圆锥形，如图 1－4 所示。

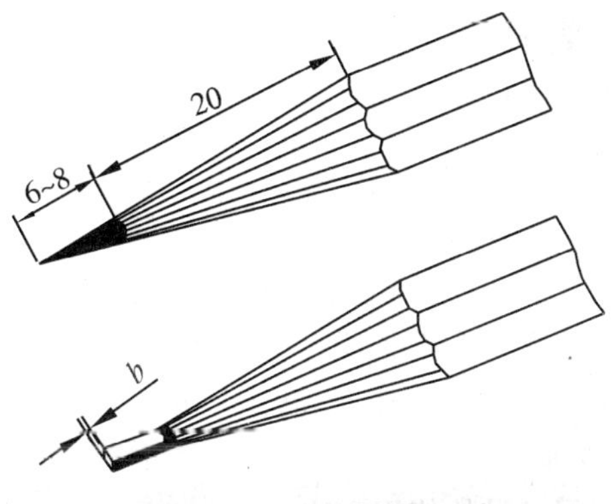

图 1-4　铅芯的形状(mm)

3. 圆规和分规

圆规用来画圆和圆弧。画图时应尽量使钢针和铅芯都垂直于纸面,钢针的台阶与铅芯尖应平齐,使用方法如图 1-5 所示。

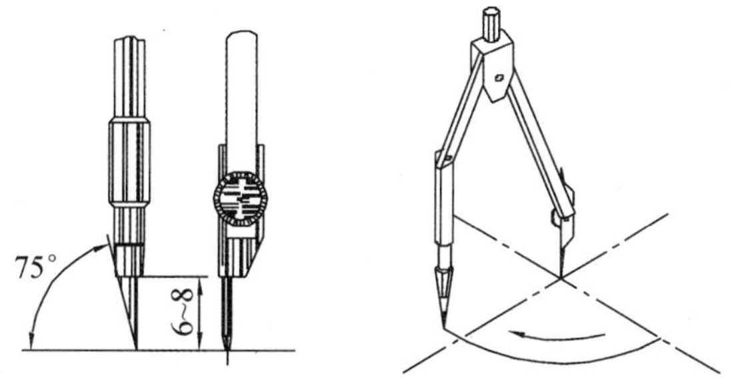

图 1-5　圆规的用法(mm)

分规主要用来量取线段长度或等分已知线段。分规的两个针尖应调整平齐。从比例尺上量取长度时,针尖不要正对尺面,应使针尖与尺面保持倾斜。用分规等分线段时,通常要用试分法。分规的用法如图 1-6 所示。

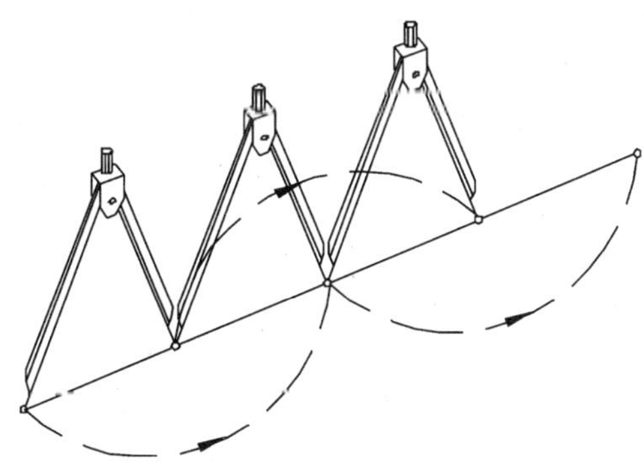

图 1-6　分规的用法

五、实训任务与要求

1. 实训任务

按教师要求准备图板、丁字尺、三角板、绘图铅笔、圆规、图纸等制图工具。

2. 实训要求

(1) 画粗实线的 B 或 HB 型铅笔按图 1-4 样式磨成矩形，其宽度 b 约为 0.7 mm；画细线的 2H 铅笔磨成圆锥形。

(2) 画粗线圆的铅芯用 2B 或 B 型，磨削成矩形；画细线圆的铅芯用 H 或 HB 型，磨削成圆尖形或斜尖形。

(3) 练习并熟悉制图工具的使用方法。

任务二　制图标准的学习与应用

一、常用制图国家标准

我国国家标准代号为“GB”(“GB/T”为推荐性国标)，现行的有关建筑制图的国家标准有:《房屋建筑制图统一标准》(GB/50001—2010);《总图制图标准》(GB/T50103—2010);《建筑制图标准》(GB/T50104—2010);《建筑结构制图标准》(GB/T50105—2010);《给水排水制图标准》(GB/T50106—2010);《暖通空调制图标准》(GB/T50114—2010)。其中《房屋建筑制图统一标准》(GB/50001—2010)是各相关专业的通用部分。

本部分学习《房屋建筑制图统一标准》(GB/50001—2010)的基本规定。主要包括图幅、图线、字体、比例、尺寸标注等。

(一) 图纸的幅面和格式

1. 图纸幅面、图框

图纸的幅面规格共有五种，从大到小的幅面代号为 A0、A1、A2、A3、A4。各种图幅的幅面尺寸见表 2-1。

表 2-1　图纸幅面代号和尺寸　　mm

幅面代号	A0	A1	A2	A3	A4
$B \times L$	841×1189	594×841	420×594	297×420	210×297
a	25				
c	10			5	

A0 图幅的面积为 1 m^2，A1 图幅由 A0 图幅对裁而得，其他图幅依次类推。

长边作为水平边使用的图幅称为横式图幅，短边作为水平边的称为立式图幅。A0～A3 图幅宜横式使用，必要时立式使用，A4 只立式使用。

在图纸上，图框线用粗实线画出，如图 2-1 所示。图形必须画在图框之内。

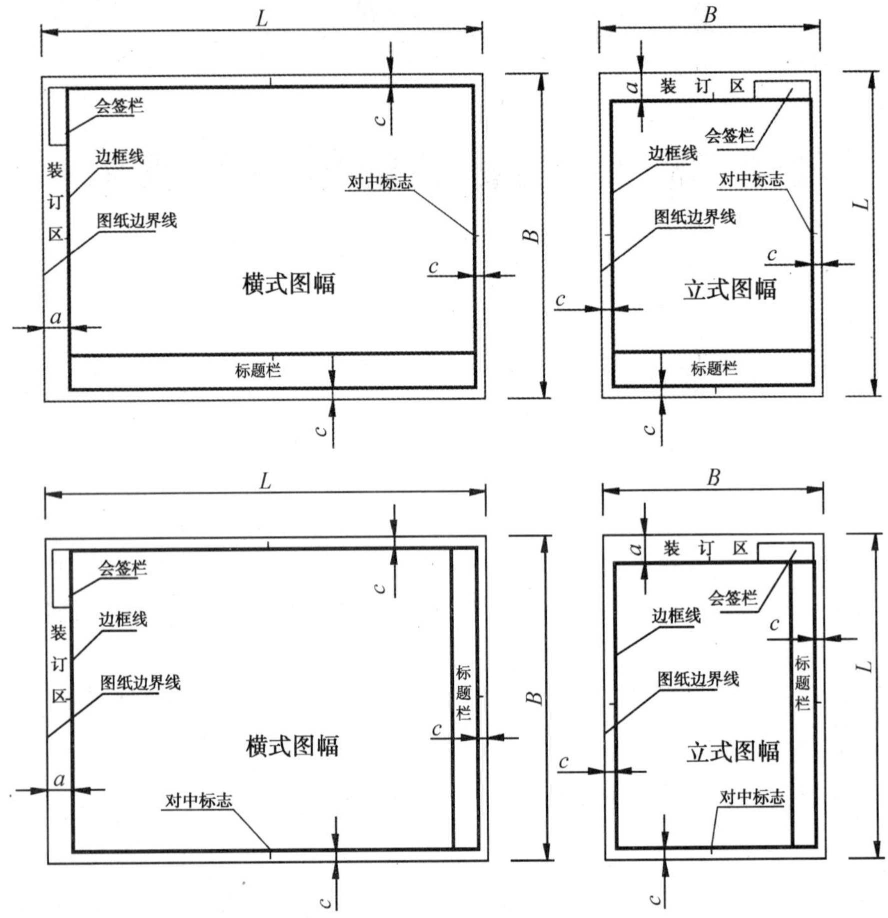

图 2-1 需要装订图样的图框格式

2. 标题栏

标题栏是用来说明图样内容的专栏。每张图纸都应设置标题栏，位置如图 2-1 所示。标题栏格式如图 2-2 所示，根据需要选择横式图幅或立式图幅。签字区应包含实名列和签名列。

设计单位名称区	注册师签章区	项目经理签章区	修改记录区	工程名称区	图号区	签字区	会签栏

图 2-2 标题栏

3. 会签栏

会签栏应按图 2-3 的格式绘制，其尺寸应为 100 mm×20 mm，栏内应填写会签人员所代表的专业、姓名、日期(年、月、日)；一个会签栏不够时，可另加一个，两个会签栏应并列；不需会签的图纸可不设会签栏。

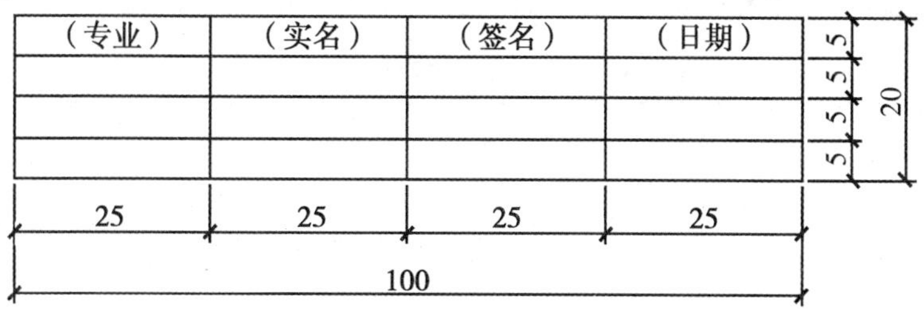

图 2-3　会签栏(mm)

(二) 图线

1. 线型

房屋建筑制图最常用的几种线型如表 2-2 所示。手工绘图时，一般情况下，虚线的每画长宜为 3～6 mm，点画线的长画长宜为 8～12 mm，点画线的短画长宜为 1 mm左右，虚线和点画线间隔宜为 1 mm 左右。

表 2-2　房屋建筑制图中的图线

名　称	线　型	线　宽	用　途
粗实线		b	主要可见轮廓线
中粗实线		0.7b	可见轮廓线
中实线		0.5b	可见轮廓线、尺寸线、变更云线
细实线		0.25b	图例填充线、家具线
粗虚线		b	新建的给水排水管道线、总平面图中的地下建筑物或地下构筑物等
中粗虚线		0.7b	不可见轮廓线
中虚线		0.5b	不可见轮廓线、图例线
细虚线		0.25b	图例填充线、家具线
粗单点长画线		b	起重机(吊车)轨道线
细单点长画线		0.25b	中心线、对称线、定位轴线等
粗双点长画线		b	预应力钢筋线等
细双点长画线		0.25b	假想轮廓线、成型以前的原始轮廓线
折断线		0.25b	断开界线
波浪线		0.25b	断开界线

2. 线宽

房屋建筑制图图线的宽度 b，宜从下列线宽系列中选用：1.4、1.0、0.7、0.5、0.35、0.25、0.18、0.13 mm。选定基本线宽 b，再根据线宽比就可以确定中粗线和细线的宽度。图线宽度不应小于 0.1 mm，每个图样应根据复杂程度与比例大小，选用

表 2－3 中相应的线宽组。同一张图纸内，相同比例的各图样，应选用相同的线宽组。

表 2－3 线宽组 mm

线宽比	线宽组			
b	1.4	1.0	0.7	0.5
0.7b	1.0	0.7	0.5	0.35
0.5b	0.7	0.5	0.35	0.25
0.25b	0.35	0.25	0.18	0.13

图纸的图框和标题栏线，可采用表 2－4 的线宽。

表 2－4 图框和标题栏线宽

幅面代号	图框线	标题栏外框线	标题栏分格线
A0、A1	b	0.5b	0.25b
A2、A3、A4	b	0.7b	0.35b

3. 图线的画法规定

(1) 相互平行的两直线，其间隙不宜小于其中的粗线宽度，且不宜小于 0.7 mm。

(2) 虚线、单点长画线或双点长画线的线段长度和间隔，宜各自相等。

(3) 单点长画线或双点长画线在较小的图形中绘制有困难时，可用实线代替。

(4) 单点长画线或双点长画线的两端不应是点，点画线与点画线交接或点画线与其他图线交接时，应是线段交接。

(5) 虚线与虚线交接或虚线与其他图线交接时，应是线段交接。虚线为实线的延长线时，不得与实线连接，如图 2－4 所示。

(6) 图线不得与文字、数字或符号重叠、混淆，不可避免时，应首先保证文字等的清晰。

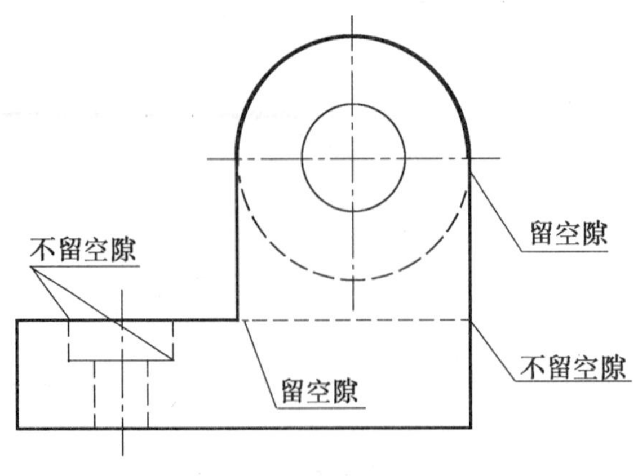

图 2－4 图线的画法

（三）字体

房屋建筑工程图中书写字体的基本要求是：

（1）图纸上所需书写的文字、数字或符号等，均应笔画清晰、字体端正、排列整齐；标点符号应清楚正确。

（2）文字的字高，应从如下系列中选用：3.5、5、7、10、14、20 mm。如需书写更大的字，其高度应按$\sqrt{2}$的比值递增。

（3）图样及说明中的汉字，宜采用长仿宋体或黑体，同一图纸字体种类不应超过两种。长仿宋体字的宽度与高度的关系应符合表 2-5 的规定。大标题、图册封面、地形图等的汉字，也可书写成其他字体，但应易于辨认。

表 2-5　长仿宋体字高宽的关系　　mm

字　高	20	14	10	7	5	3.5
字　宽	14	10	7	5	3.5	2.5

书写长仿宋字的要领是：横平竖直、起落分明、笔锋满格、布局均匀。图 2-5 所示的是长仿宋体字的书写示例。

横平竖直　注意起落　结构均匀　排列整齐

图 2-5　长仿宋体字例

（4）拉丁字母、阿拉伯数字与罗马数字的字高，应不小于 2.5 mm。数量的数值注写，应采用正体阿拉伯数字。各种计量单位凡前面有量值的，均应采用国家颁布的单位符号注写，并应采用正体字母。拉丁字母、阿拉伯数字与罗马数字，如需写成斜体字，其斜度应是从字的底线逆时针向上倾斜 75°。

拉丁字母、阿拉伯数字与罗马数字的字例如图 2-6 所示。

ABCDEFGHIJKLMNOPQRSTUVWXYZ

abcdefghijklmnopqrstuvwxyz

ABCDEFGHIJKLMNOPQRSTUVWXYZ

abcdefghijklmnopqrstuvwxyz

1234567890

1234567890

Ⅰ　Ⅱ　Ⅲ　Ⅳ　Ⅴ　Ⅵ　Ⅶ　Ⅷ　Ⅸ　Ⅹ

Ⅰ　Ⅱ　Ⅲ　Ⅳ　Ⅴ　Ⅵ　Ⅶ　Ⅷ　Ⅸ　Ⅹ

图 2-6　拉丁字母、阿拉伯数字与罗马数字示例

（5）分数、百分数和比例数的注写，应采用阿拉伯数字和数学符号，例如：四分之三、百分之二十五和一比二十应分别写成 3/4、25％和 1∶20。

（四）比例

（1）图样的比例，应为图形与实物相对应的线性尺寸之比。比例的大小，是指其比值的大小，如 1∶50>1∶100。

（2）比例的符号为“∶”，比例应以阿拉伯数字表示，如 1∶1、1∶2、1∶100 等。

（3）比例宜注写在图名的右侧，字的基准线应取平；比例的字高宜比图名的字高小一号或二号。比例标注的样例如图 2－7 所示。

平面图 1:100　　② 1:100

图 2－7　长仿宋体字示例

（4）绘图所用的比例，应根据图样的用途与被绘对象的复杂程度，从表 2－6 中选用，并优先用表中常用比例。

表 2－6　绘图所用的比例

常用比例	1∶1　1∶2　1∶5　1∶10　1∶20　1∶50　1∶100　1∶150　1∶200　1∶500 1∶1000　1∶2000
可用比例	1∶3　1∶4　1∶6　1∶15　1∶25　1∶30　1∶40　1∶60　1∶80　1∶250　1∶300 1∶400　1∶600　1∶5000　1∶10000　1∶20000　1∶50000　1∶100000　1∶200000

（五）尺寸标注

1. 尺寸的组成

图样上的尺寸标注，包括尺寸界线、尺寸线、尺寸起止符号和尺寸数字，如图 2－8 所示。

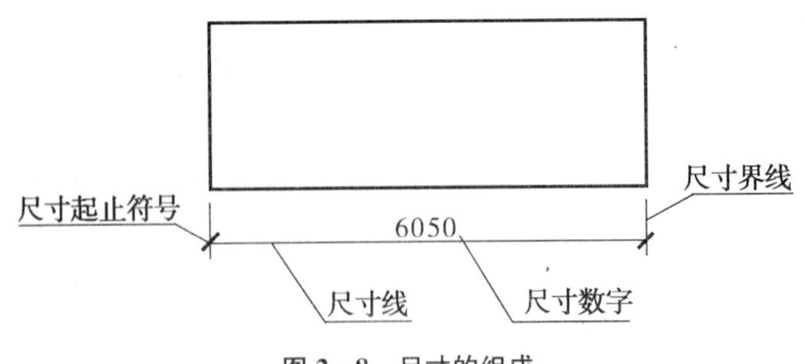

图 2－8　尺寸的组成

（1）尺寸界线

尺寸界线应用细实线绘制，一般应与被注长度垂直，其一端应离开图样轮廓线不小于 2 mm，另一端宜超出尺寸线 2～3 mm，图样轮廓线可兼用作尺寸界线，如图2－9 所示。

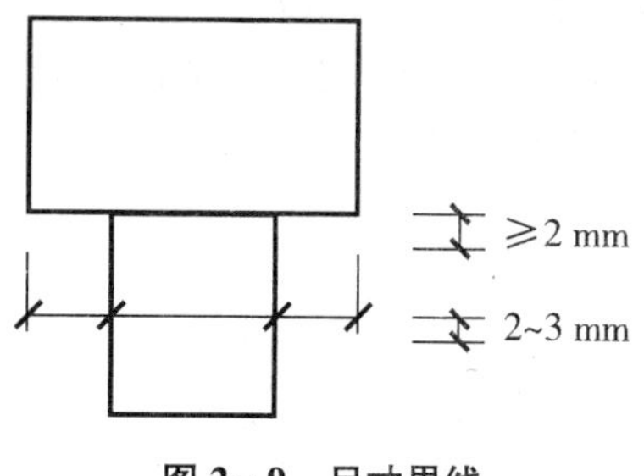

图 2－9　尺寸界线

(2) 尺寸线

尺寸线应用细实线绘制，应与被注长度平行，如图 2－8 所示，图样本身的任何图线均不得用作尺寸线。

(3) 尺寸起止符号

建筑制图中尺寸起止符号一般用中粗斜短线绘制，其倾斜方向应与尺寸界线成顺时针 45°角，长度宜为 2～3 mm，样式如图 2－10(c)所示。半径、直径、角度与弧长的尺寸起止符号，宜用箭头表示，箭头尺寸如图 2－10(a)或图 2－10(b) 所示。

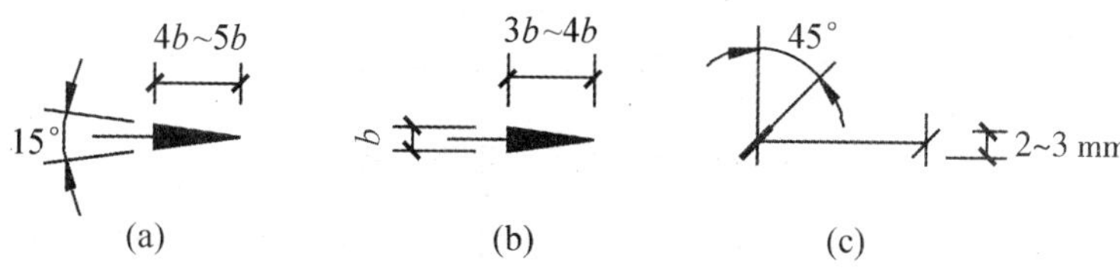

图 2－10　尺寸起止符号画法

(4) 尺寸数字

图样上的尺寸，应以尺寸数字为准，不得从图上直接量取。图样上的尺寸单位，除标高及总平面以 m 为单位外，其他必须以 mm 为单位。

尺寸数字的方向有如下的规定：水平尺寸注在尺寸线的上方，字头向上；竖直尺寸注在尺寸线的左方，字头向左；倾斜尺寸注在尺寸线的上方，字头有朝上的趋势，如图 2－11(a)所示；若尺寸在 30°斜线区内，宜按图 2－11(b)、(c)所示形式注写。

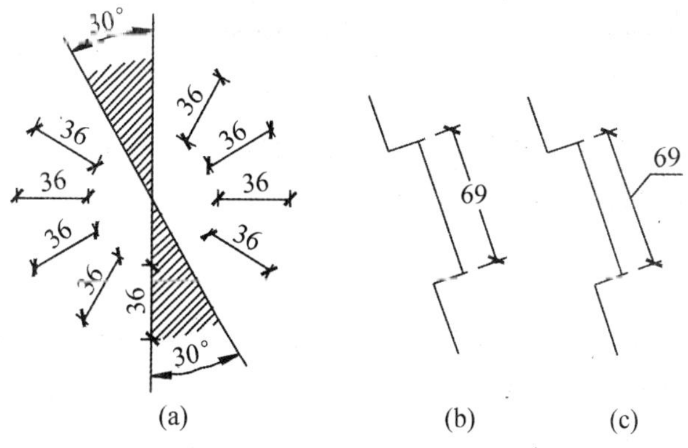

图 2－11　尺寸数字的注写方向

尺寸数字一般应依据其方向注写在靠近尺寸线的上方中部。如没有足够的注写位置，最外边的尺寸数字可注写在尺寸界线的外侧，中间相邻的尺寸数字可错开注写，如图 2－12 所示。

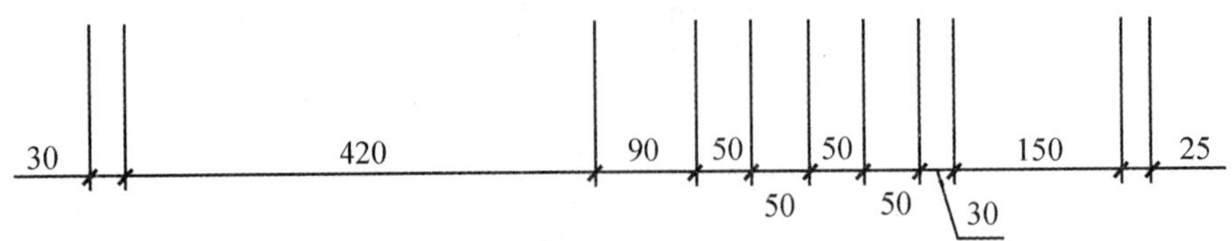

图 2－12 尺寸数字的注写位置

2. 尺寸的排列与布置

尺寸宜标注在图样轮廓以外，不宜与图线、文字及符号等相交，如果尺寸数字与图线相交不可避免，则应将图线断开，如图 2－13 所示。

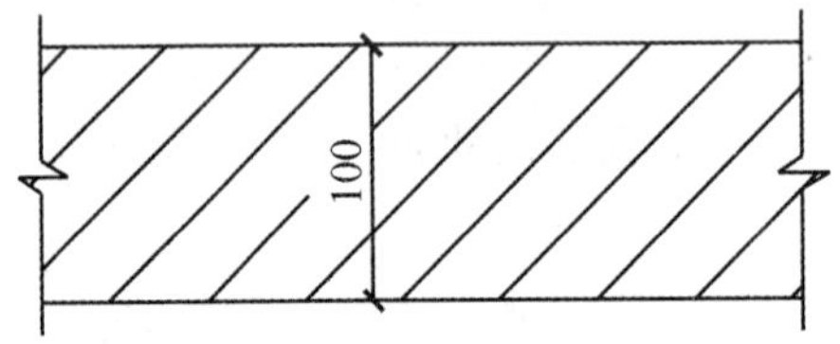

图 2－13 尺寸数字处图线应断开

互相平行的尺寸线，应从被注写的图样轮廓线由近向远整齐排列，较小尺寸应离轮廓线较近，较大尺寸应离轮廓线较远，如图 2－14 所示。

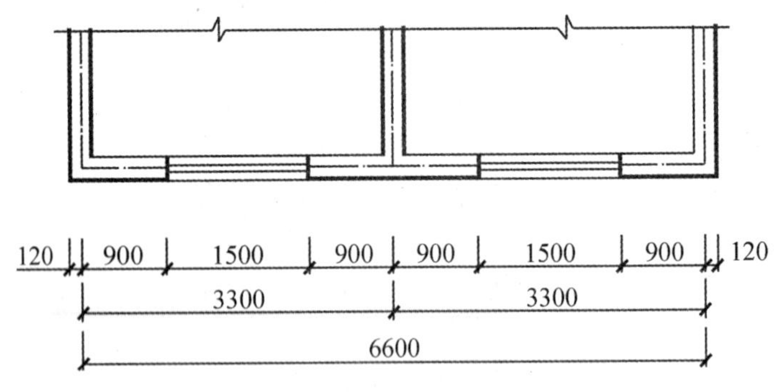

图 2－14 尺寸的排列

图样轮廓线以外的尺寸界线，距图样最外轮廓之间的距离，不宜小于 10 mm。平行排列的尺寸线的间距，宜为 7～10 mm，并应保持一致。

3. 圆弧、圆、球的尺寸标注

（1）圆弧半径标注

一般情况下，小于或等于半圆的圆弧标注半径。圆弧半径的尺寸线应一端从圆心开始，另一端画箭头指向圆弧，半径数字前应加注半径符号“R”，样式如图 2－15 所示。

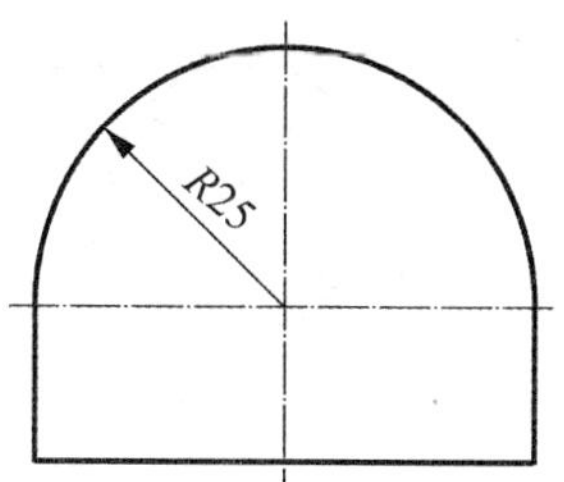

图 2-15　半径标注方法

较小圆弧的半径，可按图 2-16 样式标注。

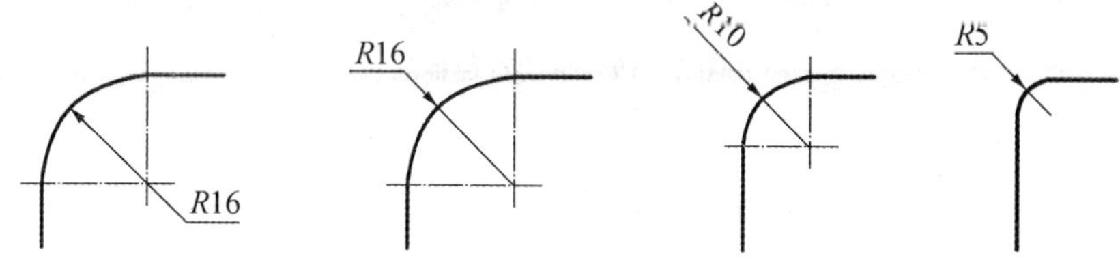

图 2-16　小圆弧半径标注

较大尺寸圆弧的半径，可按图 2-17 样式标注。

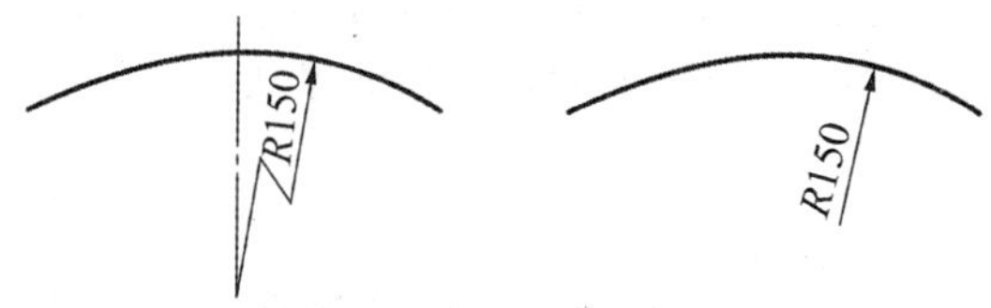

图 2-17　大圆弧半径标注

(2) 圆直径标注

一般情况下，圆或大于半圆的圆弧标注直径。标注圆的直径尺寸时，圆内标注的尺寸线应通过圆心，直径数字前应加直径符号 ϕ。在两端画箭头指至圆弧，样式如图 2-18 所示。

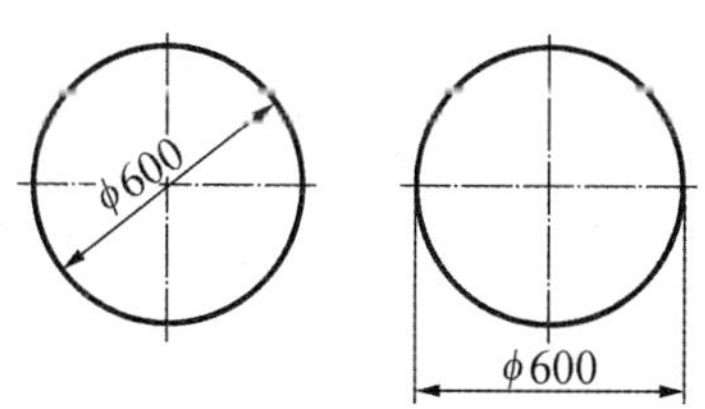

图 2-18　圆直径标注

较小圆的直径尺寸，可标注在圆外，样式如图 2-19 所示。

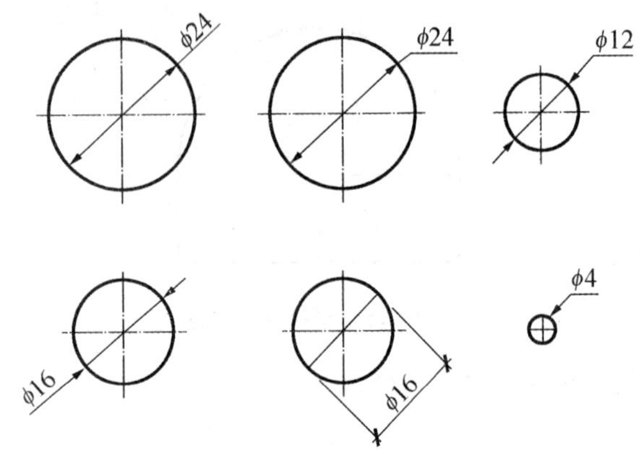

图 2-19 小圆直径标注

(3) 圆球标注

标注球的半径尺寸时,应在尺寸数字前加注符号“SR”;标注球的直径尺寸时,应在尺寸数字前加注符号“Sφ”。注写方法与圆弧半径和圆直径的尺寸标注方法相同。

4. 角度、弧度、弧长的标注

(1) 角度标注

角度的尺寸线用细实线圆弧表示,该圆弧的圆心为角的顶点,角的两条边为尺寸界线,起止符号应以箭头表示,如没有足够位置画箭头,可以圆点代替,角度数字方向应沿尺寸线方向注写。如图 2-20 所示。

(2) 弦长标注

标注圆弧的弦长时,尺寸线应以平行于该弦的直线表示,尺寸界线垂直于该弦,起止符号用中粗斜短线表示,如图 2-21(a)所示。

(3) 弧长标注

标注圆弧的弧长时,尺寸线应以与圆弧同心的细圆弧线表示,尺寸界线应垂直于该圆弧的弦,起止符号用箭头表示,弧长数字上应加圆弧符号“⌒”,如图 2-21(b)所示。

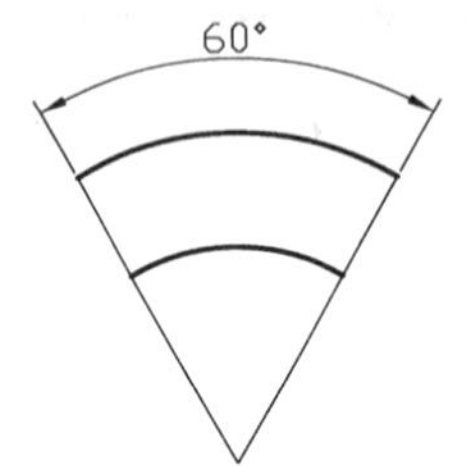

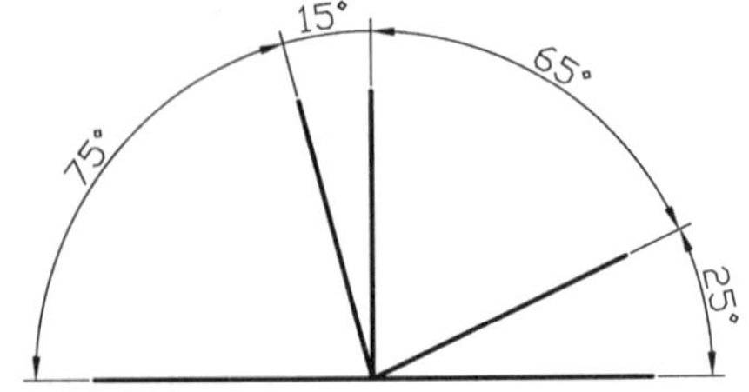

图 2-20 角度的标注

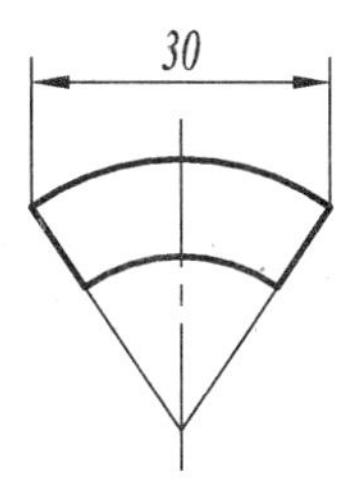

(a) 弦长的标注

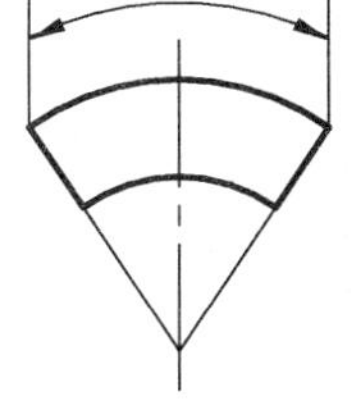

(b) 弧长的标注

图 2-21　弦长、弧长的标注

二、平面图形的绘图步骤

(1) 做好准备工作

将粗、细铅笔按要求削、磨好;圆规的铅芯同样准备粗、细两种削磨好;图板、丁字尺、三角板擦干净。

(2) 选择绘图比例和图纸幅面

根据图形的大小,确定绘图比例和图纸的幅面,所绘图形在图纸中不可太拥挤,也不可太松散,一般情况下图形占图纸幅面的 2/3 较为合适。

(3) 固定图纸

丁字尺尺头紧靠图板左边,与图板下边保留 1～2 个尺身的距离,将图纸下边与丁字尺对齐用胶纸粘贴在图板上。

(4) 画图框和标题栏

按规定要求画出图框和标题栏,注意最好先用细线画最后再描深,这样可减轻绘图时反复摩擦图面造成的污损。

(5) 布图

设想、计算布图方案,画出图形的基准线,如中心线、对称线、底边线等。

(6) 绘制底稿

绘制底稿时用细而轻的图线,便于擦涂和修改,但图形尺寸要准确无误。

(7) 检查、修改和清理

检查图形,修改错误,清理作图线。

(8) 描深

描深指的是将粗、细线描到规定的线宽,将点画线和虚线按标准画好。描深时顺序应为:先点画线、虚线,再细实线,最后粗实线;在描同一线型时应先圆后直线。

三、实训任务

1. 实训任务

手工绘制如图 2-22 所示的平面图形。

2. 实训要求

(1) 准备好绘图工具,正确使用铅笔和圆规。

(2) 在 A4 图纸上绘图,绘制图框线,图形对中。
(3) 尺寸标注符合国家标准。

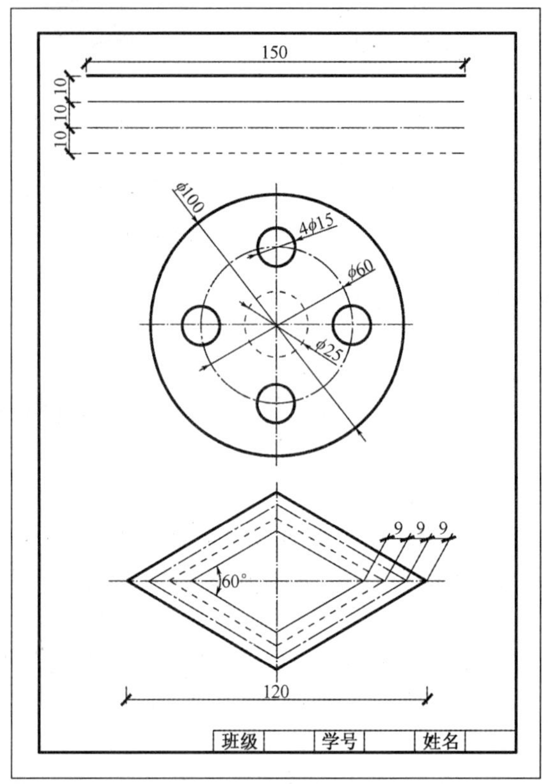

图 2-22　图线和尺寸标注练习

四、课外思考

(1) 制图标准规定,铅直尺寸线上的尺寸数字字头方向是(　　)。
a. 向上　　b. 向左　　c. 保持字头向上的趋势　　d. 任意
(2) 在线性尺寸中尺寸数字 200 mm 代表(　　)。
a. 物体的实际尺寸是 200 mm　　b. 图上线段的长度是 200 mm
c. 比例是 1∶200　　d. 实际线段长是图上线段长的 200 倍
(3) 制图标准规定,尺寸起止符号必须采用箭头的是(　　)。
a. 弧长　　b. 半径　　c. 角度　　d. 以上都是
(4) 制图标准规定,尺寸线(　　)。
a. 可以用轮廓线代替　　b. 可以用轴线代替
c. 不能用任何图线代替　　d. 可以用中心线代替
(5) 工程图样中的汉字通常应尽可能选择(　　)字体。
a. 楷体　　b. 宋体　　c. 仿宋体　　d. 长仿宋体

任务三　绘制平面几何图形

一、绘制常见正多边形

绘制正多边形一般是先画出正多边形的外接圆，然后用圆规等分外接圆圆周，再连接等分点。

1. 正三边形

正三边形画法如图 3-1 所示，画图步骤如下：

(1) 先画出正三边形的外接圆 O，如图 3-1(a)所示，以 O_1 为圆心，以 $R_1=R$ 为半径画弧与圆 O 相交于 2、3 两点，则图中 1、2、3 点为圆 O 上三等分点。

(2) 如图 3-1(b)连接圆 O 上三等分点，则画出圆内接正三边形。

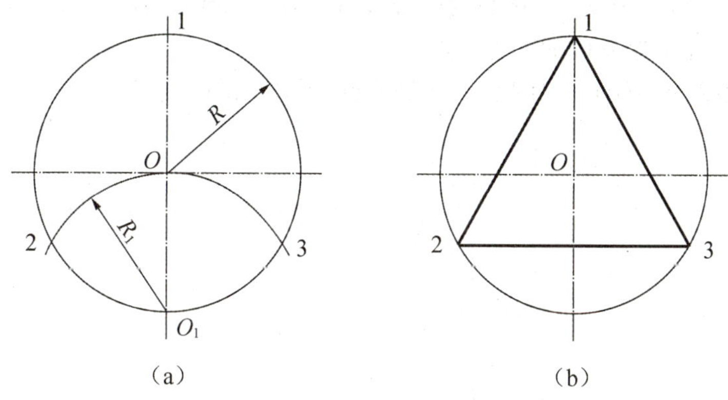

图 3-1　正三边形画法

2. 正六边形

正六边形画法如图 3-2 所示，画图步骤如下：

(1) 如图 3-2(a)所示，先画出正六边形的外接圆 O，分别以 O_1、O_2 为圆心，以 R_1、R_2($R_1=R_2=R$)为半径画弧与圆 O 相交于 3、4、5、6 四点，则图中 O_1、O_2、3、4、5、6 点为圆 O 上六等分点。

(2) 如图 3-2(b)连接圆 O 上六等分点，则画出圆内接正六边形。

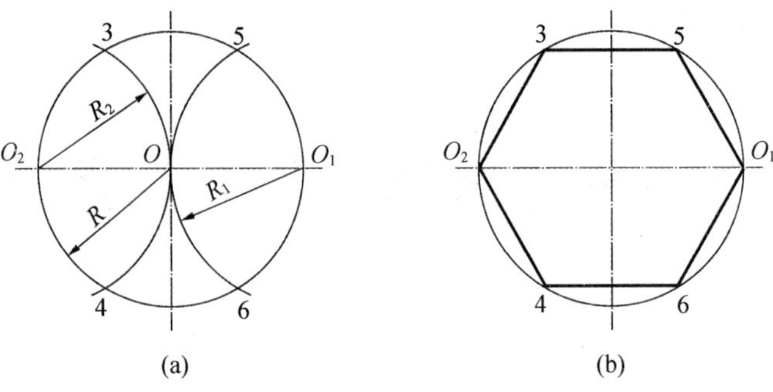

图 3－2　正六边形画法

3. 正五边形

正五边形画法如图 3－3 所示，画图步骤如下：

(1) 如图 3－3(a)所示，先画出正五边形的外接圆 O，以 O_1 为圆心，以 R_1(R_1＝R)为半径画弧与圆 O 相交于 A_1、A_2 两点，连接 A_1、A_2，与圆 O 的水平中心线交于 O_2 点。

(2) 如图 3－3(b)所示，以 O_2 点为圆心，以 R_2(R_2＝ O_1O_3)为半径画弧与圆 O 的水平中心线交于 B 点。

(3) 如图 3－3(c)所示，以 O_3 点为圆心，以 R_3(R_3＝ O_3B)为半径画弧与圆 O 交于 1、2 两点。再分别以 1、2 两点为圆心，以 R_3 为半径画弧与圆 O 交于 3、4 两点。则 O_3、1、2、3、4 五点为圆 O 的五等分点。

(4) 如图 3－3(d)连接圆 O 上五等分点，则画出圆内接正五边形。

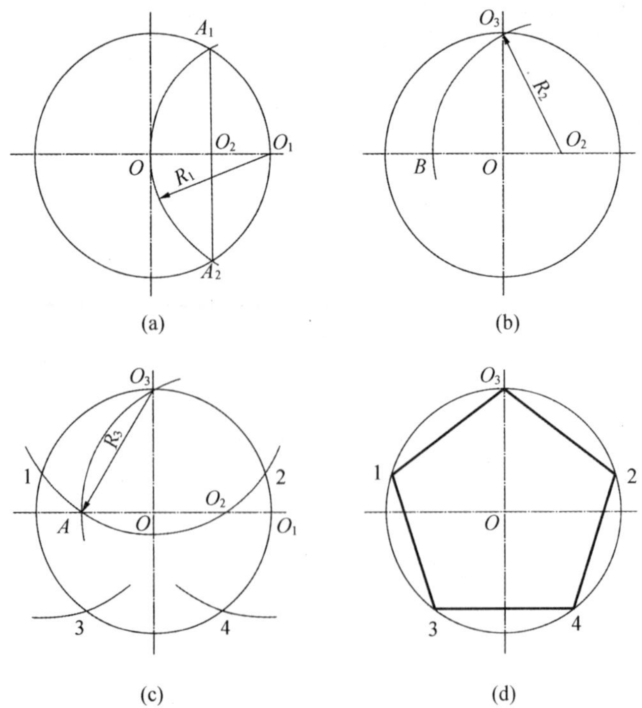

图 3－3　正五边形画法

二、绘制椭圆

椭圆有两条相互垂直而且对称的轴，即长轴和短轴。常见的椭圆画法主要有同心圆法和四心圆法两种。同心圆法是先求出椭圆曲线上一定数量的点，再徒手将各点连接成椭圆；四心圆法是用四段圆弧连接成近似椭圆。下面分别介绍其画法。

1. 同心圆法

已知椭圆长轴和短轴，用同心圆画法绘制椭圆的步骤如下：

(1) 以长轴和短轴为直径画两同心圆，如图 3－4(a)所示。

(2) 过圆心作一系列直线与两圆相交，本例将圆周 12 等分，过等分点和圆心均匀画出直线，直线与内外圆均有交点，如图 3－4(b)所示。

(3) 如图 3－4(c)所示，从每一个直线与外圆的交点画竖直线，再从每一个直线与内圆的交点画水平线，水平面和竖直线的交点就是椭圆上的点。

(4) 徒手连接各点，即得所求椭圆，如图 3－4(d)所示。

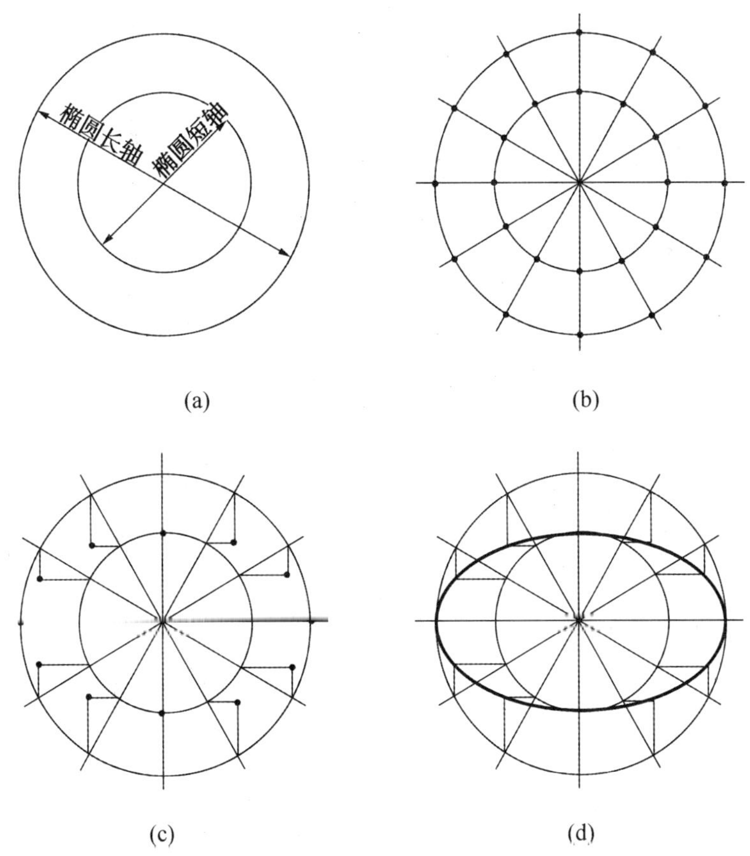

图 3－4 同心圆法画椭圆

2. 四心圆法

已知椭圆长轴 AB 和短轴 CD，用四心圆法作椭圆的步骤如下：

(1) 如图 3－5(a)所示，画出椭圆的长短轴中心线，量取长轴 AB 和短轴 CD。

(2) 如图 3－5(b)所示，连接 AC，以 O 点为圆心，OA 为半径画圆弧交 OC 延长线于点 E，再以点 C 为圆心，CE 为半径画弧交 AC 于 E_1 点。

(3) 如图 3－5(c)所示，作 AE_1 的垂直平分线，与长、短轴及延长线分别交于 O_1、O_2 两点。

(4) 作对称点 O_3、O_4，连接 O_1O_4、O_2O_3、O_3O_4 并延长，如图 3－5(d)所示。

(5) 以 O_1、O_2、O_3、O_4 各点为圆心，AO_1、CO_2、BO_3、DO_4 为半径，O_1O_2、O_1O_4、O_2O_3、O_3O_4 为分界线，分别画弧，即得近似椭圆，如图 3－5(e)、(f)所示。

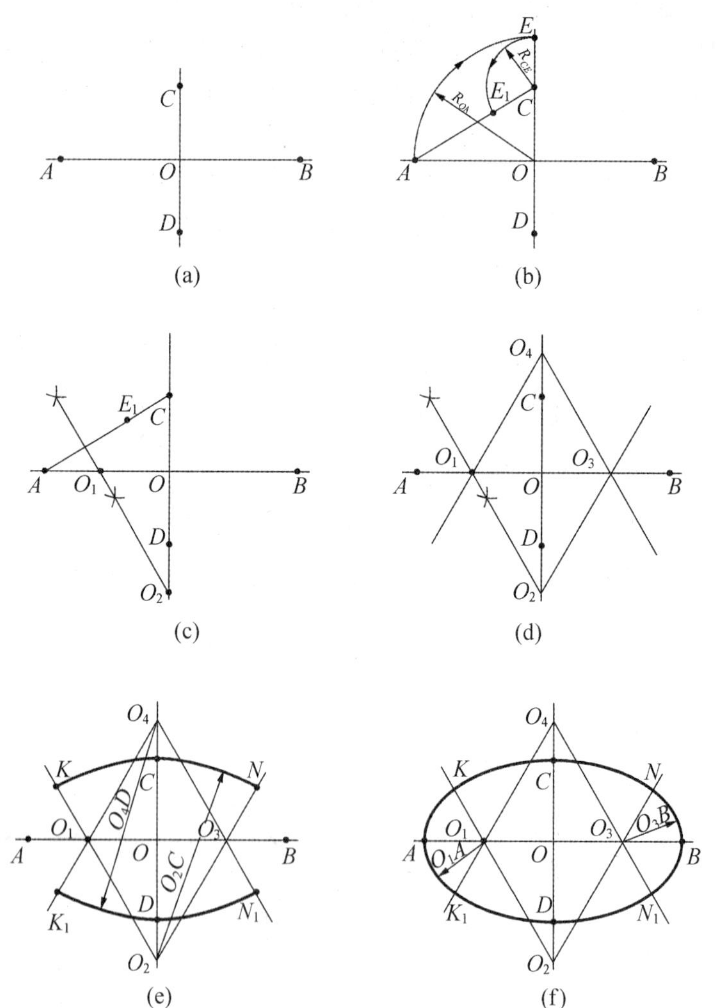

图 3－5 四心圆法画椭圆

三、圆弧连接

(一) 圆弧连接的概念

在绘图时，经常需要用圆弧光滑的连接相邻的两条已知线段。这种用一段圆弧光滑的连接两相邻已知线段的作图方法，称为圆弧连接。圆弧连接的实质就是要使连接圆弧与相邻线段或曲线相切，以达到光滑连接的效果。圆弧连接作图的关键就是如何准确找到连接圆弧的圆心和切点。表 3-1 说明了各种连接方式下找圆心和找切点的作图原理。

表 3-1　圆弧连接的作图原理

类　别	图　形	求连接弧圆心	求切点
圆弧与直线相切	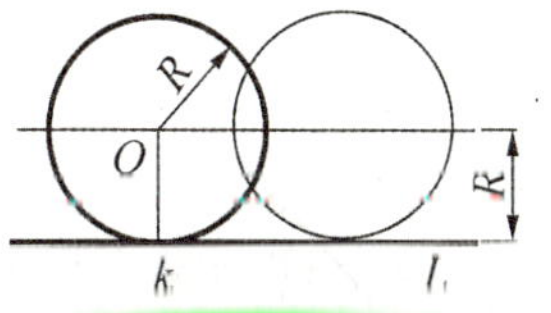 R O R k L	连接弧(R)的圆心位于与直线(L)相距为 R 的平行线上	切点 k 为由圆心向直线作垂线的垂足上
圆弧与圆弧相外切	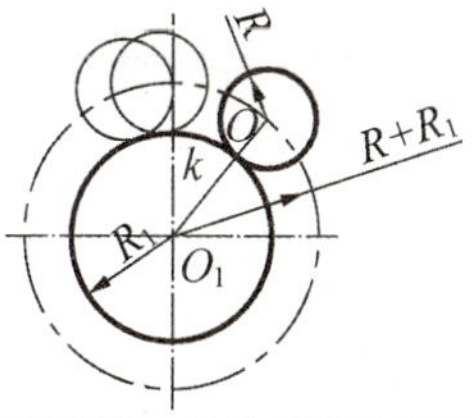 R O k R+R₁ R₁ O₁	连接弧(R)的圆心位于与已知圆弧(R_1)同心，并以 $R+R_1$ 为半径的圆周上	切点 k 为两圆心连线与已知圆的交点上
圆弧与圆弧相内切	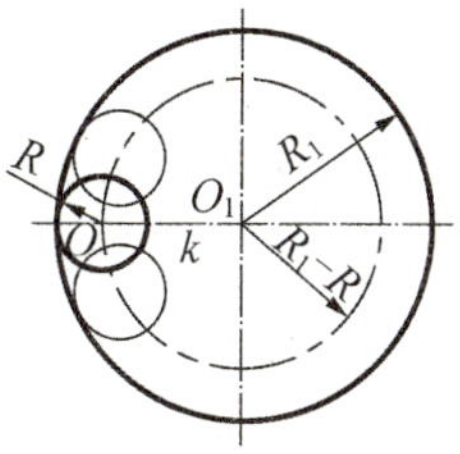 R O O₁ k R₁ R₁−R	连接弧(R)的圆心位于与已知圆弧(R_1)同心，并以 R_1-R 为半径的圆周上	切点 k 为两圆心连线的延长线与已知圆的交点上

（二）圆弧连接的作图方法

圆弧连接有圆弧连接直线、圆弧外切连接圆弧、圆弧内切连接圆弧等连接形式。下面介绍不同连接形式下圆弧连接的作图方法。

1. 用圆弧连接两直线

如图 3-6(a)所示，用半径为 R 的圆弧连接两已知直线。作图步骤如下：

(1) 找圆心。分别作两已知直线距离为 R 的平行线，两平行线的交点即连接圆弧的圆心 O，如图 3-6(b)所示。

(2) 找切点。过连接圆弧的圆心分别向两已知直线作垂直线，垂足点即为连接圆弧与已知直线的切点 m_1、m_2，如图 3-6(c)所示。

(3) 画连接弧。以 O 为圆心，用圆规连接 m_1、m_2，画出连接圆弧，如图 3-6(d)所示。

(4) 擦除作图线和多余图线，得到的连接圆弧如图 3-6(e)所示。

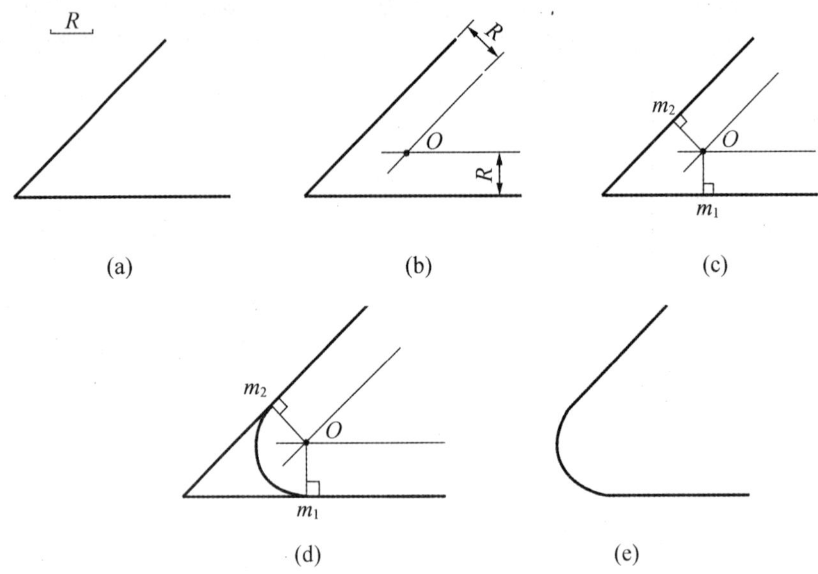

图 3-6 用圆弧连接两直线

2. 用圆弧外切连接两圆弧

如图 3-7(a)所示,用半径为 R 的圆弧外切连接两已知圆弧。作图步骤如下:

(1) 找圆心。分别以 O_1、O_2 为圆心,以 R_1+R、R_2+R 为半径画圆弧将于 O 点,O 点即连接圆弧的圆心,如图 3-7(b)所示。

(2) 找切点。分别连接 O_1O 和 O_2O,两连心线与圆 O_1、O_2 的交点即为连接圆弧与已知圆弧的切点 m_1、m_2,如图 3-7(c)所示。

(3) 画连接弧。以 O 为圆心,用圆规连接 m_1、m_2,画出连接圆弧,如图 3-7(d)所示。

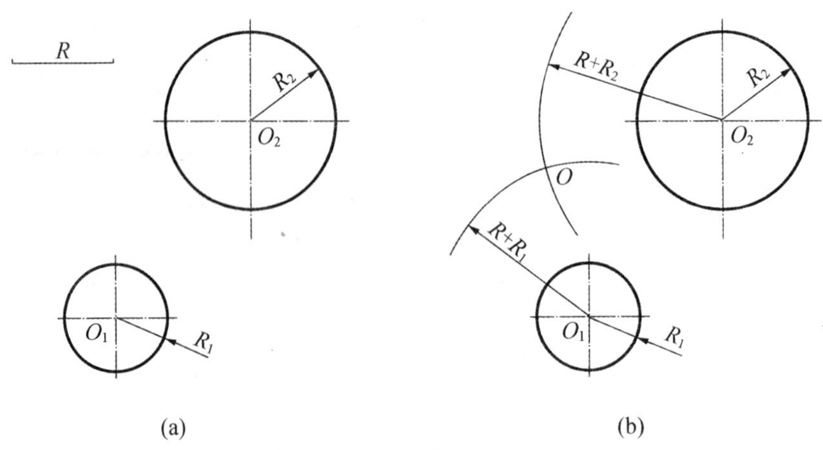

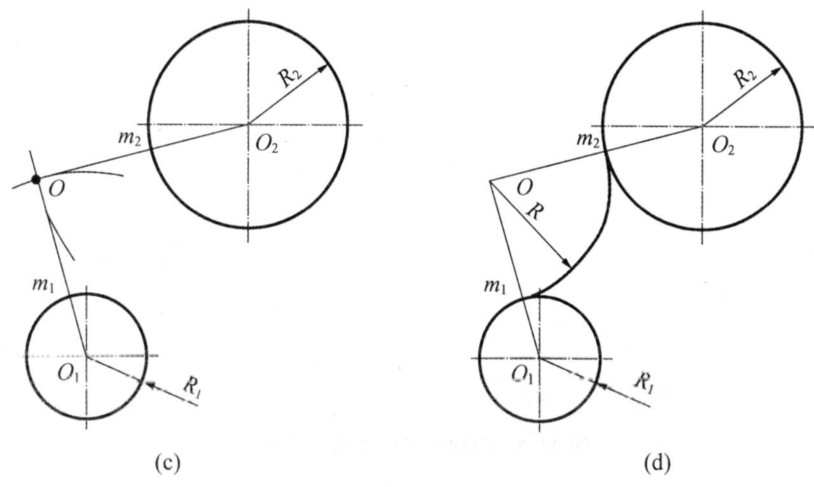

图 3－7　用圆弧外切连接两圆弧

3. 用圆弧内切连接两圆弧

如图 3－8(a)所示，用半径为 R 的圆弧内切连接两已知圆弧。作图步骤如下：

(1) 找圆心。分别以 O_1、O_2 为圆心，以 $R-R_1$、$R-R_2$ 为半径画圆弧，两圆弧交于 O 点，O 点即连接圆弧的圆心，如图 3－8(b)所示。

(2) 找切点。如图 3－8(c)所示，分别连接 O_1O 和 O_2O 两连心线并延长与圆 O_1、O_2 相交，交点即为连接圆弧与已知圆弧的切点 m_1、m_2。

(3) 画连接弧。以 O 为圆心，用圆规连接 m_1、m_2，画出连接圆弧，如图 3－8(d)所示。

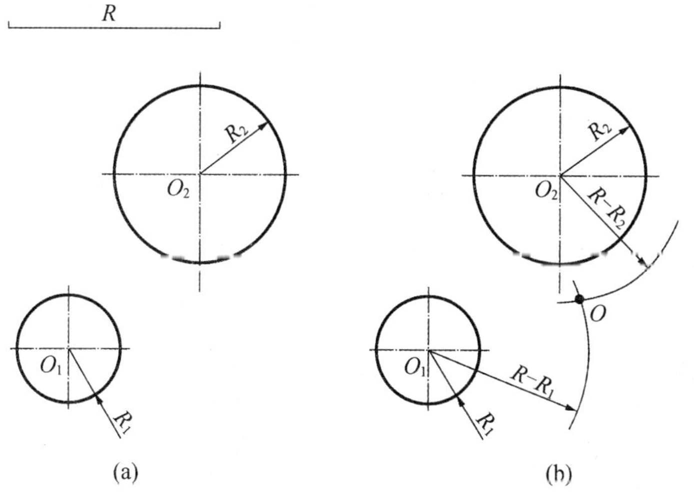

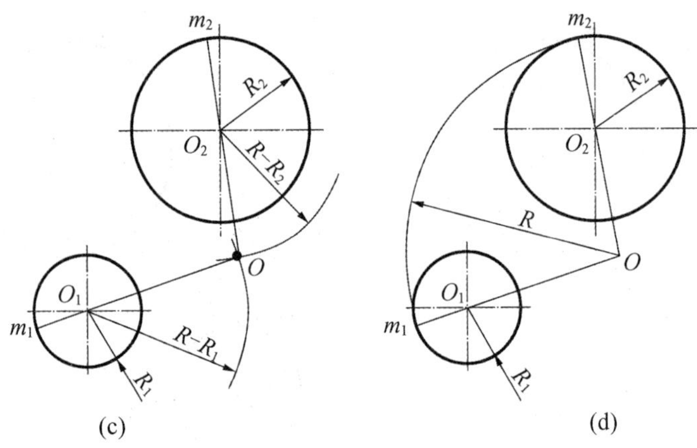

图 3－8 用圆弧内切连接两圆弧

4. 用圆弧内外切连接两圆弧

如图 3－9(a)所示，用半径为 R 的圆弧外切连接 O_1 圆弧，内切连接 O_2 圆弧，作图步骤如下：

(1) 找圆心。以 O_1 为圆心，以 $R+R_1$ 为半径画圆弧；再以 O_2 为圆心，以 $R-R_2$ 为半径画圆弧。以上两圆弧交于 O 点，O 点即连接圆弧的圆心，如图 3－8(b)所示。

(2) 找切点。连接 O_1O 连心线与圆 O_1 相交，交点即为连接圆弧与 O_1 圆弧的切点 m_1，连接 O_2O 连心线并延长与圆 O_2 相交，交点即为连接圆弧与 O_2 圆弧的切点 m_2，如图 3－8(c)所示。

(3) 画连接弧。以 O 为圆心，用圆规连接 m_1、m_2，画出连接圆弧，如图 3－8(d)所示。

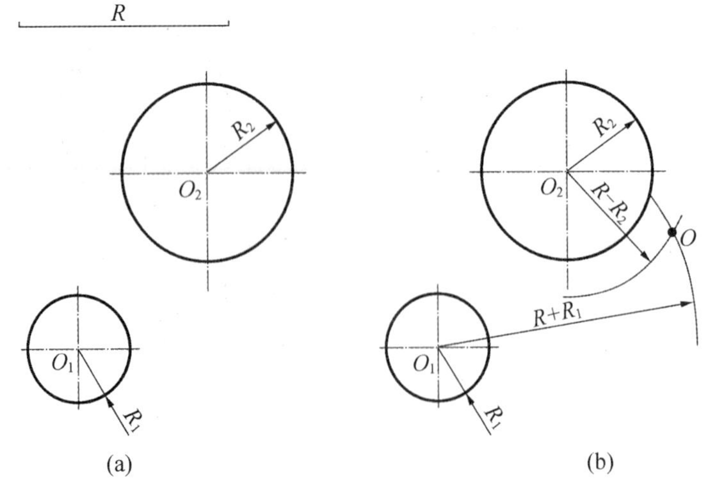

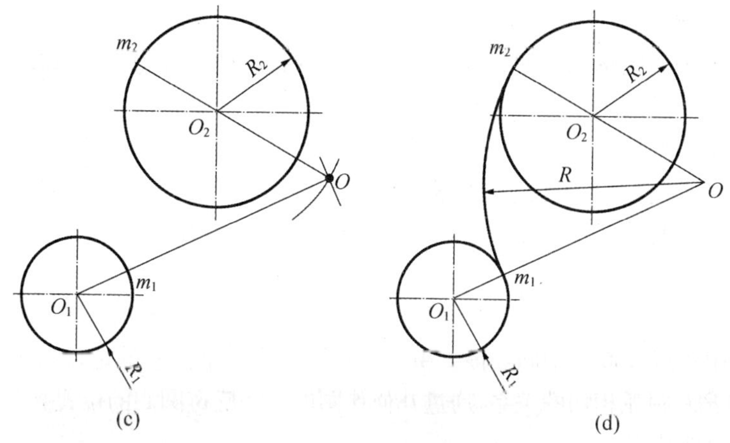

图 3-9　用圆弧内外切连接两圆弧

四、圆弧连接平面图形分析与绘图步骤

1. 尺寸分析

圆弧连接平面图形的尺寸按其作用分为定形尺寸和定位尺寸。为了确定画图时所需要的尺寸数量及画图的先后顺序，必须首先确定尺寸基准。

(1) 尺寸基准

尺寸基准是标注尺寸的起点，一个平面图形应有两个方向的尺寸基准。平面图形的尺寸基准一般以图形的对称线、较大圆的中心线或主要轮廓线作为基准线。在图 3-10 中大圆的中心线是长和高两个方向的尺寸基准。

(2) 定形尺寸

确定平面图形中各线段形状大小的尺寸称为定形尺寸，如直线段的长度、圆和圆弧的直径或半径、角度的大小等。如图 3-10 中的 *R*20、*R*15、*R*16、*R*30 等尺寸均为定形尺寸。

(3) 定位尺寸

确定平面图形中各部分之间相对位置的尺寸称为定位尺寸。如图 3-10 中的 60、6 是定位尺寸，确定 *R*20 和 *R*15 圆心位置。3 也是定位尺寸，确定 *R*30 圆弧圆心与 *R*20 圆弧圆心水平方向上的距离。

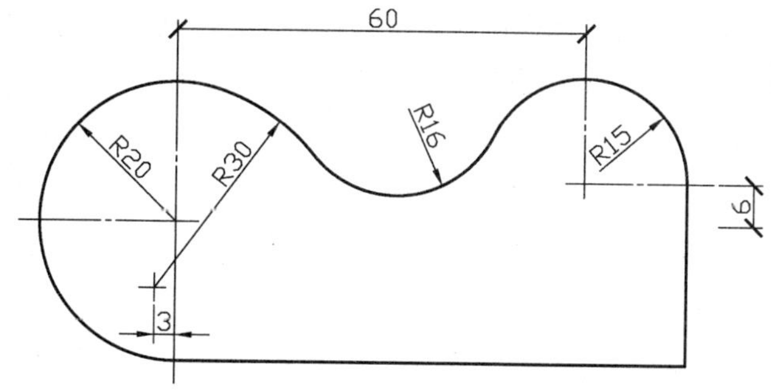

图 3-10　平面图形尺寸分析和线段分析

2. 线段分析

圆弧连接平面图形的线段按所给尺寸的多少和类型可分为:已知线段、中间线段和连接线段。

(1) 已知线段

定形尺寸和定位尺寸均给出的线段称为已知线段。已知线段可根据基准线位置和图中所注尺寸直接画出。如图 3 - 10 中的 $R20$、$R15$ 等线段。

(2) 中间线段

除图形所标注的尺寸外,还需要根据一个连接关系才能画出的线段称为中间线段。如图 3 - 10 中圆弧 $R30$ 属中间线段。由于该圆心只有一个为 3 的定位尺寸,还必须依靠该圆弧与 $R20$ 圆弧相切的关系,通过几何作图的方法确定圆心的位置。

(3) 连接线段

没有定位尺寸,需要根据两个连接关系才能画出的线段,称之为连接线段。如图 3 - 10 中的 $R16$ 等线段。$R16$ 是利用与 $R30$ 和 $R15$ 相切,再利用几何作图的方法找到圆心。

3. 圆弧连接平面图形绘图步骤

通过对圆弧连接平面图形的尺寸与线段分析可知,在绘制平面图形时,首先应画已知线段,其次画中间线段,最后画连接线段。

图 3 - 10 圆弧连接平面图形的绘图步骤如图 3 - 11 所示。

(1) 绘制基准线

绘制两圆的中心线作为图形的定位基准线,如图 3 - 11(a)所示。

(2) 绘制已知线段

绘制 $R20$ 和 $R15$ 两已知圆弧和底边、右边两已知直线,如图 3 - 11(b)所示。

(3) 绘制中间线段

相距圆心 O_1 的竖直中心线为 3 画一条竖直线,再以 O_1 为圆心,以 $R30-R20$ 为半径画弧,则该圆弧与竖直线的交点为圆弧 $R30$ 的圆心 O_3,连接 O_1、O_3 并反向延长,交于圆 $R20$ 圆弧于点 m,m 点即为 $R30$ 与 $R20$ 两圆弧的切点,画出中间圆弧如图 3—11(c)所示。

(4)绘制连接线段

以 O_3 为圆心,以 $R30+R16$ 为半径画弧;再以 O_2 为圆心,以 $R15+R16$ 为半径画弧;两弧的交点为 $R16$ 连接圆弧的圆心 O_4,连接 O_3、O_4 交 $R30$ 圆弧于 n 点,连接 O_2、O_4 交 $R15$ 圆弧于 p 点,画出连接圆弧如图 3 - 11(d)所示。

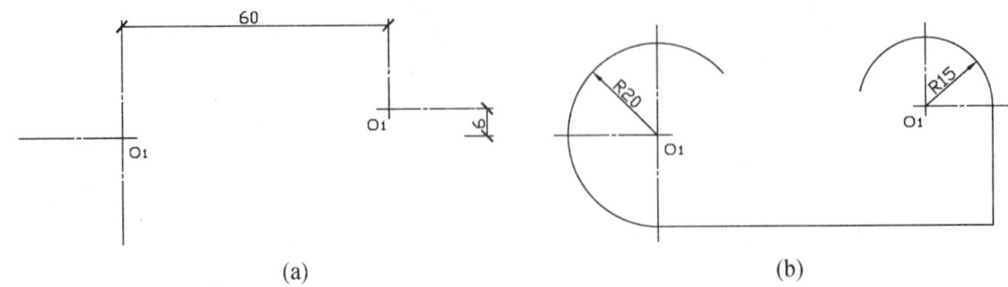

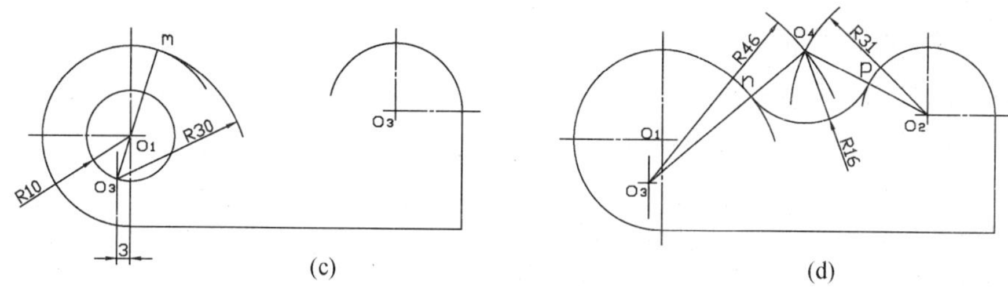

图 3－11　圆弧连接图形绘图步骤

五、实训任务与指导

（一）实训任务一

1. 实训任务

绘制图 3－12 所示的“吊钩”的圆弧连接平面图形。

2. 实训要求

（1）A4 图幅，绘制边框线和标题栏，绘图比例 1∶1。

（2）分析平面图形的尺寸和线段，绘图步骤和方法正确。

（3）图线和尺寸符合国家标准要求。

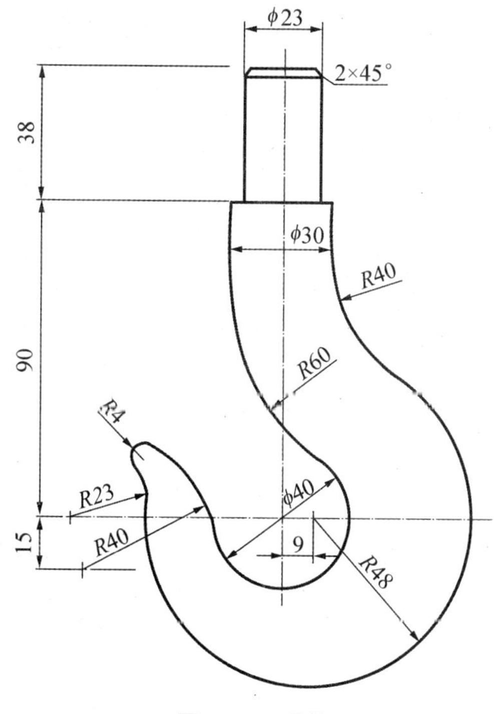

图 3－12　吊钩

3. 实训指导

(1) 平面图形分析

定位尺寸有:90、15、9,其余为定形尺寸。已知圆弧有:$\phi40$、$R48$;中间线段有:$R23$、$R40$;连接线段有:$R40$、$R60$、$R4$。

(2) 绘制基准线和已知线段

先布图定位圆中心线,然后绘制上部直线和 $\phi40$、$R48$ 两圆,如图 3-13 所示。

(3) 绘制中间圆弧

① 绘制 $R23$ 的圆弧。从 $R48$ 圆心向左量取距离 71(23+48)即为 $R23$ 的圆心,与 $R48$ 圆弧的切点在水平中心线上,可绘制 $R23$ 的圆,如图 3-14 所示。

② 绘制 $R40$ 的圆。用细实线画出 $\phi40$ 圆的水平中心线和与之相距为 15 的平行线。然后以 $\phi40$ 圆心为圆心,$R=20+40=60$ 为半径画圆,该圆与水平线的交点为 $R40$ 圆的圆心,作该圆心与 $\phi40$ 圆心的连心线,与 $\phi40$ 圆的交点为切点,画出该圆弧,如图 3-14 所示。

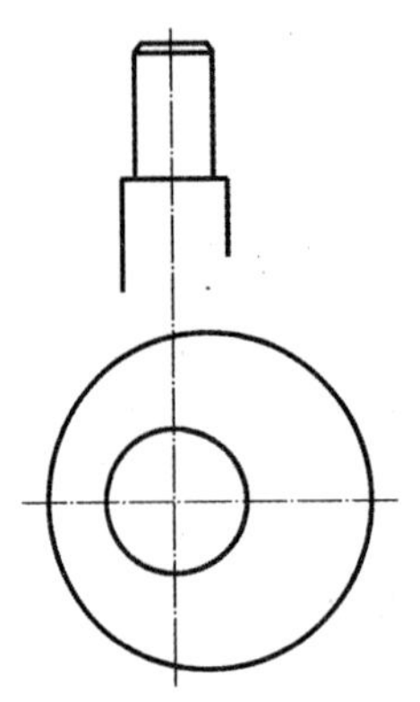

图 3-13 绘制已知线段

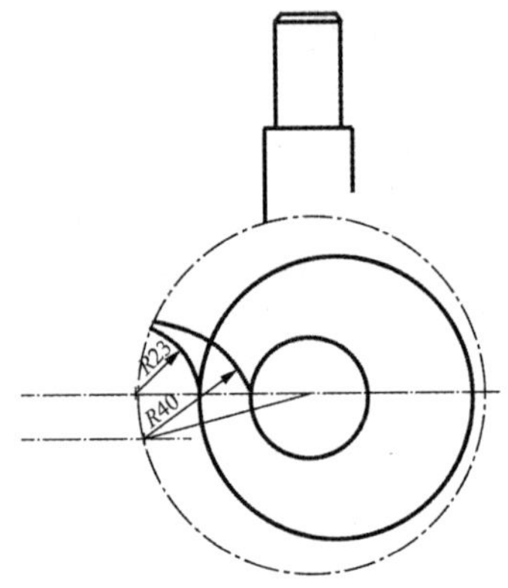

图 3-14 绘 *R23* 和 *R40* 的圆

(4) 绘制连接圆弧

① 绘 $R4$ 圆弧。$R4$ 圆弧与 $R23$ 圆弧外切,与 $R40$ 圆弧内切。以 $R23$ 圆弧圆心为圆心,以 $R23+R4=R27$ 为半径画弧;再以 $R40$ 圆弧圆心为圆心,以 $R40-R4=R36$ 为半径画弧。两圆弧的交点即是 $R4$ 的圆心。分别连接圆心找到切点,可画出 $R4$ 的圆,如图 3-15 所示。

② 绘 $R40$ 圆弧。$R40$ 圆弧与 $R48$ 圆弧外切,也与竖直直线相切。以 $R48$ 圆弧圆心为圆心,以 $R48+R40=R88$ 为半径画弧;再画与竖直直线相距为 40 的竖直线,该竖直直线与圆弧的交点即是 $R40$ 的圆心。找到切点,可画出 $R40$ 的圆弧,如图 3-16所示。

③ 绘 $R60$ 圆弧。用画 $R40$ 同样的方法可画出 $R60$ 的连接弧,如图 3-16 所示。

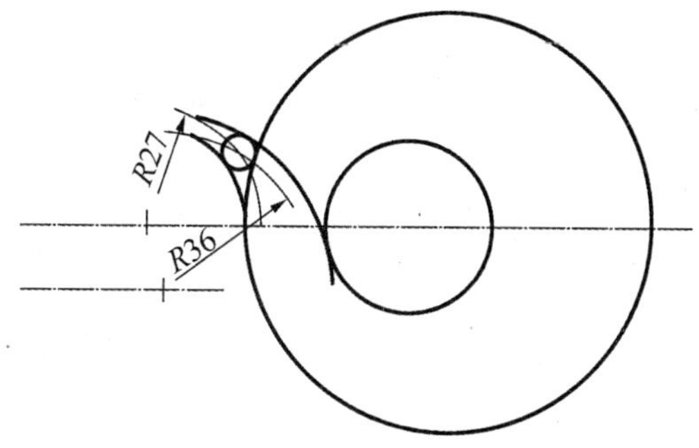

图 3-15　绘 *R*4 圆

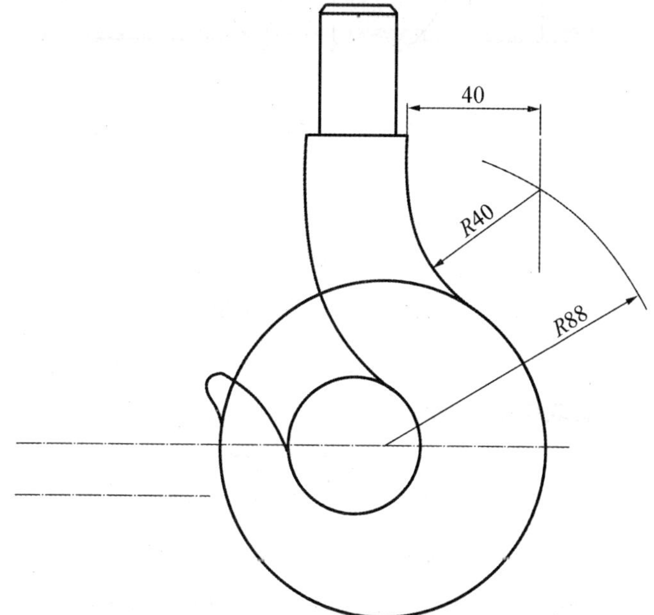

图 3-16　绘 *R*40、*R*60 圆弧

（二）实训任务二

1. 实训任务

绘制图 3-17 所示圆弧连接平面图形。

2. 实训要求

（1）A4 图幅，绘制边框线和标题栏，绘图比例 1∶1。

（2）进行平面图形的线段分析，绘图步骤和绘图方法正确。

（3）图线和标注尺寸符合国家标准要求。

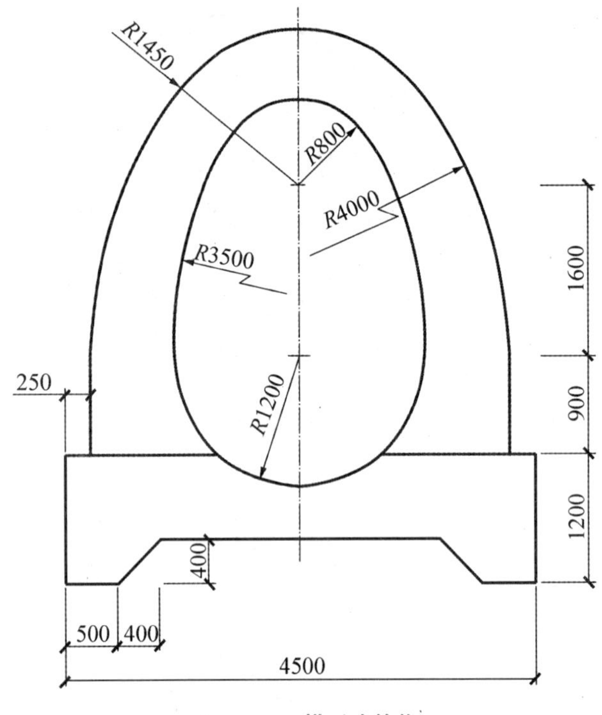

图 3－17 拱形建筑物

3. 绘图指导

(1) 绘制已知直线线段,如图 3－18 所示。

图 3－18 绘制已知直线

(2) 绘制 R 1 200、R 800 已知圆,如图 3－19(a)所示;找 R 3 500 连接圆弧的圆心和切点,绘出 R 3 500 圆弧,如图 3－19(b)所示;擦除作图线和多余的图线,如图 3－19(c)所示。

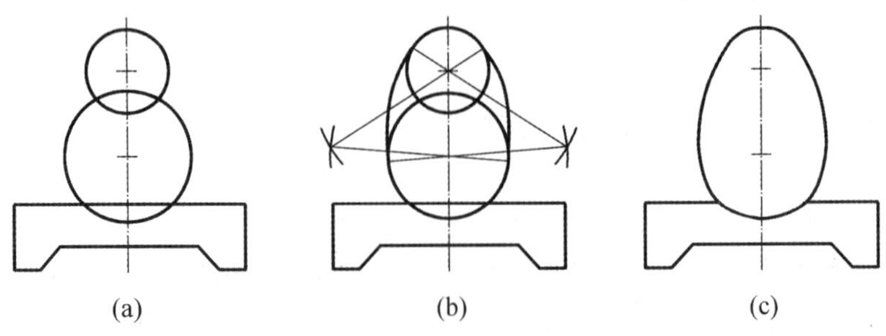

图 3－19 绘制 R 3 500 连接圆弧

(3) 绘制 R 1 450 已知圆和距左右各 250 的竖直直线,如图 3－20(a)所示;找 R 4 000连接圆弧的圆心和切点,绘出 R 4 000 圆弧,如图 3－20(b)所示;擦除作图线和多余的图线，如图 3-20(c)所示。

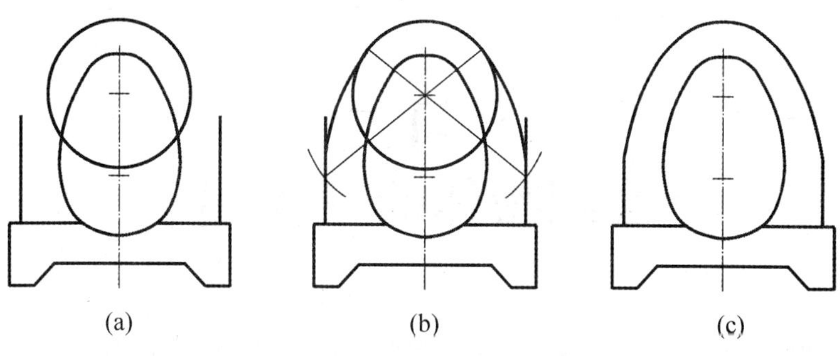

图 3-20　绘制 R 4 000 连接圆弧

项目二
绘制物体的三视图

教学任务	教学目标	
	知识目标	技能目标
任务四　绘制正投影图与三视图	1. 理解正投影绘图原理，掌握正投影图绘图方法 2. 掌握三视图的形成方法和投影规律	能够根据物体模型或轴测图，正确绘制正投影图和三视图
任务五　绘制基本体三视图	1. 掌握常见棱柱和棱锥三视图的绘图方法和图形特征 2. 掌握圆柱、圆锥、圆球三视图的绘图方法和图形特征	1. 能够绘制常见棱柱的三视图 2. 能够绘制常见棱锥的三视图 3. 能够绘制圆柱、圆锥、圆球的三视图
任务六　绘制组合体三视图	1. 掌握组合体三视图绘制的形体分析法 2. 掌握组合体三视图绘制的线面分析法 3. 掌握组合体三视图的尺寸标注要求	1. 能够根据模型和轴测图绘制组合体三视图 2. 能够正确标注组合体三视图的尺寸
任务七　绘制同坡屋顶的三视图	1. 了解同坡屋顶的构造及棱线形成 2. 掌握同坡屋顶三视图的绘图方法	能够绘制同坡屋顶的三视图

任务四　绘制正投影图与三视图

一、正投影概念

1. 投影法概念

古人在探索用图形来表达物体的过程中，发现物体在太阳光或灯光的照射下，在墙面或地面上产生影子，于是根据这个现象探索影子与物体之间的关系，总结了将物体的影子形状用图线画出来的方法，这种绘图的方法沿袭到今天，被称为投影法制图，简称投影法。

投影法因为光源、光线等条件的不同，分为中心投影法、斜投影法、正投影法等多种，分别应用于美术绘画、摄影、透视绘图、轴测绘图、工程制图等工作领域。

2. 正投影概念

为了生产和建造的需要，工程图必然要准确表达物体的形状和大小。一般自然投影条件下，投影会有变形，不符合生产建造对图形的要求。通过人们不断地探索，发现物体的影子在正投影的条件下能够准确地表达物体的形状和大小。所以经过人们的科学抽象，形成了正投影条件下的绘图方法，称为正投影法。

当互相平行光线垂直照射投影面得到的物体投影，称为物体的正投影，如图4－1所示。按正投影法画出的图称正投影图。

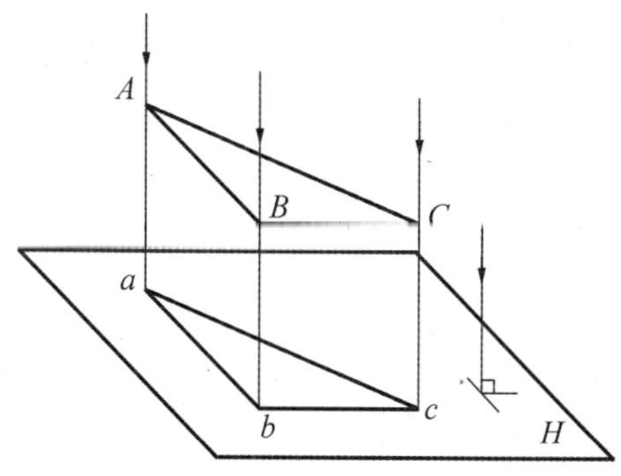

图 4－1　正投影概念

物体的正投影图能够准确反映物体一个方面的实际形状和大小，而且作图简单，所以正投影法被广泛应用于工程制图。

物体的正投影图不同于影子，影子只反映物体的外形轮廓，如图 4－2(a)所示。正投影图是假定投影线能穿透物体或者物体透明，因而能反映物体的所有内外轮廓线，如图 4-2(b)所示。

规定物体的可见轮廓线在正投影图中用粗实线画，不可见轮廓线用细虚线画。

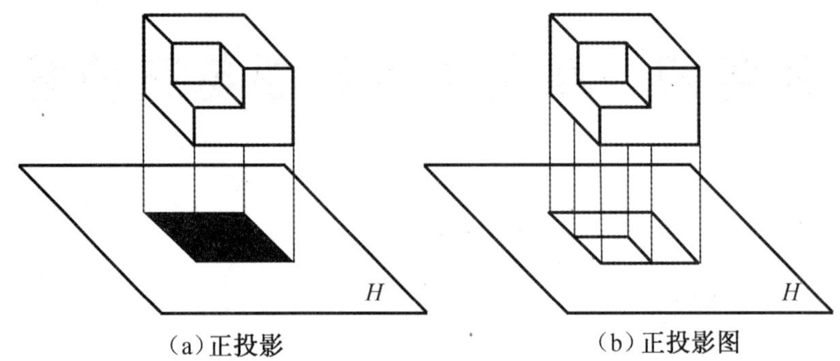

(a)正投影　(b)正投影图

图 4-2　物体的正投影图

二、正投影基本特性

1. 实形性

当直线或平面平行于投影面时，在投影面上的投影反映直线的实长或平面图形的实际形状，如图 4-3 所示，这种投影特性称为实形性。

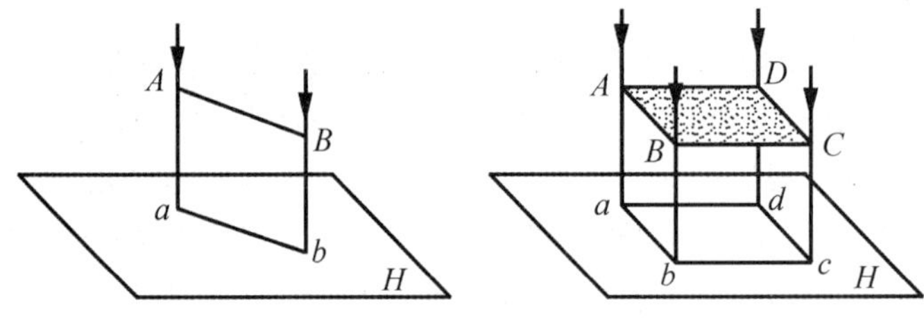

图 4-3　实形性

2. 积聚性

当直线或平面垂直于投影面时，在投影面上的投影积聚成一个点或一条直线，如图 4-4 所示，这种投影特性称为积聚性。

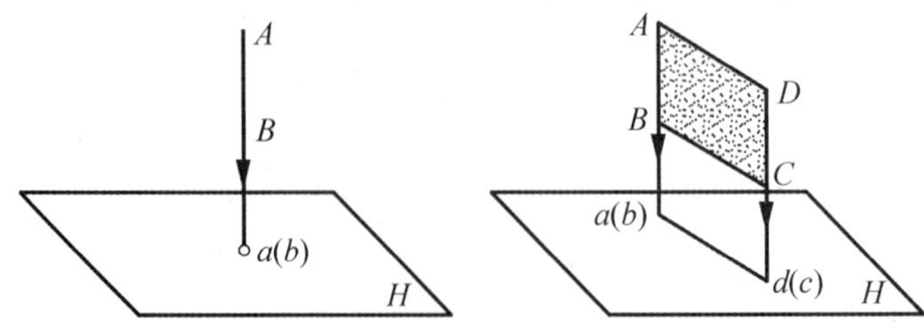

图 4-4　积聚性

3. 类似性

当直线或平面倾斜于投影面时，直线的投影长度缩短，平面的投影尺寸发生变化，形状类似于平面的实形，如图 4-5 所示，这种投影特性称为类似性。

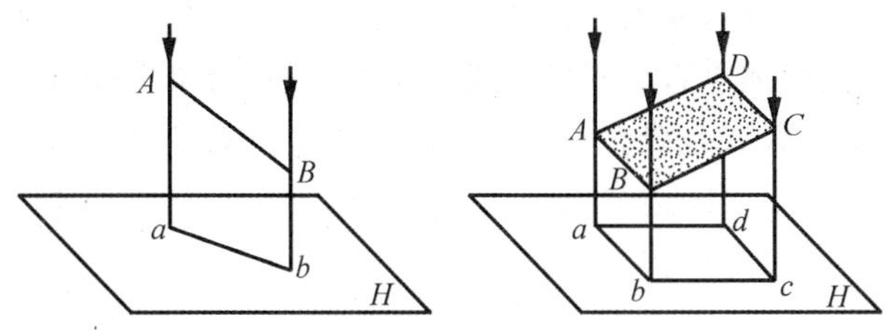

图 4－5　类似性

三、正投影图的画法

设置一个投影面，用正投影法从物体的一个方向垂直于投影面进行投射，画出物体的图形称为正投影图，图 4－6 为几种形体的正投影图。物体可以画出多个不同方向的正投影图。

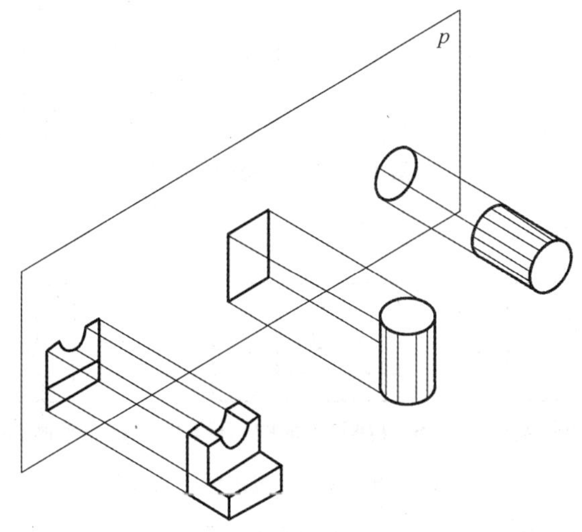

图 4－6　几种形体的单面正投影

画物体的正投影图时，我们先观察物体的组成形状，分析物体表面与投影面的相对位置，然后根据正投影的投影特性，分析出物体的投影形状，将其画在图纸上。因为正投影图是通过观察和分析画出的，所以正投影图又称为视图。

【例 4－1】　画出如图 4－7 所示物体在图示方向上的单面正投影图。

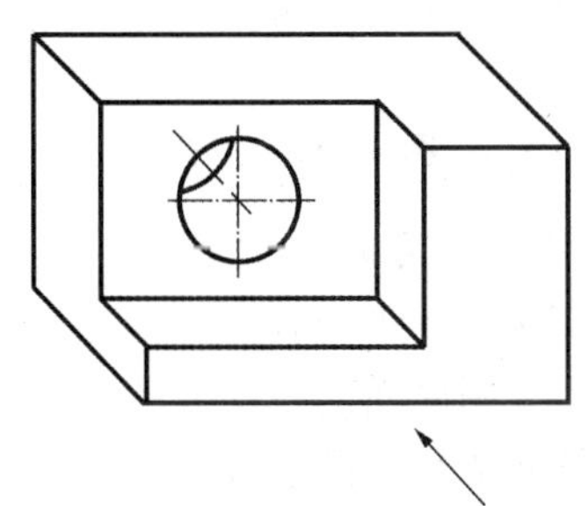

图 4－7　形体 1

分析：如图 4－8 所示，在图示方向上设置投影面 p，形体上共有三个表面与投影面平行，其余都与投影面垂直。根据正投影特性，平行于投影面的表面画出实形，垂直于投影面的表面积聚成直线。本例只需画出 1、2 两面的实形，3 表面自然构成，表面的积聚投影与 1、2、3 面的边线重合，已经隐含，不用再画。

正投影图的画图步骤如图 4－9 所示。

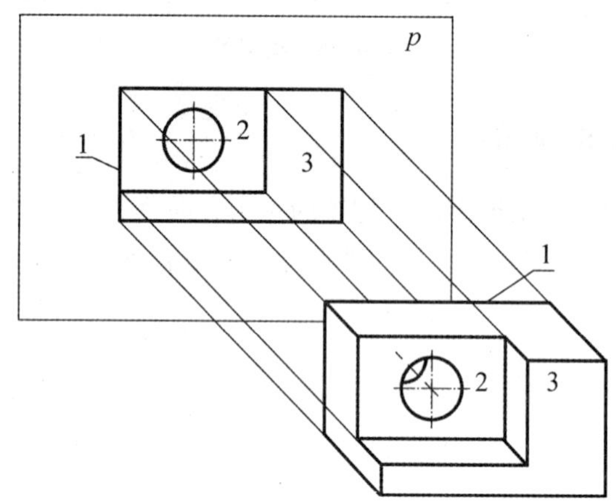

图 4－8　正投影图分析

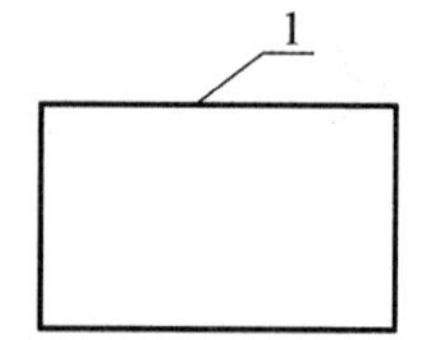

(a) 先画1平面的实形

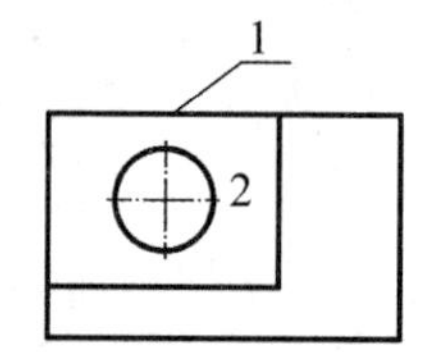

(b) 再画2平面的实形

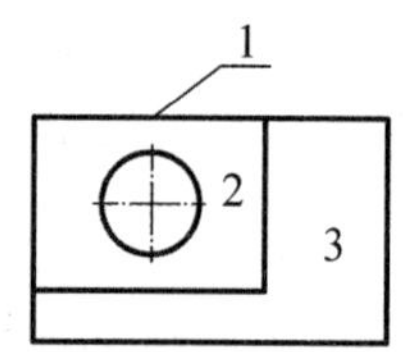

(c) 3平面的投影自动形成

图 4－9　单面正投影图的画法

【例 4－2】 画出图 4－10 所示物体在图示方向的正投影。

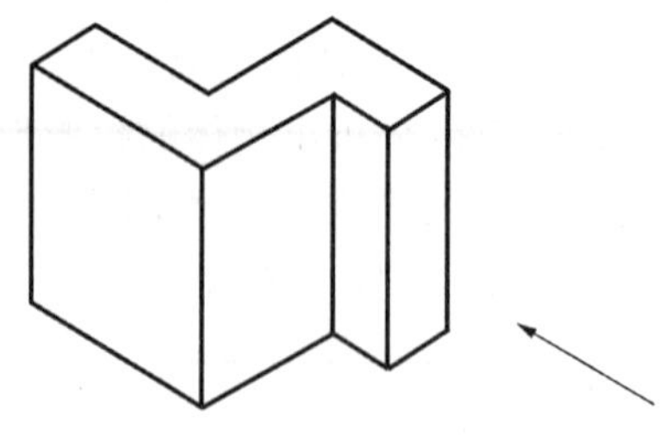

图 4－10　形体 2

分析：如图 4－11 所示，在图示方向上设置投影面 p，形体上的上底面 1 和下底面 2 与投影面垂直，而侧面 3、4、5、6 也与投影面垂直，根据正投影特性，垂直于投影面的表面积聚成直线，所以 1、2 两底面的投影如图 4－11(a)所示，3、4、5、6 侧面的投影如图 4－11(b)所示。这样形体上平行于投影面的平面的投影已形成，不用再画。单面正投影图的画图步骤如图 4－12 所示。

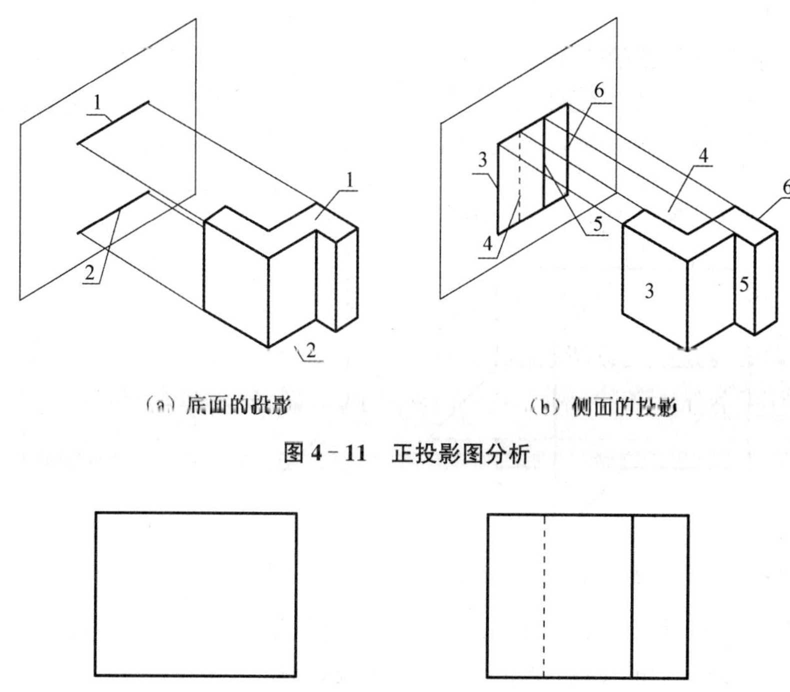

（a）底面的投影　　（b）侧面的投影

图 4－11　正投影图分析

（a）画上下左右四个侧面的投影　（b）画中间前竖直面和后竖直面的投影

图 4－12　正投影的画法

四、三视图绘制

如图 4－13 所示为几个不同形状的物体，它们在同一个投影面上的投影却是相同的，因此，在正投影法中物体的一个投影一般是不能准确确定空间物体结构形状的，必须有两个或者多个投影图表达才能准确清楚地表示物体的结构形状。由于物体一般有左右、前后和上下三个方向的形状，我们一般用三面投影图来表示物体，称为物体的三视图。

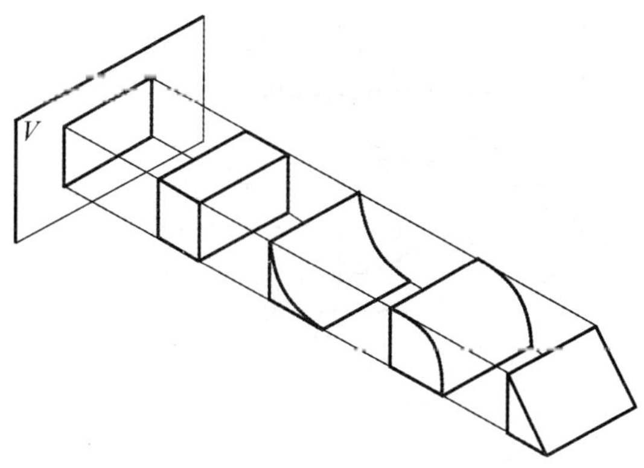

图 4－13　不同形体的单面正投影图

1. 三视图的形成

(1) 三投影面体系的建立

设置三个互相垂直相交的平面作为投影面,称为三投影面体系。把空间分成八个分角,如图 4-14 所示,我们国家选取第一分角作为投影空间,如图 4-15 所示。

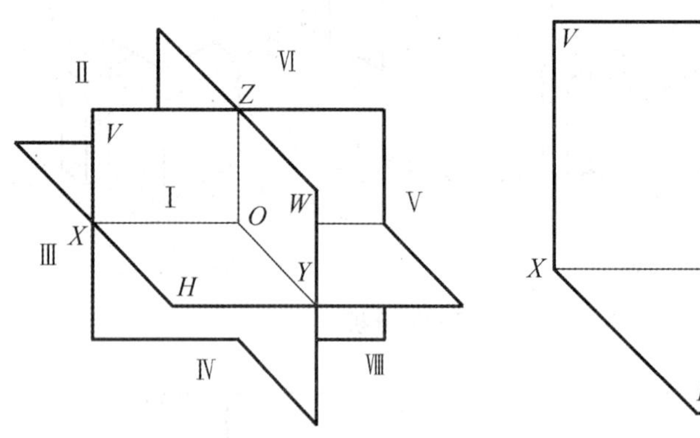

图 4-14 三投影面体系(8 个分角)

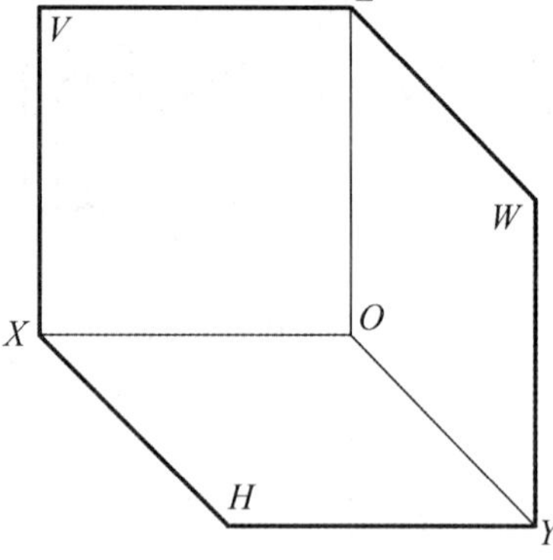

图 4-15 第一分角

其中:正立投影面,用字母 V 标记;水平投影面,用字母 H 标记;侧立投影面,用字母 W 标记。三个投影面的交线 OX、OY、OZ 称为投影轴。三根投影轴互相垂直相交于一点 O,称为原点。

物体有长、宽、高三个方向的尺寸以及上、下、前、后、左、右六个方位,通常规定:以原点 O 为基准,沿 X 轴方向量取物体的长度,确定左、右方位;沿 Y 轴方向量取物体的宽度,确定前、后方位;沿 Z 轴方向量取物体的高度,确定上、下方位。

(2) 分面投影形成三视图

如图 4-16 所示,将物体置于三投影面体系中,将其主要表面分别平行于投影面,然后分别将物体向三个投影面进行投影得到物体的三视图。

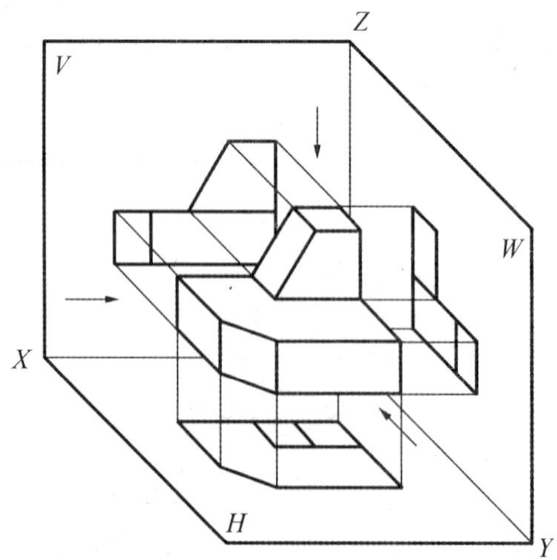

图 4-16 分面进行投影

从物体的前面向后投影，在 V 面上得到的视图称为主视图；

从物体的上面向下投影，在 H 面上得到的视图称为俯视图；

从物体的左面向右投影，在 W 面上得到的视图称为左视图。

(3) 三投影面的展开

从图 4－16 可以看出，物体的三视图分别处在三个互相垂直的投影面上，将 V 面保持不动，使 H 面绕 OX 轴向下旋转 90°，将 W 面绕 OZ 轴向右旋转 90°，使之与 V 面摊平成一个平面，如图 4－17(a)所示。展开后三视图的位置如图 4－17(b)所示，俯视图在主视图的正下方，左视图在主视图的正右方。

工程图纸上的三视图是不画投影面的边框线和轴线的，按上述位置排列时，也不需标注图名。

在绘制三视图时，为了三视图位置准确，常常画出投影轴线和投影线，如图4－18所示。

2. 三视图的投影规律

三视图表达的是同一物体在同一位置分别向三投影面所作的投影。所以，三视图间必然具有以下所述的投影规律：

主视图和俯视图都反映物体的长度，因此主俯视图长对正；

主视图和左视图都反映物体的高度，因此主左视图高平齐；

左视图和俯视图都反映物体的宽度，因此俯左视图宽相等。

简单概括为“长对正，高平齐，宽相等”，如图 4－19 所示。这个规律是画图和读图的基本规律，无论是整个物体还是物体的局部，三视图间都必须符合这个规律。

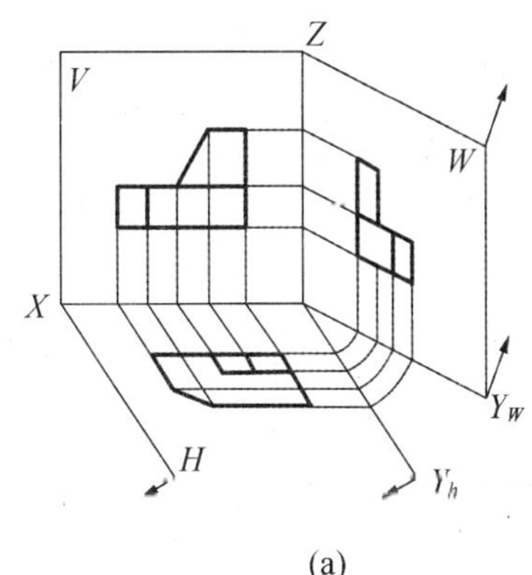

(a)

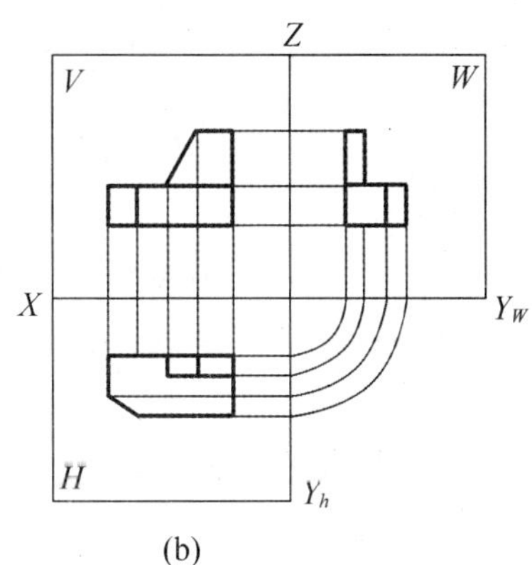

(b)

图 4－17　投影面的展开

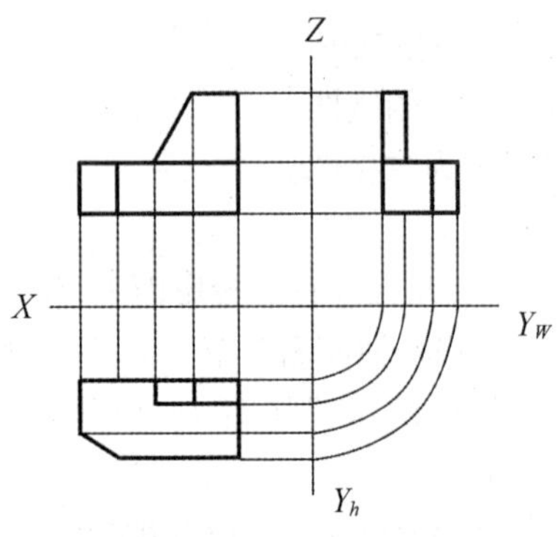

图 4-18 物体的三视图

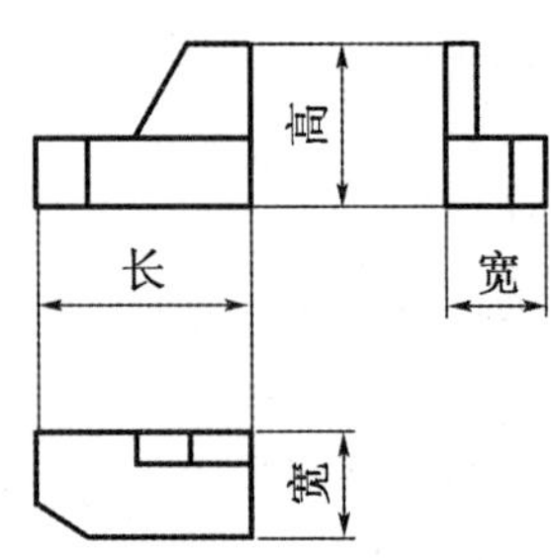

图 4-19 三视图的投影规律

3. 三视图与物体方位的对应关系

从三视图的形成过程可以看出，主视图反映了物体的上下、左右方位；左视图反映了物体前后、上下方位；俯视图反映了物体前后、左右方位，如图 4-20 所示。

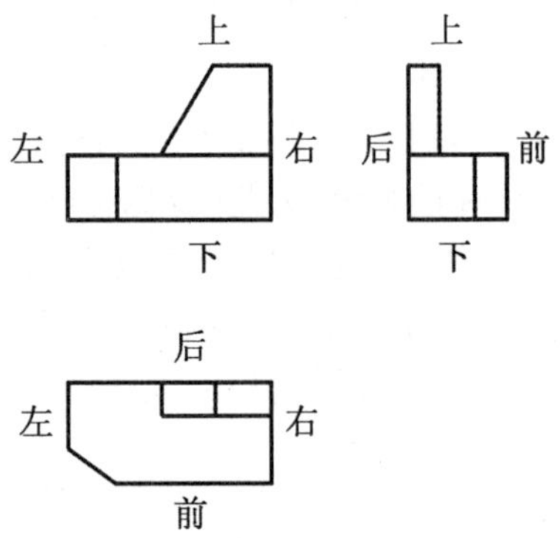

图 4-20 三视图的位置对应关系

4. 三视图的画法步骤

以图 4-21 所示物体为例，三视图的画法步骤如下：

(1) 确定物体摆放位置和主视方向，思考物体三个方向投影图的画法，或者画出草图三视图，如图 4-21(a)所示。

(2) 用细实线绘制投影轴和 45°倾斜线，如图 4-21(b)所示。

(3) 用细实线先绘制物体完整形状的三视图，如图 4-21(c)所示。

(4) 用细实线绘制左前下切角处的三视图，如图 4-21(d)所示。

(5) 用细实线绘制右上处切槽处的三视图，如图 4-21(e)所示。

(6) 擦除投影轴线和投影线，擦除切角和切槽处多余的线，用粗实线描深三视图，如图 4-21(f)所示。

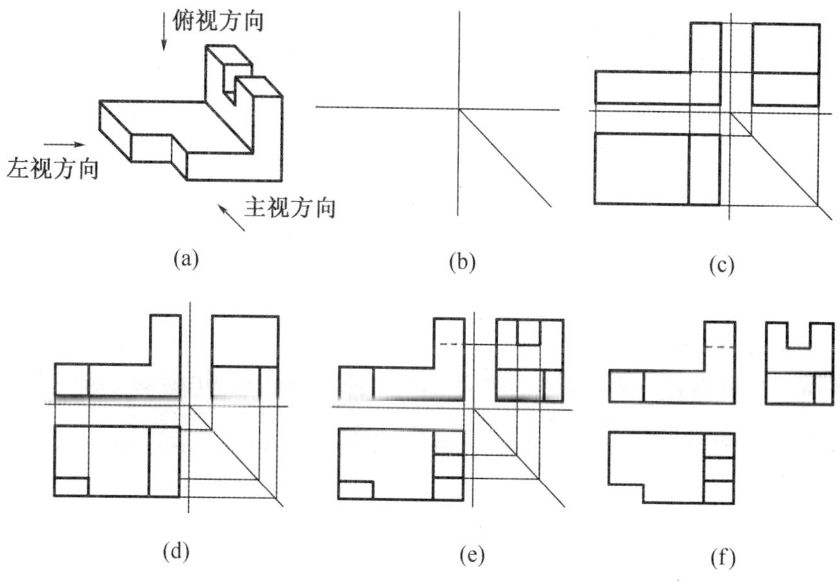

图 4－21　三视图的画法步骤

五、实训任务与要求

1. 实训任务

图 4－22 为八个物体的轴测图，试根据轴测图绘制其三视图。

2. 实训要求

(1) A4 图纸，铅笔绘制，完成数量由教师指定。

(2) 图形尺寸自定，三视图不标注尺寸。

(3) 可见轮廓线用粗实线绘制，不可见轮廓线用细虚线绘制。

(4) 图形布局匀称，图线清晰。

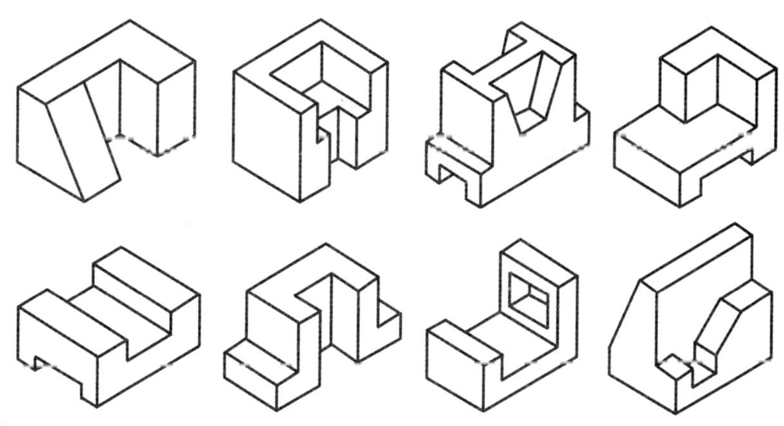

图 4－22　根据轴测图绘制三视图

任务五　绘制基本体三视图

工程建筑物是由许多基本形体经过一定形式的组合面构成，这些基本形体简称为基本体。基本体分为平面基本体和曲面基本体。表面全部由平面围成的基本体称为平面基本体，包括棱柱和棱锥等；表面组成包含曲面的基本体称为曲面基本体，包括圆柱、圆锥、圆球、圆环等。

一、平面基本体三视图的画法

（一）棱柱体的三视图

1．常见棱柱体及其三视图

棱柱中互相平行的两个面称为端面或底面，其余的面称为侧面或棱面，相邻两棱面的交线称为棱线，棱柱的各棱线相互平行。其中底面为正多边形的直棱柱称为正棱柱。

工程中常见的棱柱体有四棱柱、三棱柱、五棱柱、六棱柱等，表5－1列出了常见棱柱体的实体模型图和三视图。

表5－1　常见棱柱体的实体模型图和三视图

名　称	实体模型图	三视图
四棱柱		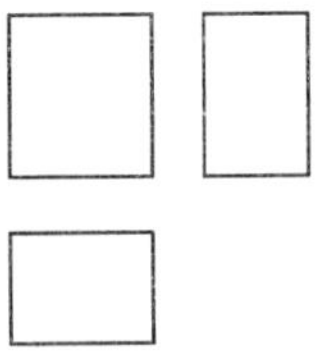
三棱柱		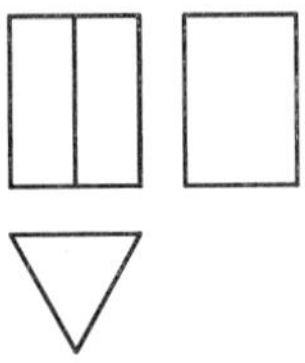

续表

名　称	实体模型图	三视图
六棱柱		
五棱柱		

2. 棱柱体三视图的画法

以正三棱柱为例，说明棱柱体的画法步骤如下：

(1) 确定物体摆放位置和主视方向

将正三棱柱放置为底面水平，其中一棱线在最前，后侧面是正平面，三视图投影方向如图 5-1 所示。

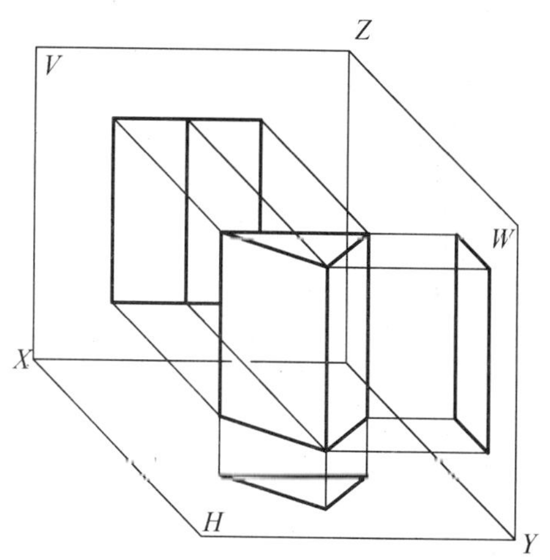

图 5-1　正三棱柱三视图的分析

(2) 画底面的投影图

画出反应上下底面实形的俯视图，如图 5-2(a)所示。

(3) 画其他两面投影

根据“长对正”的投影关系画出主视图，如图 5-2(b)所示；

根据“高平齐”、“宽相等”的关系画出左视图，如图 5-2(c)所示。

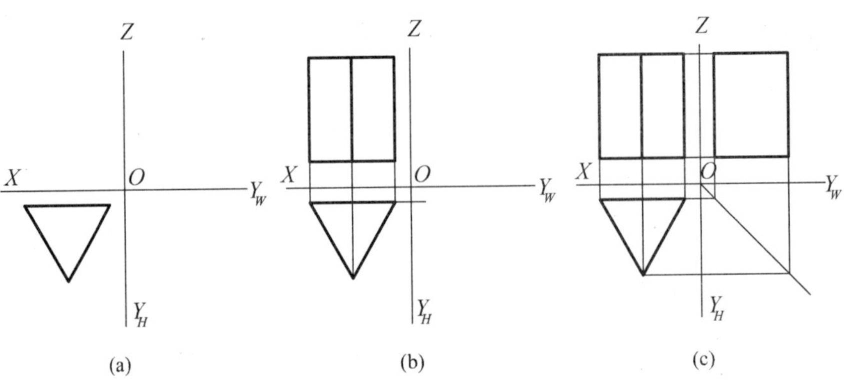

图 5-2　正三棱柱三视图的画法

（二）棱锥体的三视图

1. 常见棱锥体的三视图

棱锥体由底面、棱面、棱线和锥顶组成，底面是多边形，侧棱面均为三角形。

工程中常见的棱锥体有三棱锥、四棱锥等。表 5-2 列出了常见棱锥体的实体模型图和三视图。

表 5-2　常见棱锥体的实体模型图和三视图

名　称	实体模型图	三视图
三棱锥		
四棱锥		
四棱台		

2. 棱锥体三视图的画法步骤

正三棱锥的画法步骤如下：

(1) 确定物体摆放位置和主视方向

正三棱锥的底面放置为水平面，其中一根棱线放置为最前，后侧面是侧垂面。三视图投影方向如图 5－3 所示，棱线 SA 为侧平线，棱线 SB 和 SC 为一般位置直线。

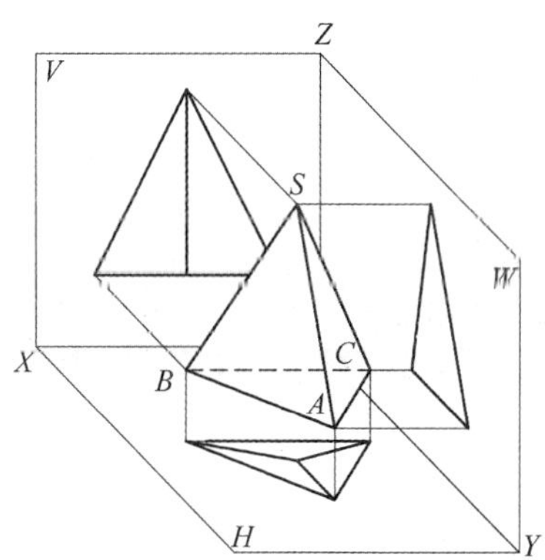

图 5－3　正三棱锥摆放位置及三面投影

(2) 画棱锥底面的投影图

先画出反映底面实形的俯视图，再从三角形的顶点向锥点的投影连线，从而作出各棱线的俯视图，如图 5－4(a)。

(3) 画棱锥的另外两面投影

根据“长对正”的投影关系画出主视图，如图 5－4(b)。

根据“高平齐”、“ 宽相等”的关系画出左视图，如图 5－4(c)。

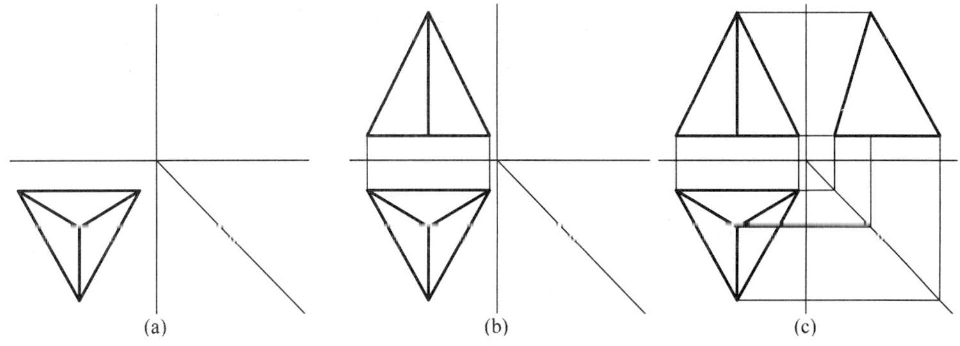

图 5－4　正三棱锥三视图的画法步骤

四棱台的画法步骤如图 5－5 所示：

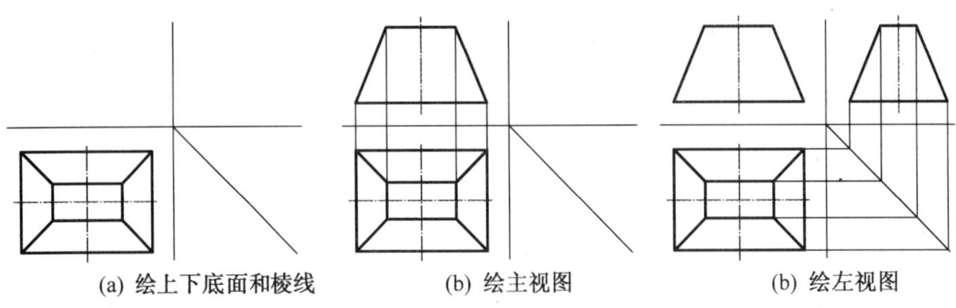

图 5－5 四棱台三视图的画法步骤

二、曲面基本体三视图的画法

曲面基本体表面是由一条动线绕固定轴线旋转而成，这种形体又称为回转体。动线称为母线，母线在旋转过程中的每一个具体位置称为曲面的素线。因此，可以认为回转体的曲面上存在着无数条素线。

圆柱面是一条直线围绕与其平行的固定轴线旋转而成，如图 5－6(a)所示。

圆锥面是一条直线围绕与其相交的固定轴线旋转而成，如图 5－6(b)所示。

圆球面是一个圆围绕其直径旋转而成，如图 5－6(c) 所示。

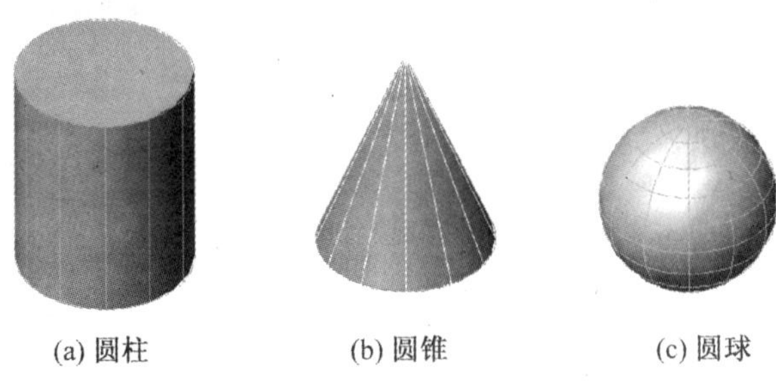

图 5－6 曲面体实体模型图

1. 圆柱体三视图的画法步骤

(1) 圆柱体的摆放位置和投影方向

一般情况下，圆柱的底面圆与投影面平行。图将圆柱的底面放置为水平面，三视图中的俯视图为底面圆的实形，主视图轮廓线为圆柱表面上最左素线和最右素线的投影，左视图轮廓线为圆柱面上最前素线和最后素线的投影，如图5－7所示。

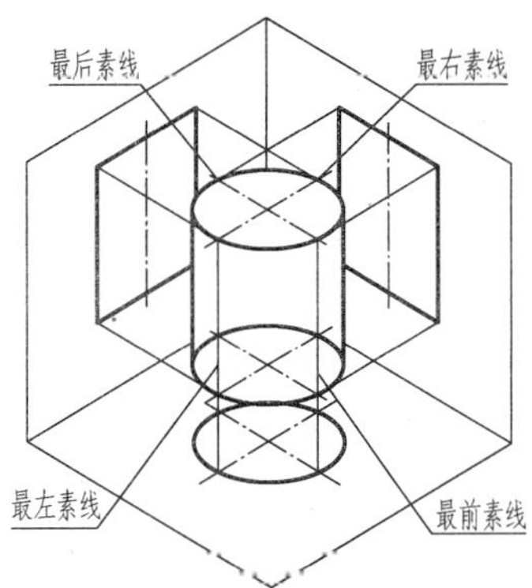

图 5-7　圆柱三视图的分析

(2) 绘制圆中心线和圆柱轴线

用细单点长画线绘制圆的十字中心线和圆柱轴线,确定三视图的位置,如图 5-8(a)所示;

(3) 绘制底面圆的投影

画出俯视图中圆的投影,该圆反映圆柱体特征,应首先画出,如图 5-8(b)所示;

(4) 绘制其他两面投影

根据投影规律依次绘制主视图和俯视图,如图 5-8(c)所示。

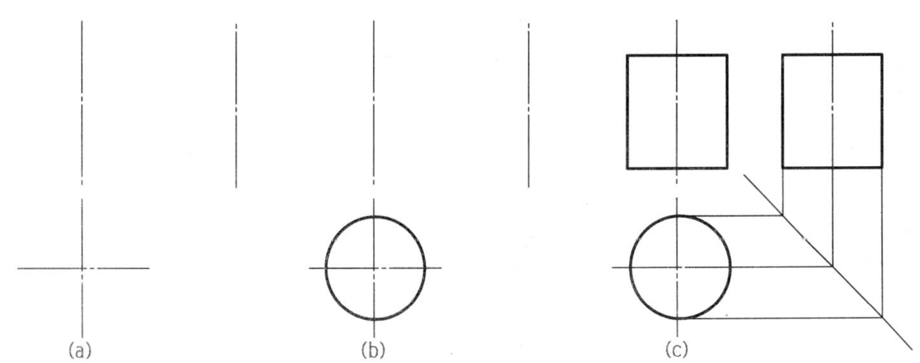

图 5-8　圆柱体三视图的画法

2. 圆锥体三视图的画法步骤

(1) 圆锥体的摆放位置和投影方向

将圆锥的底面圆放置于水平,三视图中的俯视图为底面圆的实形,主视图轮廓线为圆锥表面上最左素线和最右素线的投影,左视图轮廓线为圆锥面上最前素线和最后素线的投影,如图 5-9 所示。

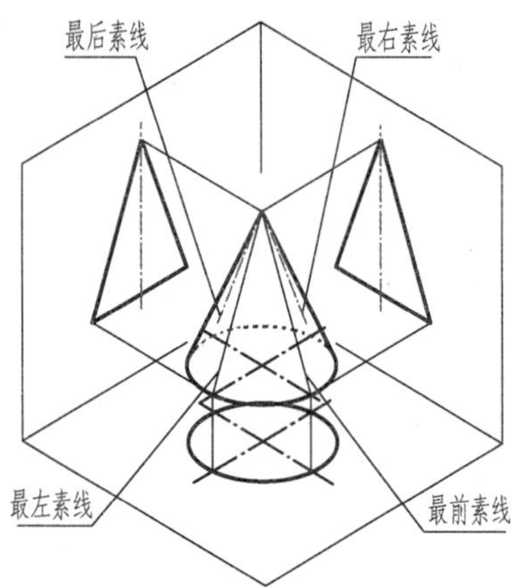

图 5-9 圆锥体三视图的分析

(2) 绘制圆中心线和圆柱轴线

用细单点长画线绘制圆的十字中心线和圆锥轴线，确定三视图的位置，如图 5-10(a)所示；

(3) 绘制底面圆的投影

画出俯视图中圆的投影，如图 5-10(b)所示；

(4) 绘制其他两面投影

根据投影规律依次绘制主视图和俯视图，如图 5-10(c)所示。

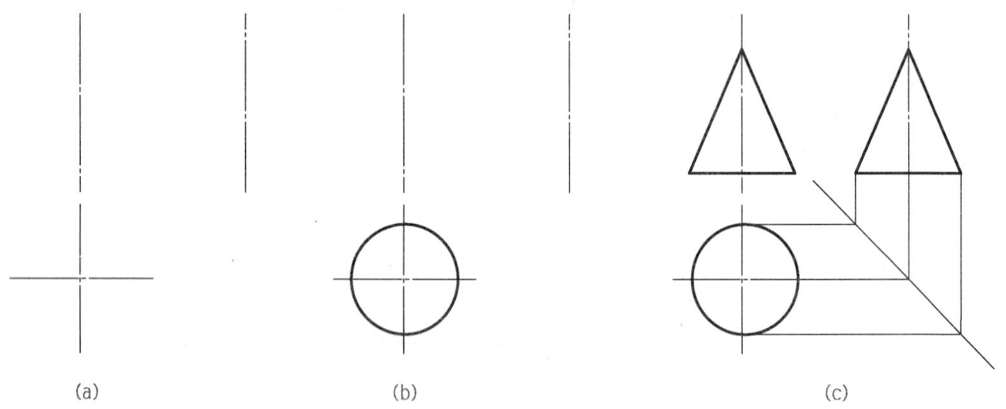

图 5-10 圆锥体三视图的画法

3. 圆球体的投影分析

圆球面可以看做是一个圆围绕其直径旋转而成的，其三面投影均为三个直径等于球径的圆，如图 5-11 所示。

俯视图上的圆，是上、下半球面分界圆的投影。

主视图上的圆，是前、后半球面分界圆的投影。

左视图上的圆，是左、右半球面分界圆的投影。

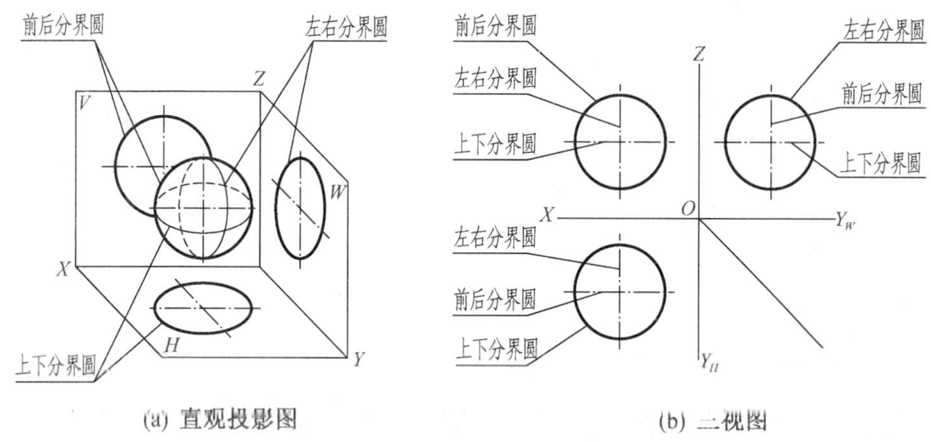

(a) 直观投影图　　(b) 三视图

图 5－11　圆球体三视图的分析

三、基本形体的视图特征

1. 柱体的视图特征——矩矩为柱

“矩矩为柱”的含义是：在基体几何体的三视图中如有两个视图的外形轮廓为矩形，则可肯定它所表达的物体是圆柱或棱柱，如图 5－12 所示。

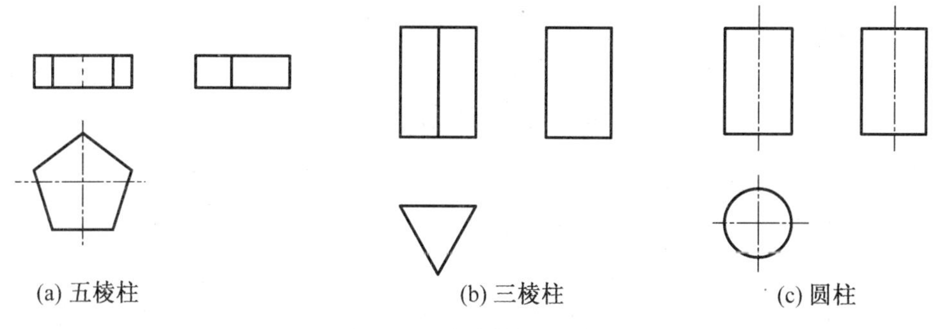

(a) 五棱柱　　(b) 三棱柱　　(c) 圆柱

图 5－12　柱体的视图特征

2. 锥体的视图特征——三三为锥

“三三为锥”的含义是：在基本几何体的三视图中如有两个视图的外形轮廓为三角形，则可肯定它所表达的物体是圆锥或棱锥，如图 5－13 所示。

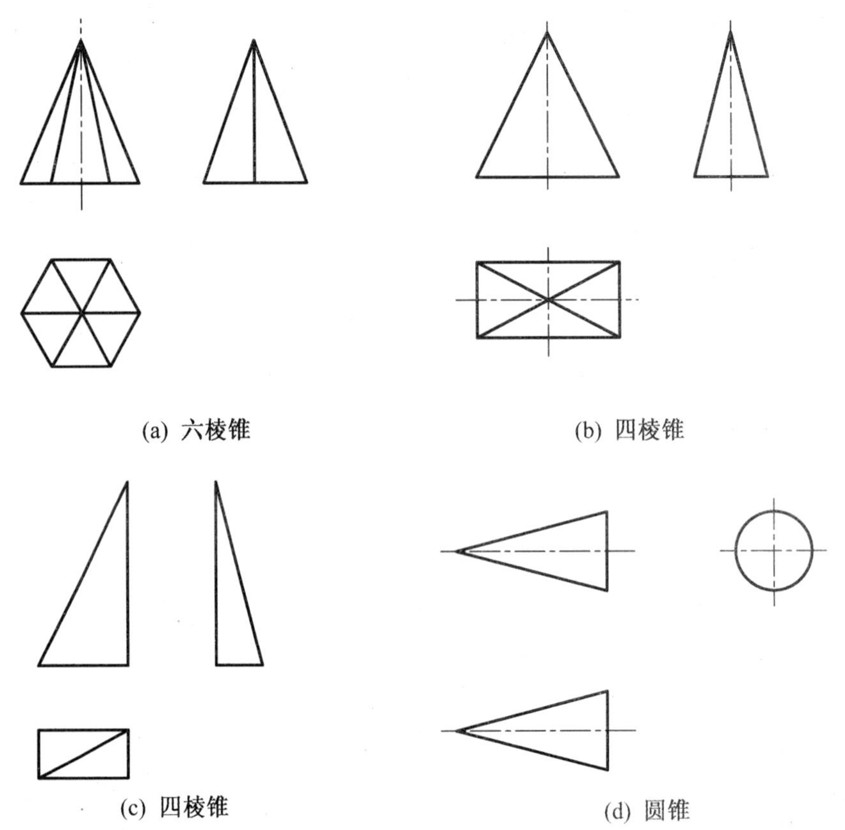

图 5-13 锥体的视图特征

3. 台体的视图特征——梯梯为台

"梯梯为台"的含义是:在基体几何体的三视图中如有两个视图的外形轮廓为梯形,则可肯定它所表达的物体是圆锥台或棱锥台,如图 5-14 所示。

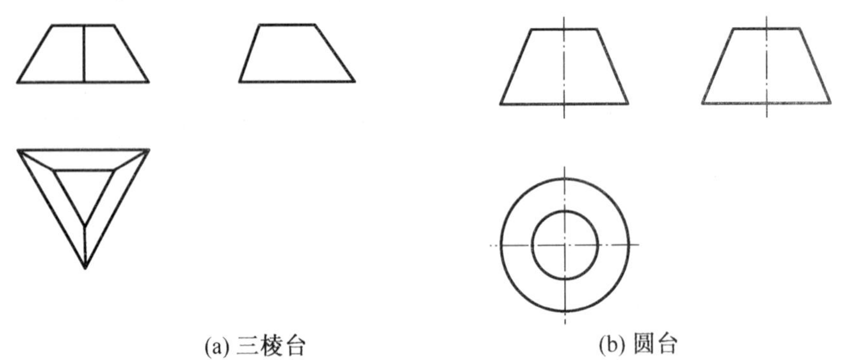

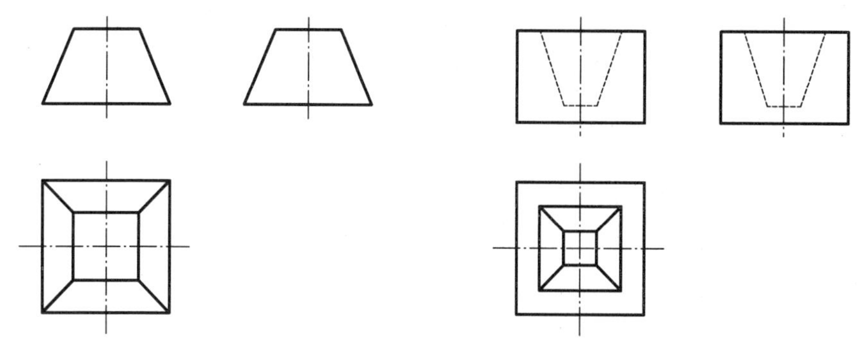

(c) 四棱台　　　　(d) 四棱台坑(虚线部分)

图 5-14　台体的视图特征

4. 球体的视图特征——三圆为球

“三圆为球”的含义是:球体的三视图全部为圆形,如图 5-15 所示。

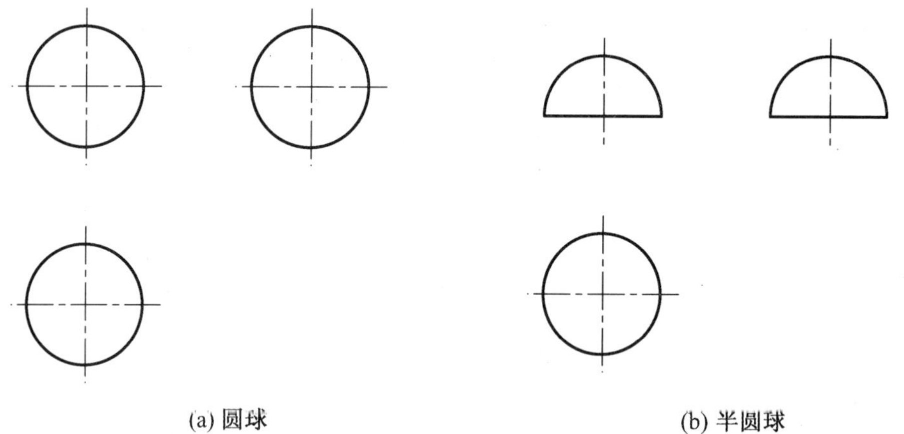

(a) 圆球　　　　(b) 半圆球

图 5-15　圆球的视图特征

四、实训任务与要求

1. 实训任务

图 5-16 为物体的轴测图,试根据轴测图绘制其三视图。

2. 实训要求

(1) A4 图纸,铅笔或计算机绘制。

(2) 图形尺寸自定,三视图不标注尺寸。

(3) 可见轮廓线用粗实线绘制,不可见轮廓线用细虚线绘制。

(4) 图形布局匀称,图线清晰。

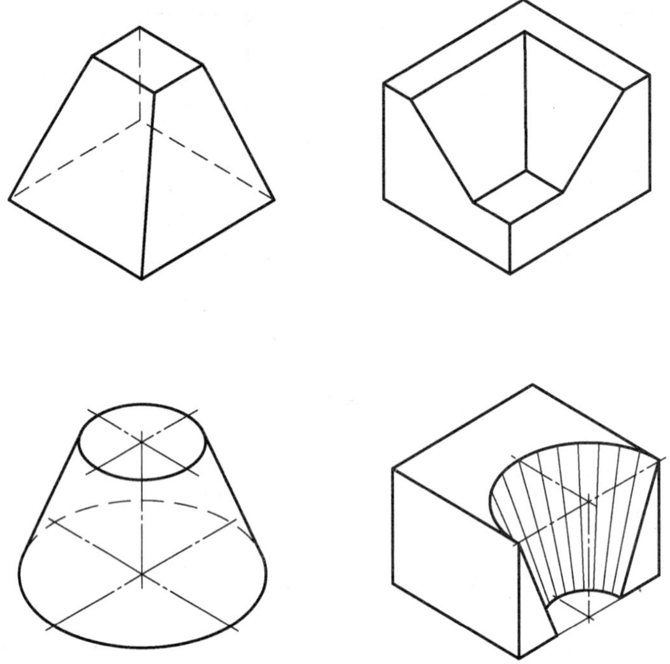

图 5－16　绘制物体的三视图

任务六　绘制组合体三视图

一、组合体的组合形式及其表面连接关系

由一些基本体组合而成的立体,称为组合体。

1. 组合体的组合形式

组合体的组合形式有叠加式和切割式两种。

(1) 叠加式

由两个或多个基本体叠加而成的组合体,称为叠加式组合体,如图 6－1 所示。

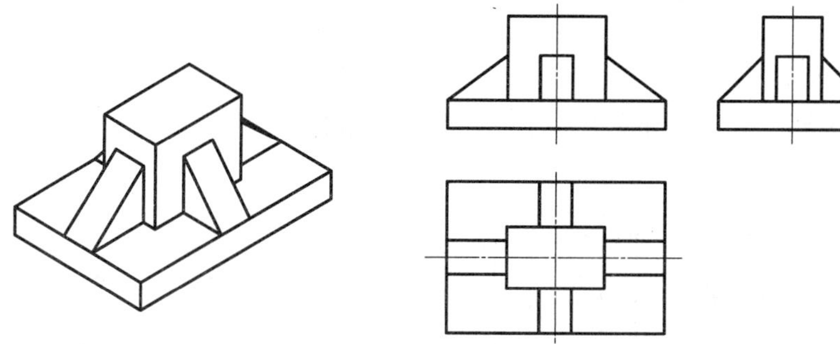

图 6－1　叠加式组合体

(2) 切割式

由一个基本体切割而成的组合体,称为切割式组合体,如图 6－2 所示。

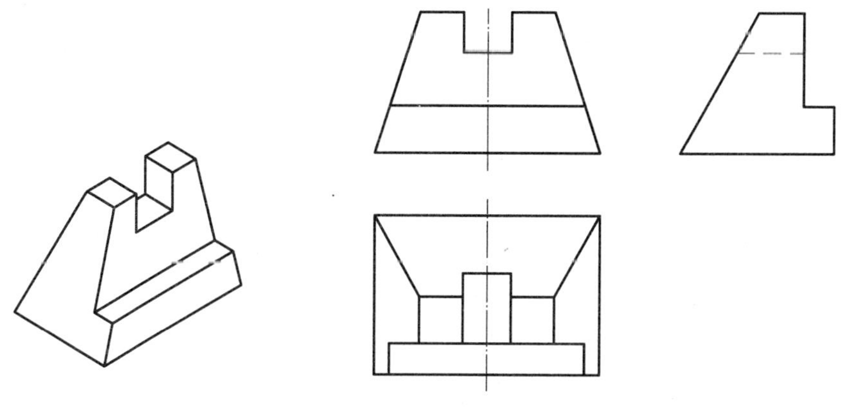

图 6－2　切割式组合体

2. 组合体的表面连接关系

组合体中各表面之间的连接关系，有不平齐、平齐、相切、相交等情况。

(1) 表面不平齐

如图 6－3 所示，组合体的上下表面不平齐，应在视图中画出结合处的分界线。

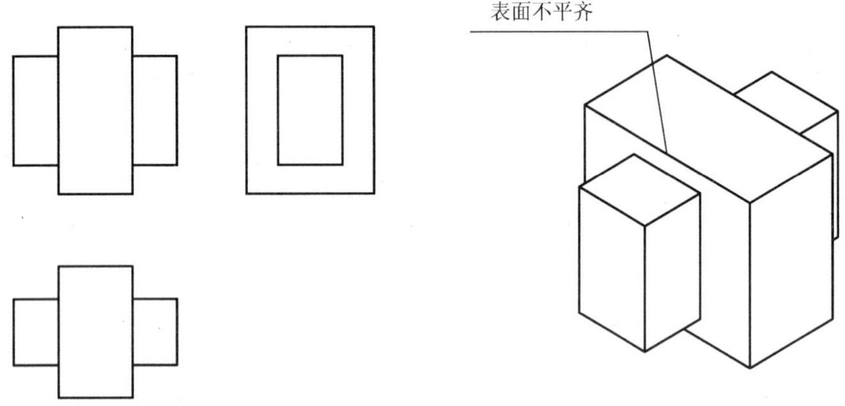

图 6－3　表面不平齐

(2) 表面平齐

表面平齐称为共面，如图 6－4 所示，组合体的上下表面对齐，没有错开，结合处无分界线。

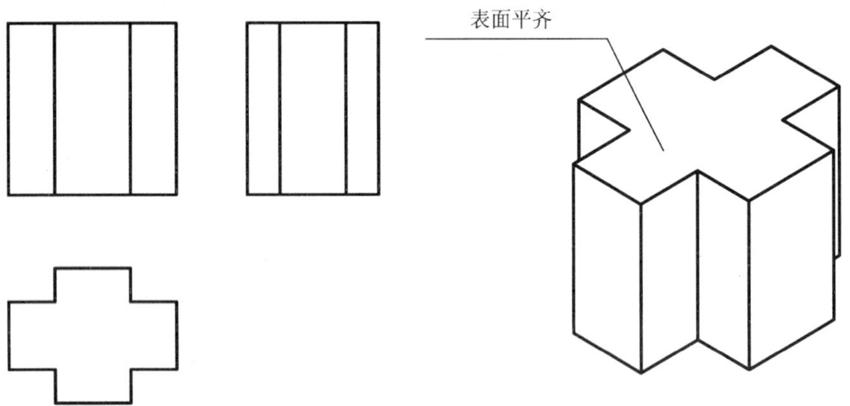

图 6－4　表面平齐

(3) 表面相切

如图 6－5 所示，组合体两表面光滑连接，即相切，结合处是光滑过渡的，不画线。

(4) 表面相交

如图 6－6 所示，平面与曲面相交，相交处有分界线，应画出。

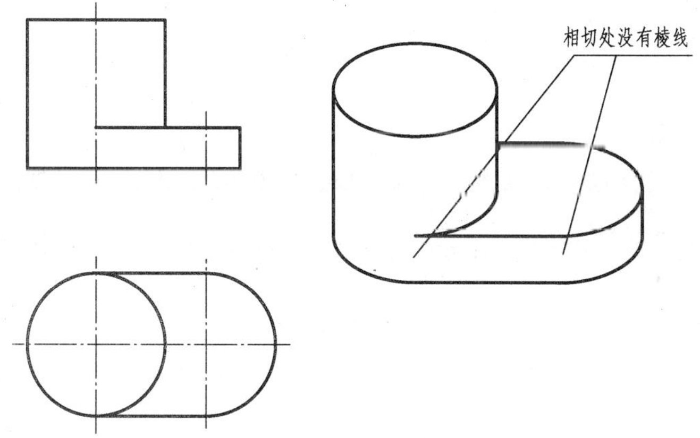

图 6－5 表面相切的组合体

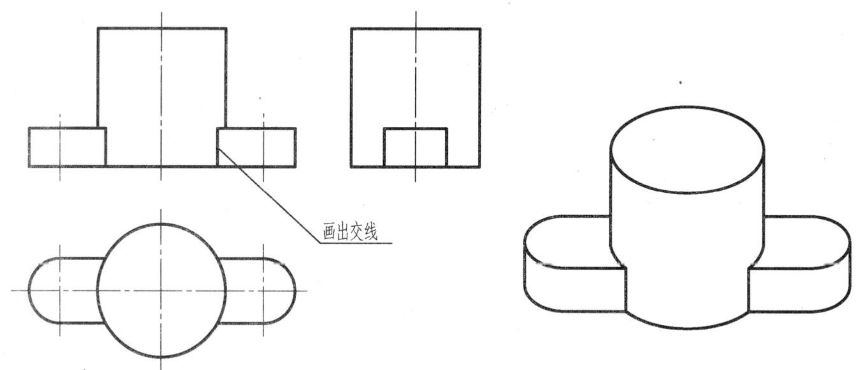

图 6－6 表面相交组合体

二、组合体三视图的画法

画组合体视图的具体步骤如下：

(1) 组合体形体分析

分析组合体由哪些部分组成，每部分的投影特征，它们之间的相对位置以及组合体的形状特征。

(2) 选择主视图

一般选择最能反映组合体形状特征和相互位置关系的投影作为主视图，同时要考虑到组合体的安装位置，另外要注意其他两个视图上的虚线应尽量少。

(3) 选图幅、定比例

根据形体的大小选择适当的比例和图幅;在图纸上画出图框线和标题栏。

(4) 布图

根据图纸的有效绘图区面积和三视图的图形大小,计算并定位画出作图基准线(如中心线、对称线等),使整张图纸的布局看起来清晰、匀称。

(5) 画底稿

画底稿的顺序以形体分析的结果进行。一般为:先画各视图中的基线、中心线、主要形体的轴线和中心线。再先主体后局部、先外形后内部、先曲线后直线。

(6) 描深图线

检查底稿,修改错误,擦除多余的作图线,按照制图标准描深各类图线。

【例 6-1】 绘制图 6-7(a)所示组合体的三视图。

绘图步骤如下:(略去选图幅、布图等步骤)

(1) 该组合体为房屋柱基础的简化模型,由上部基础、下部基础、前后左右肋板共六部分组成。上、下基础均为四棱柱,前后左右肋板均为三棱柱,它们之间为叠加关系。

(2) 选择形体较长的方向为主视图方向,如图 6-7(a)所示。

(3) 在图纸的适当位置绘制图形的对称线作为绘图的定位线,如图 6-7(b)所示。

(4) 绘制下部基础的三视图,如图 6-7(c)所示。

(5) 绘制上部基础的三视图,如图 6-7(d)所示。

(6) 绘制左右肋板的三视图,如图 6-7(e)所示。

(7) 绘制前后肋板的三视图,如图 6-7(f)所示。

(8) 整理图形,描深图线。

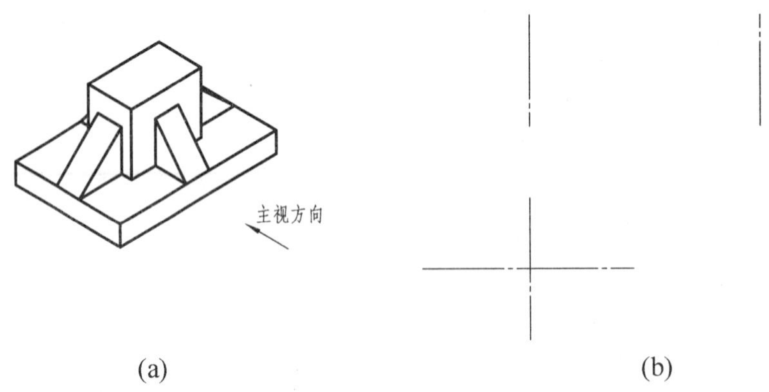

(a) (b)

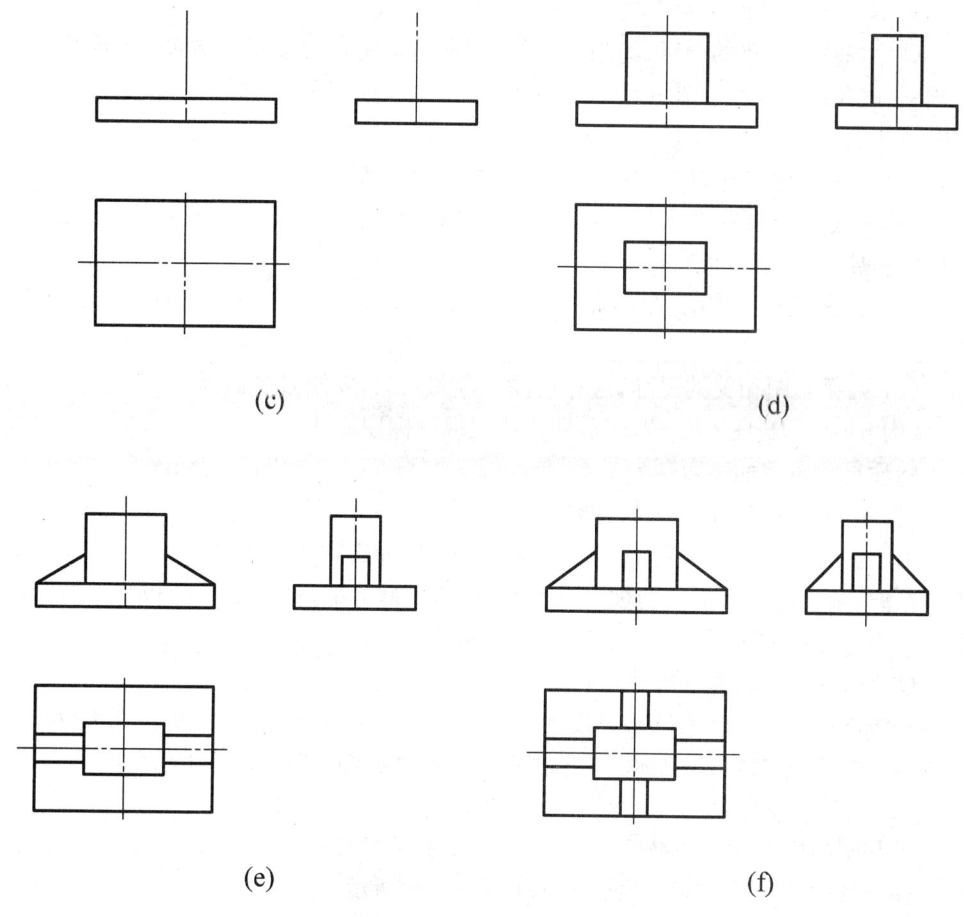

图 6－7　三视图的画图步骤

三、组合体三视图的尺寸标注

组合体三视图对尺寸的要求概括为“标注正确、尺寸齐全、布局清晰、工艺合理”。

1. 标注正确

要求尺寸标注样式符合国家制图标准规定。

2. 尺寸齐全

所注尺寸能完全确定出物体各部分大小及它们之间相互位置关系。

3. 布局清晰

布局清晰有如下的要求：

(1) 尺寸数字应准确无误，所有的图线都不得与尺寸数字相交。

(2) 尺寸标注应层次分明，图线之间尽量避免互相交叉，虚线上尽量不标尺寸。

(3) 尺寸标注应布局适当，同一部位的特征尺寸应集中标注便于查看。

4. 工艺合理

工程图中的尺寸标注应符合施工生产的工艺要求，做到尺寸基准合理，在满足使用要求的情况下尽量降低生产成本。

5. 尺寸标注中的注意事项

尺寸标注及布置的合理、清晰，对于识图和施工制作都会带来方便，从而提高工作效率，避免错误发生。在布置组合体尺寸时，除应遵守上述的基本规定外，还应做到以下几点：

(1) 尺寸一般应布置在图形外，以免影响图形清晰。

(2) 尺寸排列要注意大尺寸在外、小尺寸在内，并在不出现尺寸重复的前提下，使尺寸构成封闭的尺寸链。

(3) 反映某一形体的尺寸，最好集中标在反映这一基本形体特征轮廓的投影图上。

(4) 两投影图相关的尺寸，应尽量注在两图之间，以便对照识读。

【例 6-2】 给图 6-7(f)所示组合体三视图标注尺寸。

标注尺寸步骤如下：

(1) 标注前后左右四部分肋板的尺寸

由于肋板左右对称，只标左边部分的尺寸，肋板长度受上下基础控制，在施工中不用量取，不再标注。前后肋板也对称，只标前面部分的尺寸，前后肋板与左右肋板一样也不需标注宽度尺寸，如图 6-8(a)所示。

(2) 标注上基础部分尺寸

主视图的左侧已经有肋板高度为 8 的尺寸，上基础高度尺寸 15 标注在主视图的右侧，长宽尺寸 18、11 集中标注在俯视图的后侧和右侧，如图 6-8(b)所示。

(3) 标注下基础部分尺寸

下基础高度尺寸 5 与高度尺寸 15 标注在主视图的右侧并对齐，长宽尺寸 40、27 标注在俯视图的尺寸 18、11 的外侧，如图 6-8(c)所示。

(4) 标注整体尺寸

总长、总宽尺寸已经标出，总高尺寸 20 标注在左视图的后侧，如图 6-8(d)所示。

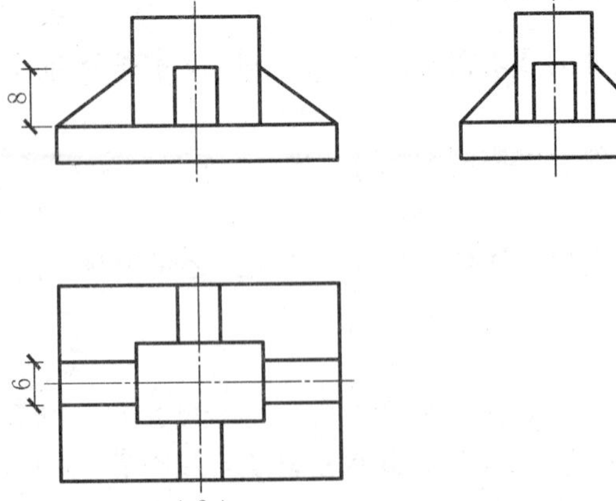

(a)

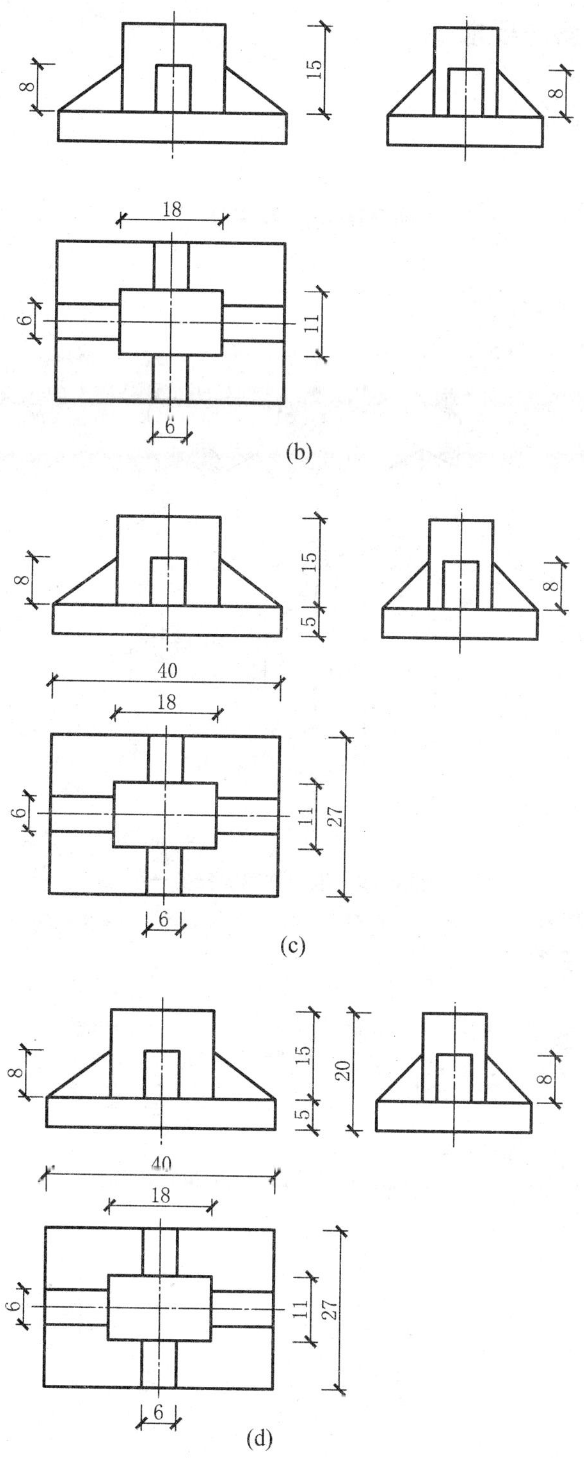

图 6－8　组合体三视图的尺寸标注

四、实训任务与要求

(一) 实训任务一

1. 实训任务

试根据图 6-9 所示组合体轴测图绘制其三视图。

2. 实训要求

(1) A4 图纸,铅笔绘制;

(2) 尺寸比例自定,标注尺寸。

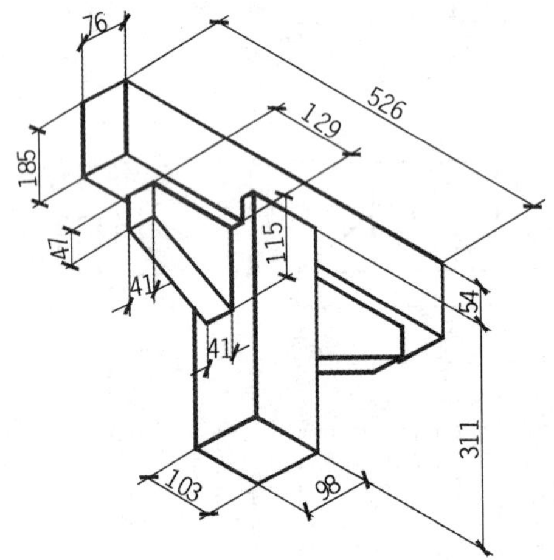

图 6-9 组合体实训任务一

(二) 实训任务二

1. 实训任务

试根据图 6-10 所示组合体轴测图绘制其三视图。

2. 实训要求

(1) A3 图纸,铅笔绘制;

(2) 尺寸比例自定,标注尺寸。

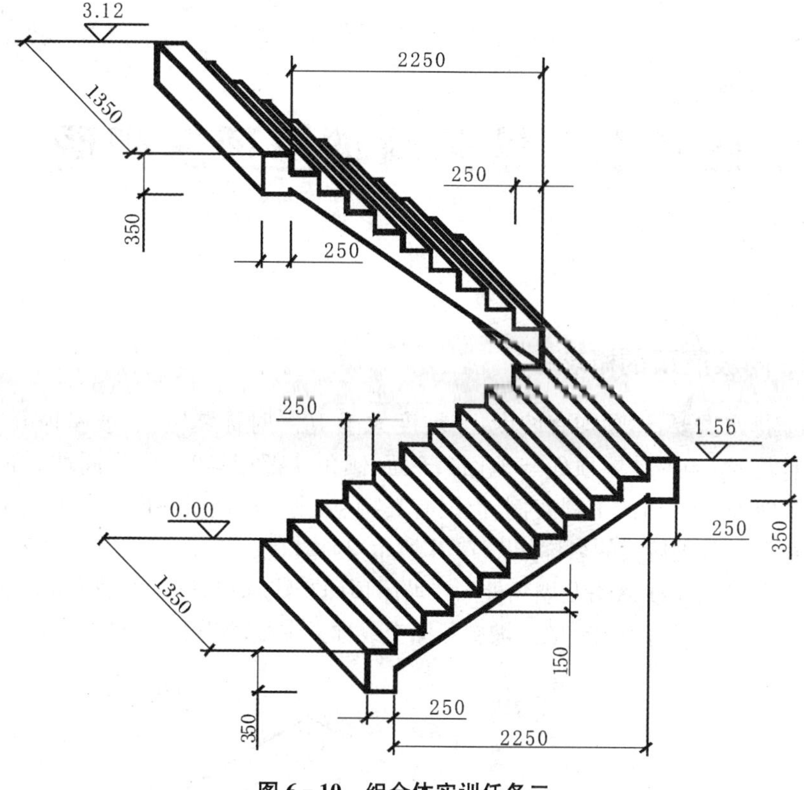

图 6－10　组合体实训任务二

任务七　绘制同坡屋顶三视图

一、同坡屋顶的概念

为了排水需要，屋顶均有坡度，当坡度大于10%时称坡屋顶，坡屋顶分单坡、两坡和四坡屋顶，当各坡屋顶面与地面（H 面）倾角 α 都相等时，称为同坡屋顶。同坡屋顶是叠加型组合体的工程实例，但因有其特点，则与前面所述的作图方法不同。

坡屋顶的各种棱线的名称如图7－1所示：与檐口线平行的二坡屋顶面交线称屋脊线，如坡面Ⅰ-Ⅲ的交线 AB；凸墙角处的二坡屋顶面交线称斜脊线，如坡面Ⅰ-Ⅱ、Ⅲ-Ⅱ的交线 AC 和 AF；凹墙角处相交的二坡屋顶面交线称天沟线，如Ⅰ-Ⅳ的交线 DH。

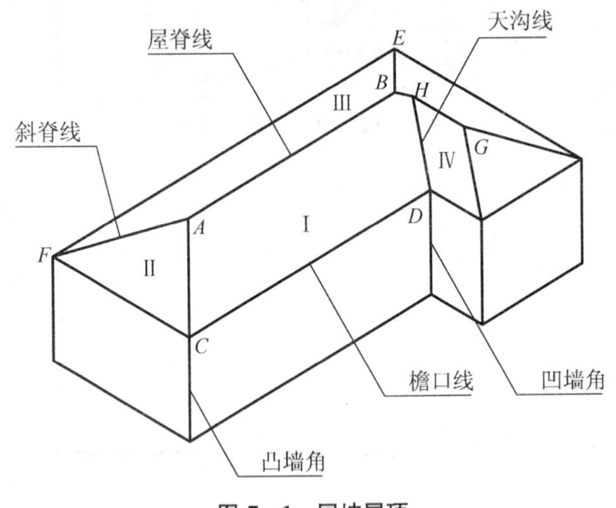

图7－1　同坡屋顶

二、同坡屋顶面交线的特点

（1）二坡屋面的檐口线平行且等高时，交成的水平屋脊线的水平投影与两檐口线的水平投影平行且等距。

（2）檐口线相交的相邻两个坡面交成的斜脊线或天沟线，它们的水平投影为两檐口线水平投影夹角的平分线。当两檐口线相交成直角时，斜脊线或天沟线在水平投影面上的投影与檐口线的投影成45°角。

（3）在屋面上如果有两斜脊、两天沟、或一斜脊一天沟相交于一点，则该点上必然有第三条线即屋脊线通过，这个点就是三个相邻屋面的公有点。如图 7－1 中，A 点为三个坡面Ⅰ、Ⅱ、Ⅲ所共有，二条斜脊线 AC、AF 与屋脊线 AB 交于 A 点。

图 7－2 是这三条特点的简单说明。所示四坡屋面的左右两斜面为正垂面，前后两斜面为侧垂面，从正面和侧面投影上可以看出这些垂直面对水平面的倾角 α 都是相等的，因此是同坡屋面，这样在水平投影上就有：

(1) ab(屋脊线)平行 cd 和 ef(檐口线)，且 $y=y$；

(2) 斜脊必为檐口线夹角的平分线，如 $\angle eca = \angle dca = 45°$

(3) 过 a 点有三条脊棱线 ab 和 ac、ae，即两条斜脊线 ac、ae 和一条屋脊线 ab 相交于点 a。

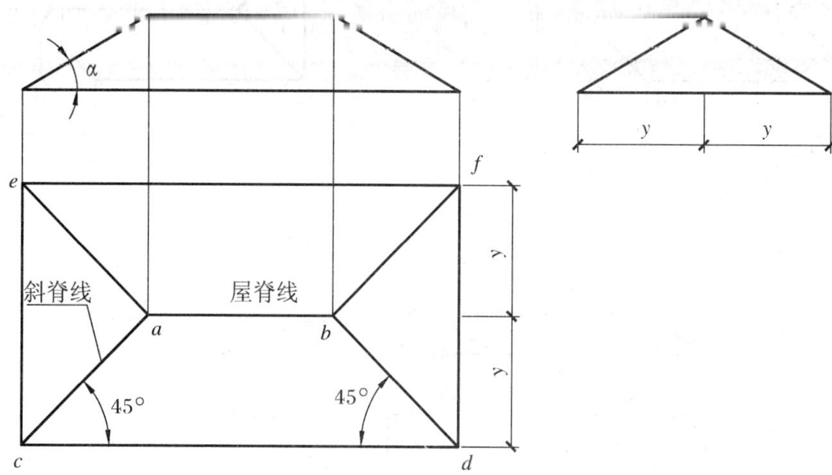

图 7－2　同坡屋面的三面投影

三、同坡屋顶的画法

【例 7－1】　已知四坡屋顶面的倾角 ($\alpha = 30°$) 及檐口线的水平投影，如图 7－3 所示。求屋顶面交线的水平投影以及屋顶的正面投影和侧面投影。

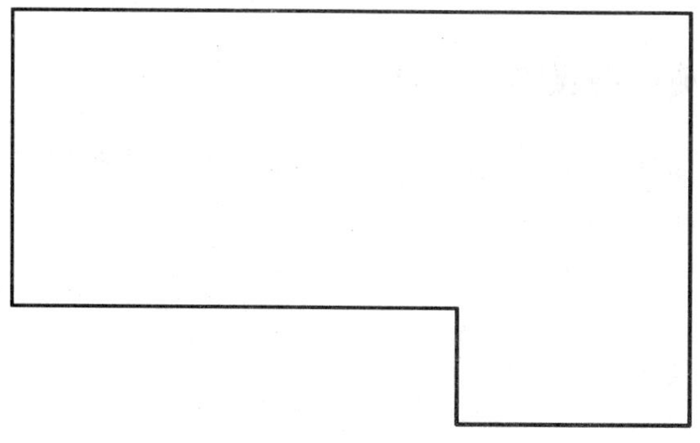

图 7－3　同坡屋面檐口线的投影

分析与作图

根据上述同坡屋面交线的投影特点，作图步骤如下：

(1) 在屋面的水平投影上见屋角就作45°分角线。在凸墙角上作的是斜脊线 ac、ae、mg、ng、bf、bh；在凹墙角上作的是天沟 dh，如图7-4(a)所示。

(2) 在水平投影上作屋脊线 ab 和 gh，如图7-4(b)所示。

(3) 根据屋面倾角和投影规律作出屋面的正面投影和侧面投影，如图7-4(c)所示。

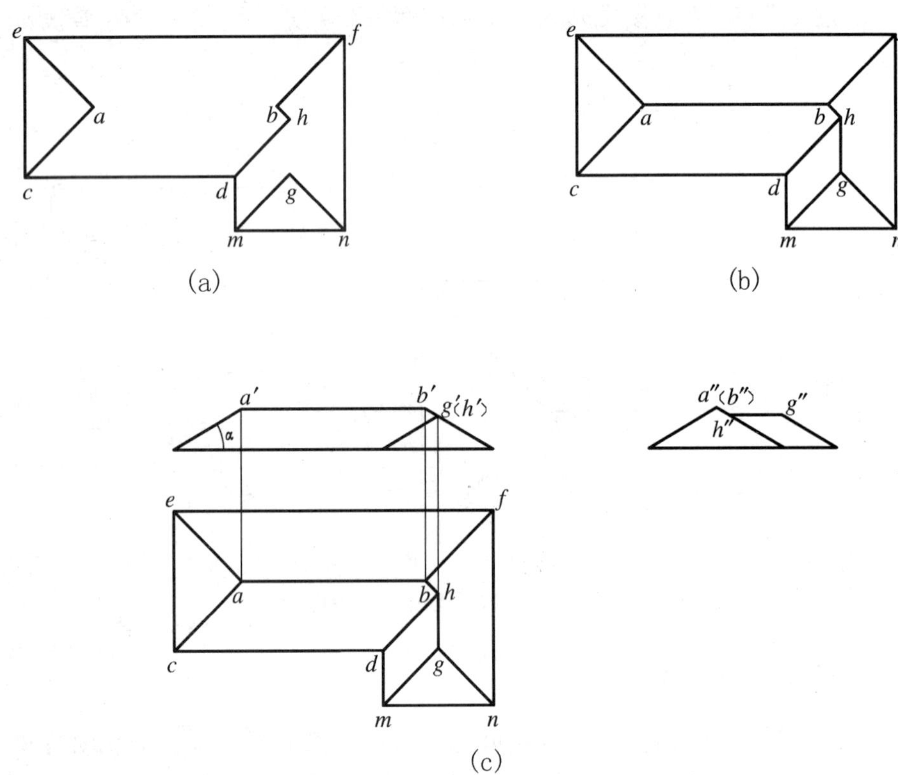

图7-4 同坡屋面三面投影的作图过程

四、同坡屋顶的形式

由于同坡屋顶的同一周界不同尺寸，可以得到四种典型的屋顶面形式，如图7-5(a)、(b)、(c)、(d)所示。

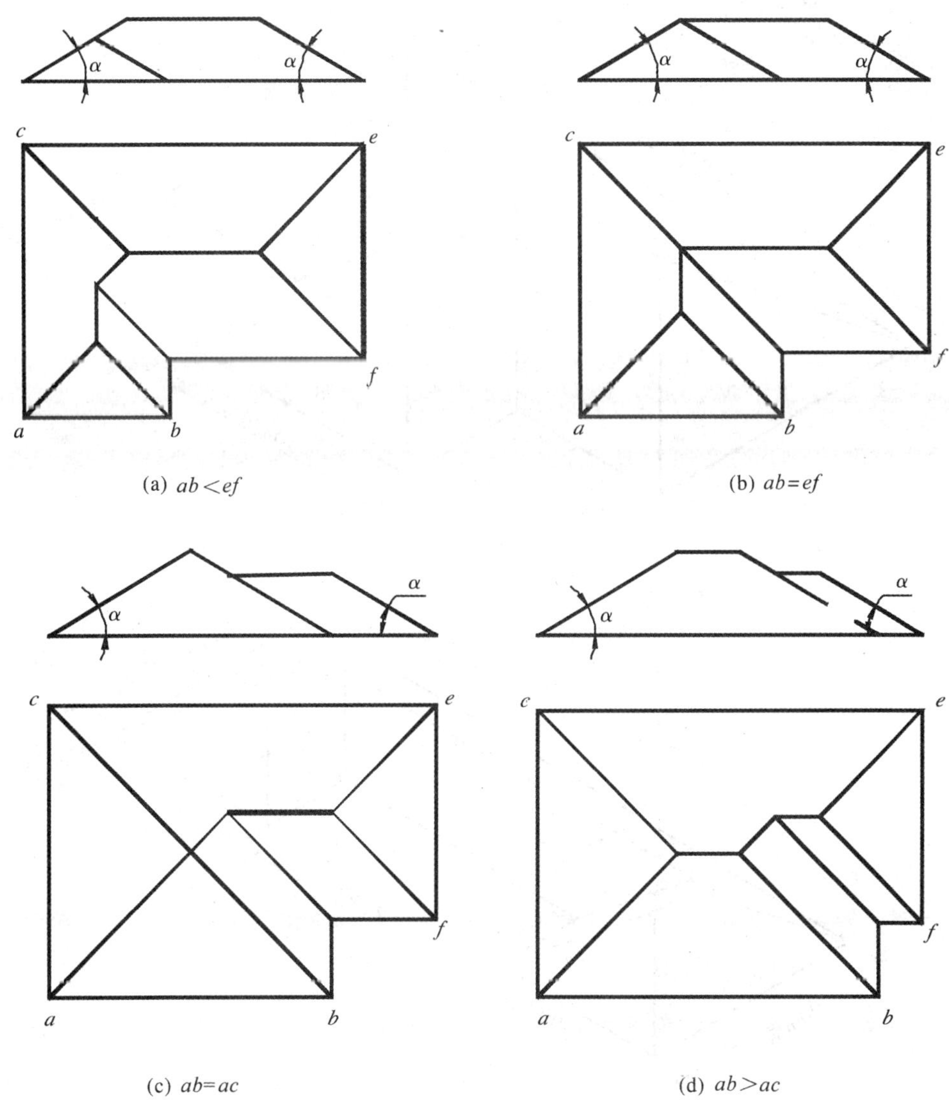

图 7-5　不同跨度的同坡屋顶的投影比较

由上述可见，屋脊线的高度随着两檐口之间的距离而起变化，当平行两檐口屋面的跨度越大，屋脊线的高度就越高。

五、实训任务与要求

1. 实训任务

同坡屋顶结构形式如图 7-6(a)和图 7-6(b)所示，已知屋面坡角为 30°，画出同坡屋顶的三视图。

2. 实训要求

A3 图纸，按尺寸绘图，标注尺寸。

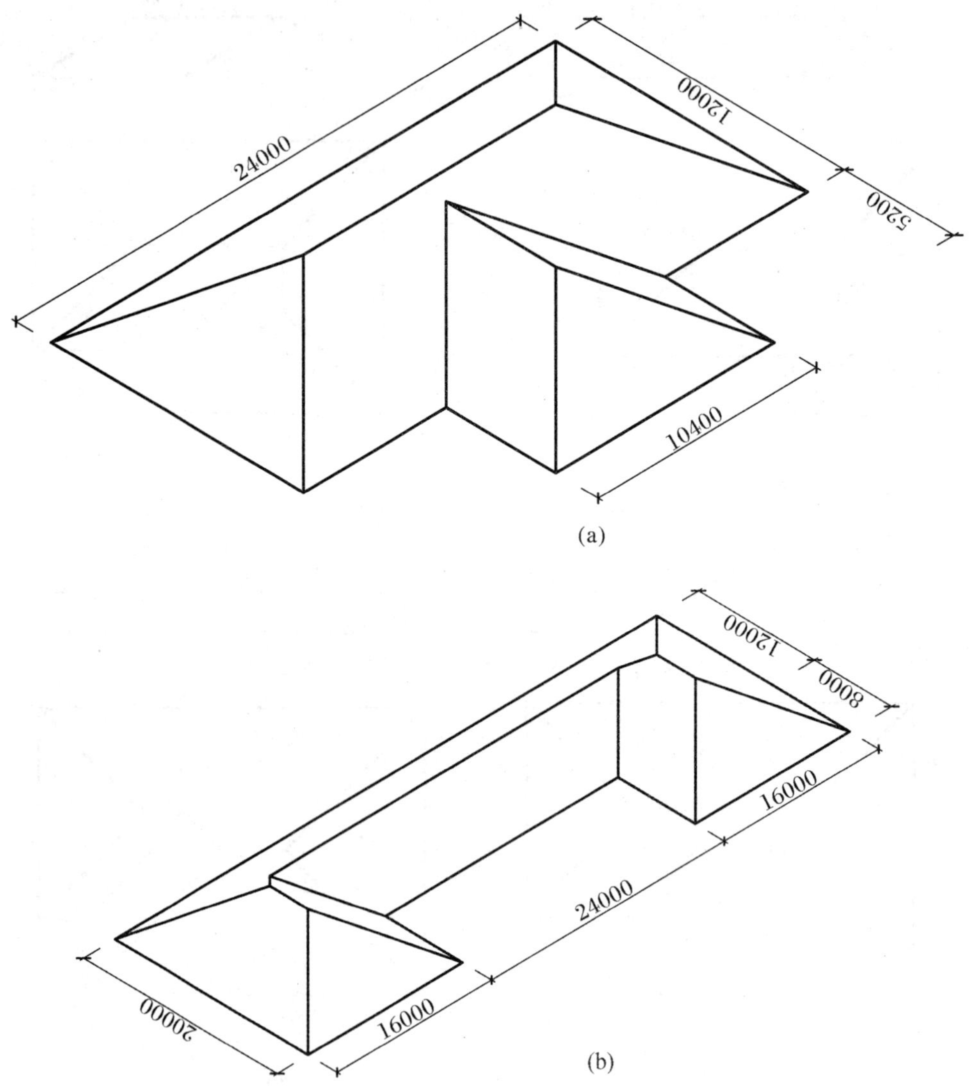

图 7-6 画出同坡屋顶的三视图

项目三
绘制物体的轴测图

<table>
<tr><td rowspan="2">教学任务</td><td colspan="2">教学目标</td></tr>
<tr><td>知识目标</td><td>技能目标</td></tr>
<tr><td>任务八　绘制正等轴测图</td><td>1. 掌握正等轴测图的投影原理
2. 掌握轴测图绘制的基本方法</td><td>能够根据组合体三视图绘制正等轴测图</td></tr>
<tr><td>任务九　绘制斜二轴测图</td><td>1. 掌握绘制斜二轴测图的投影原理
2. 掌握斜二轴测图的绘图方法</td><td>能够根据组合体三视图绘制斜二轴测图</td></tr>
</table>

任务八　绘制正等轴测图

一、正等轴测图的概念

如果使三个坐标轴 OX、OY、OZ 对轴测投影面处于倾角都相等的位置，把物体向轴测投影面投影，所得到的轴测投影就是正等测轴测图，简称正等轴测图。正等轴测图的三个轴间角均为 120°，轴向伸缩系数规定为 $p=r=q=1$，如图 8－1 所示。

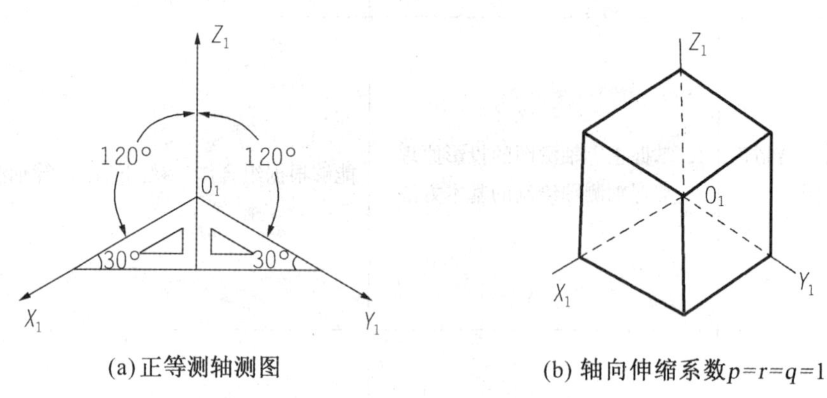

(a) 正等测轴测图　　(b) 轴向伸缩系数 $p=r=q=1$

图 8－1　正等测的轴间角和轴向伸缩系数

二、正等测轴测图的画法

1. 特征面法

适用于绘制棱柱类物体的轴测图，首先绘制棱柱的一个底面，然后绘制棱线，最后连接另一个底面。

图 8－2 为应用特征面法绘制长方体（棱柱）正等轴测图的画法步骤。

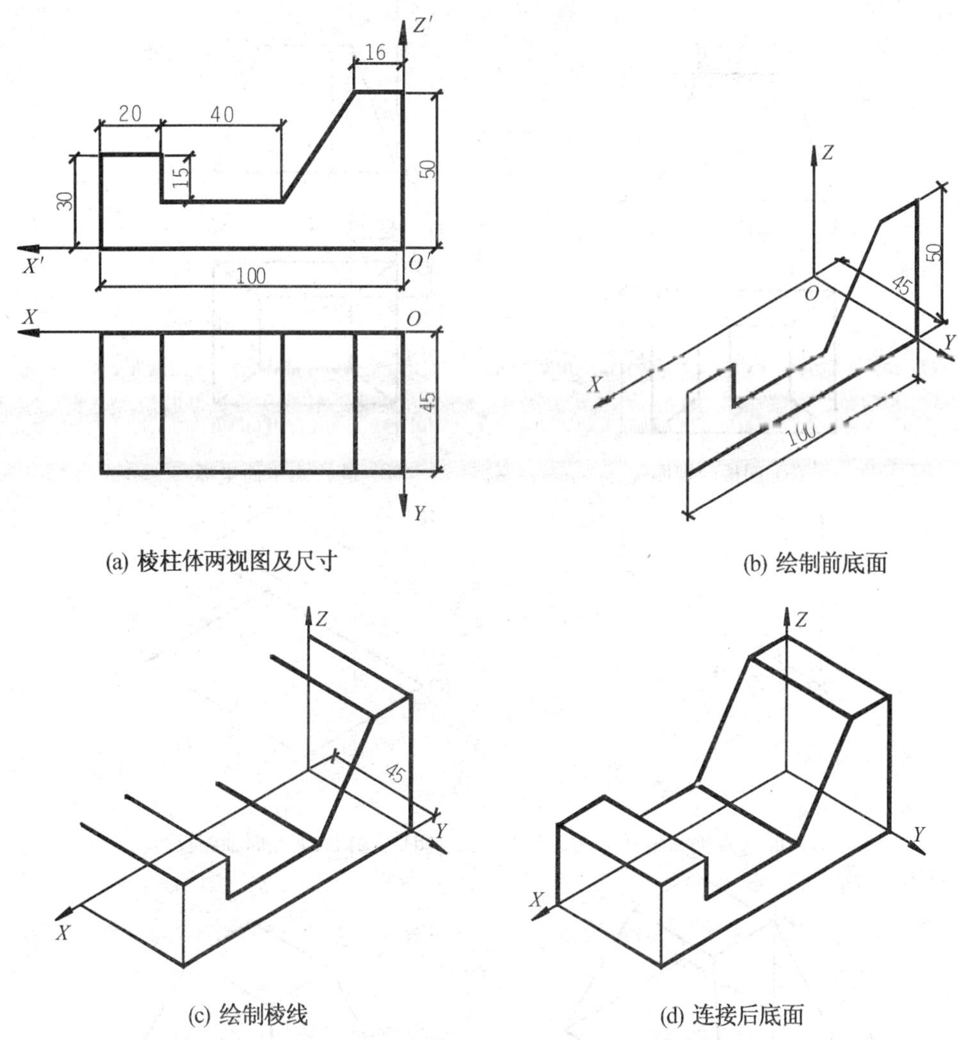

(a) 棱柱体两视图及尺寸　(b) 绘制前底面

(c) 绘制棱线　(d) 连接后底面

图 8－2　特征面法绘制正等测图画法步骤

2. 坐标法

适用于绘制棱锥、棱台类物体，先用轴测坐标绘出形体上主要角点的投影，然后连接各棱线，从而画出整个形体的轴测图，这种作图方法称为坐标法。

图 8－3 为应用坐标法绘制四棱台正等轴测图的画法步骤。

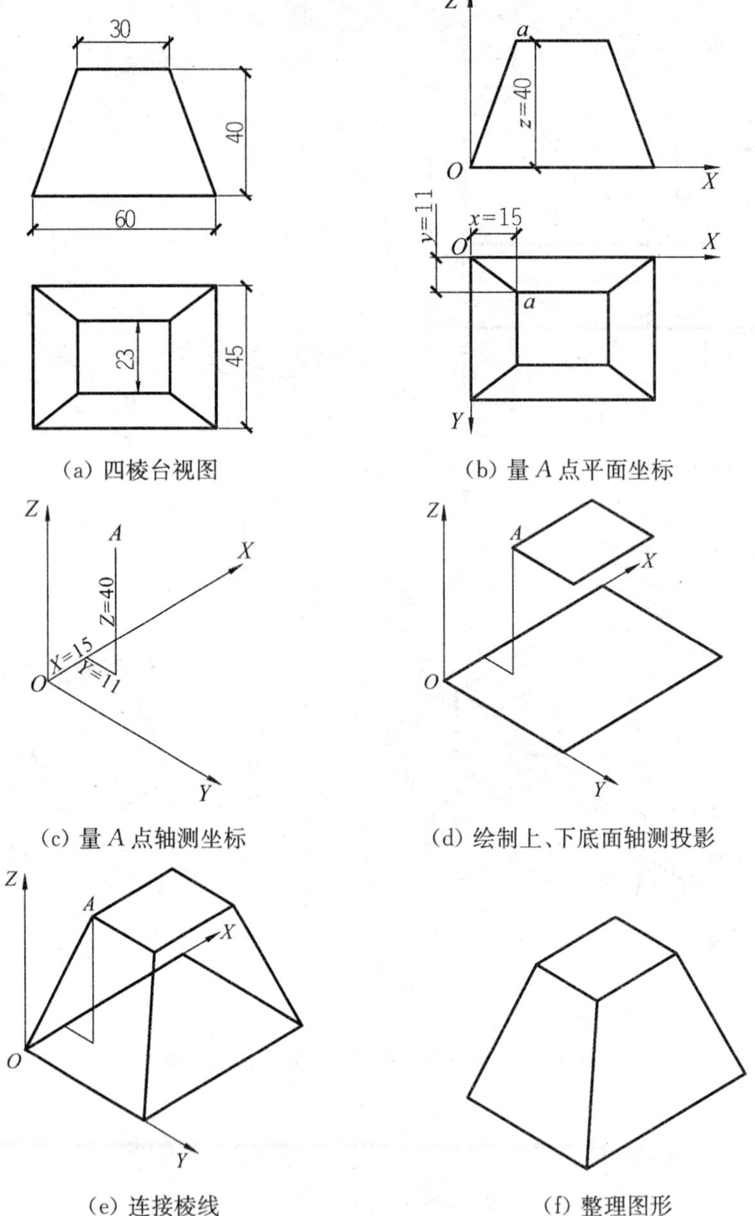

图 8－3 坐标法绘制正等轴测图的画法步骤

3. 切割法

适用于绘制棱柱被切角、开槽等切割体，先用特征面法画出完整的形体，再按照切割位置进行切割绘图。

图 8－4 为应用切割法绘制四棱柱切割体正等轴测图的画法步骤。

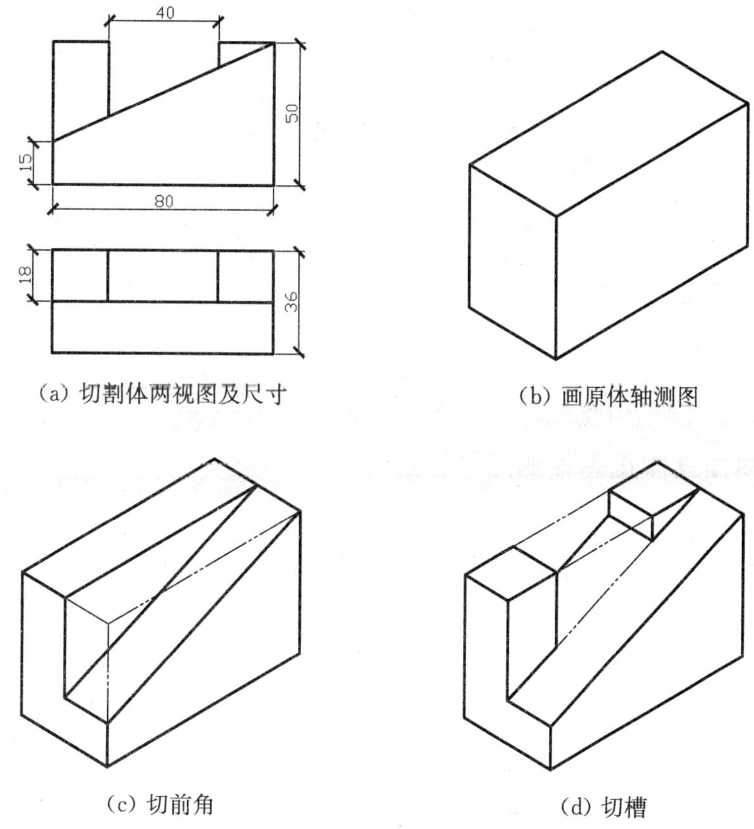

(a) 切割体两视图及尺寸　(b) 画原体轴测图

(c) 切前角　(d) 切槽

图 8－4　用切割法绘制正等测图

4. 叠加法

适用于绘制组合体，将组合体分解为若干基本形体，依次将各个基本形体进行准确定位后叠加在一起，形成整个形体的轴测图。

图 8－5 为应用叠加法绘制台阶正等轴测图的画法步骤。

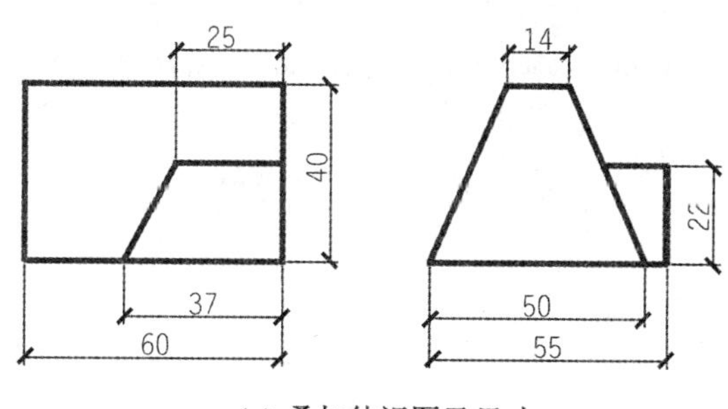

(a) 叠加体视图及尺寸

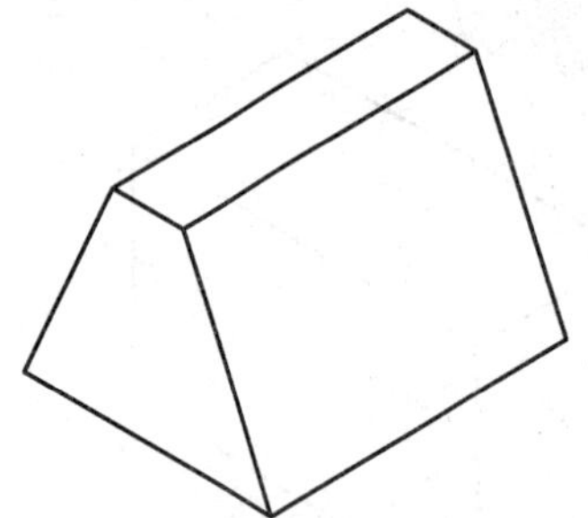

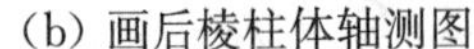
(b) 画后棱柱体轴测图

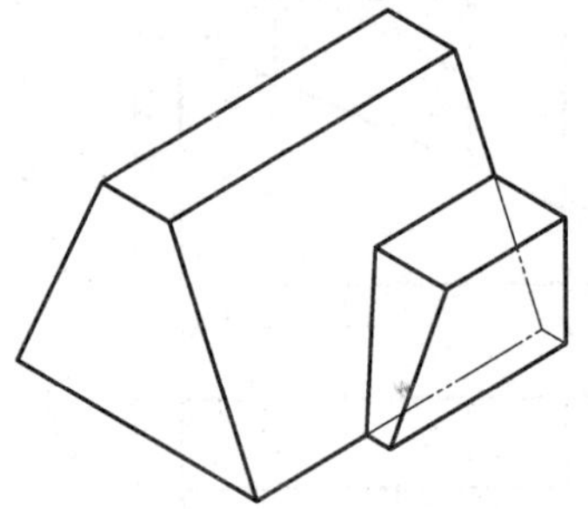
(c) 画前棱柱体(擦除双点画线部分)

图 8-5　叠加法绘制正等测图的画法步骤

三、曲面立体正等轴测图的画法

1. 圆的正等轴测投影

圆的正等轴测投影是椭圆,椭圆常用的近似画法是菱形法,现以平行 XOY 坐标面的圆(或 XOY 坐标面的圆)为例,介绍圆的正等轴测投影,如图 8-6 所示。

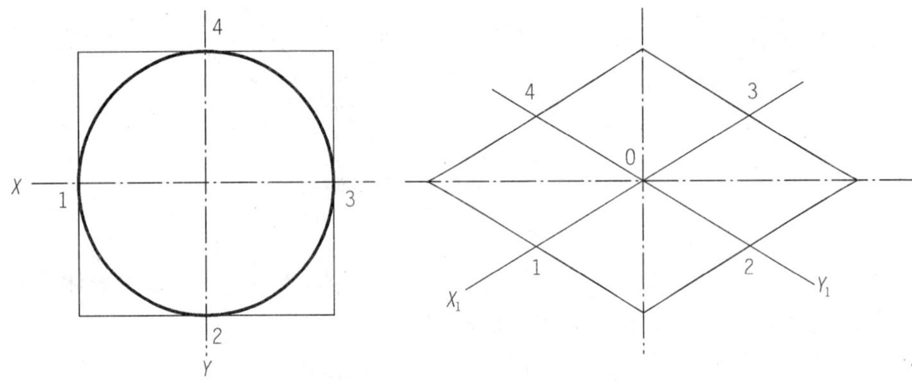

(a) 过圆心 O 作坐标轴 OX 和 OY,再作四边平行坐标轴的圆的外切正方形,切点为 1、2、3、4。

(b) 画出轴测轴 OX_1、OY_1。从 O 点沿轴向直接量圆半径,得切点 1、2、3、4。过各点分别作轴测轴的平行线,即得圆的外切正方形的轴测图——菱形,再作菱形的对角线。

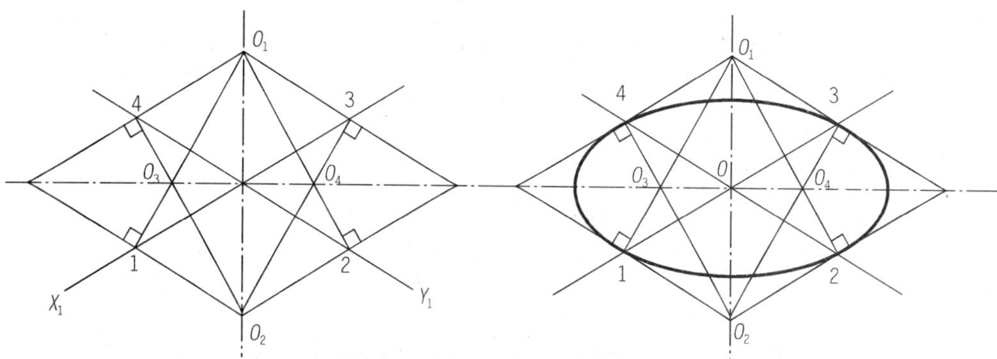

(c) 过 1、2、3、4 作菱形各边的垂线，得交点 O_1、O_2、O_3、O_4，即所画近似椭圆的四个圆心。O_1、O_2 就是菱形短对角线的顶点，O_3、O_4 都在菱形的长对角线上。

(d) 以 O_1、O_2 为圆心，$O_1 1$ 为半径画出大圆弧 $\overset{\frown}{12}$、$\overset{\frown}{34}$；以 O_3、O_4 为圆心、$O_3 1$ 为半径画出小圆弧 $\overset{\frown}{14}$、$\overset{\frown}{23}$。四个圆弧连成的就是近似椭圆。

图 8－6　平行 *XOY* 坐标面的圆的正等轴测投影

2. 圆柱的正等测图画法

如图 8－7 所示，作图时，先分别作出其顶面和底面的椭圆，再作其公切线即可。圆孔的正等轴测图画法与圆柱的正等测图画法相同。

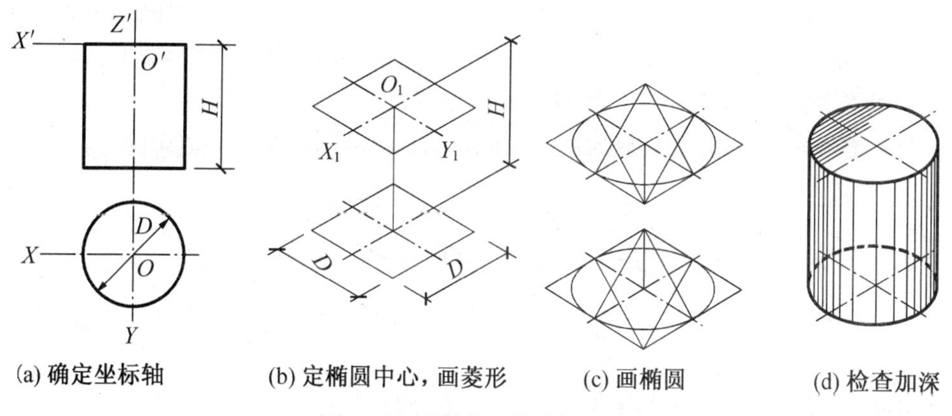

(a) 确定坐标轴　(b) 定椭圆中心，画菱形　(c) 画椭圆　(d) 检查加深

图 8－7　圆柱的正等测图画法

在画曲面立体的正等测图时，一定要明确圆所在平面与哪一个坐标面平行，才能确保画出的椭圆正确。不同坐标面上圆的正等轴测图的画图方法相似，但是椭圆的方位不同，如图 8－8 所示。画同轴并且相等的椭圆时，要善于应用移心法以简化作图，并保持图面的清晰。

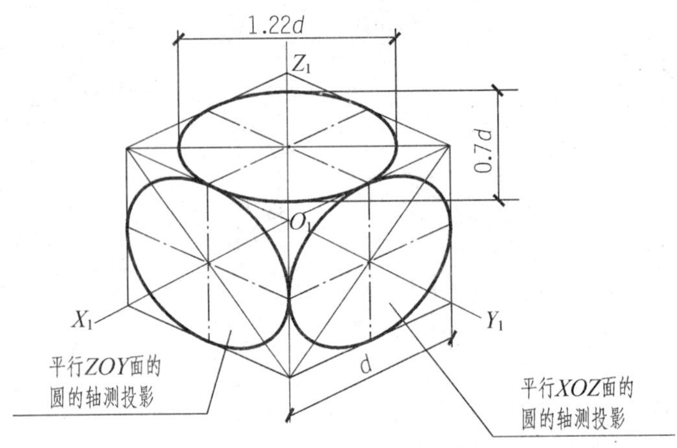

图 8-8　平行于坐标面的圆的正等轴测图

3. 圆角的正等测图画法

圆角相当于 1/4 的圆周，因此，圆角的正等测图正好是椭圆的四段圆弧中的一段。作图时，可简化为如图 8-9 所示的画法，其作图步骤如下：

(1) 在组成角的两条边上分别沿轴向各取一段长度等于半径 R 的线段，得 A 点和 B 点，过 A、B 点作相应边的垂线分别交于 O_1 及 O_2。以 O_1 及 O_2 为圆心，以 O_1A 及 O_2B 为半径作弧，即为圆角的轴测图，如图 8-9(b)所示。

(2) 将 O_1 及 O_2 点垂直往后移(Y 方向)，取 $O_1O_3=O_2O_4=h$(板厚)，得 O_3、O_4 点。以 O_3 及 O_4 为圆心，以 O_1A 及 O_2B 为半径作弧，得后面圆角的轴测图，再作前、后圆弧的公切线，即完成作图。如图 8-9(c)所示。

(3) 擦去多余的图线并描深，即得到圆角的正等测图，如图 8-9(d)所示。

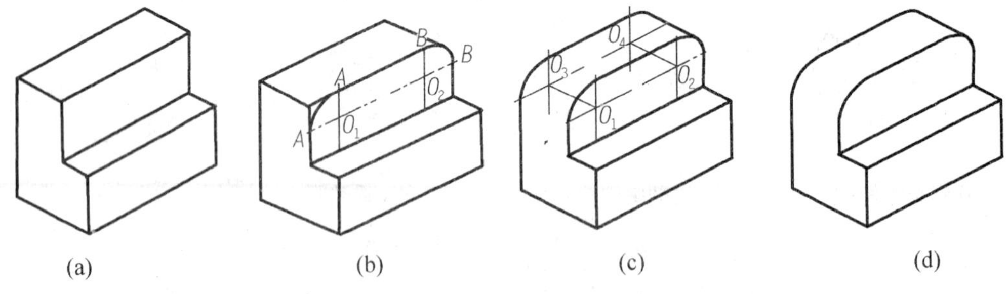

图 8-9　圆角的正等测图画法

四、实训任务与要求

1. 实训任务

图 8-10 所示为形体的组合体三视图，画出正等轴测图。

2. 实训要求

(1) A4 图纸，铅笔绘制轴测图。

(2) 轴测图不标尺寸。

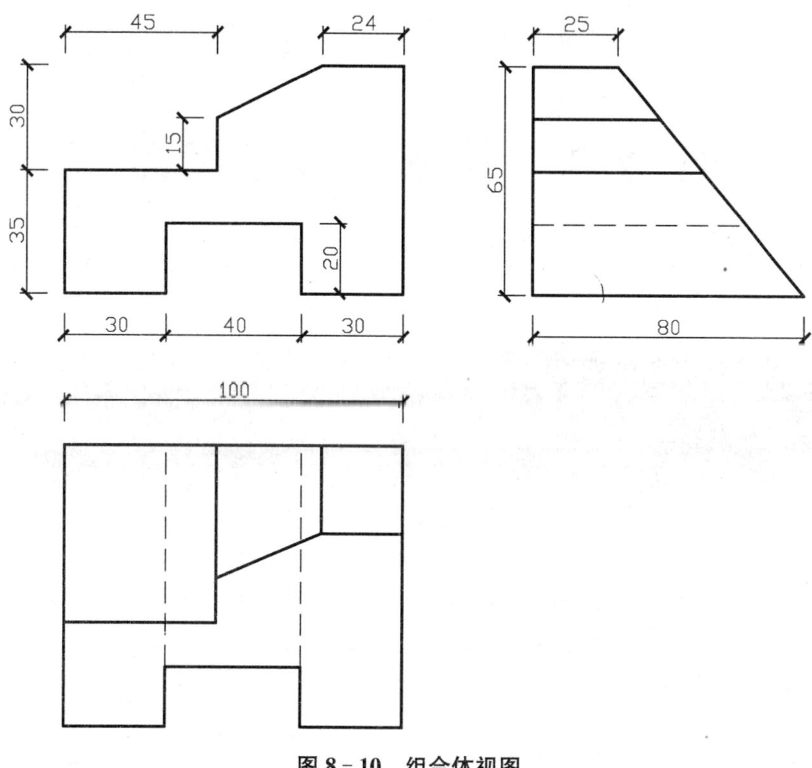

图 8-10　组合体视图

任务九　绘制斜二轴测图

一、斜二轴测图的概念

1. 斜二轴测图的形成

如果使物体的 XOZ 坐标面对轴测投影面处于平行的位置，采用斜投影法得到的轴测投影称为斜轴测图。这里只介绍斜二轴测图，简称斜二测图。

2. 斜二轴测图的轴间角和轴向伸缩系数

图 9－1 表示斜二测图的轴测轴、轴间角和轴向伸缩系数等参数及画法。从图中可以看出，在斜二测图中 $O_1X_1 \perp O_1Z_1$，O_1Y_1 与 O_1X_1、O_1Z_1 的夹角均为 135°，三个轴向伸缩系数分别为 $p_1 = r_1 = 1, q_1 = 0.5$。

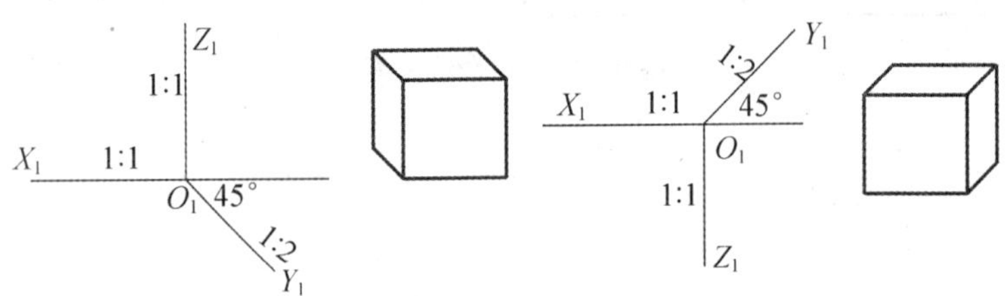

图 9－1　斜二轴测图的轴间角和轴向伸缩系数

二、斜二轴测图的画法

斜二测图的画法与正等测图的画法基本相似，二者的区别：一是轴间角不同；二是斜二测图沿 O_1Y_1 轴的尺寸只画实长的一半。斜二测图的优点是：物体的前面反映实形，所以，在物体的前面有圆或曲线平面时，画斜二测图比较简单方便。

下面以两个图例来介绍斜二测图的画法。

【例 9－1】 画图 9－2 所示平面体的斜二测图。

作图方法与步骤如图 9－3 所示。

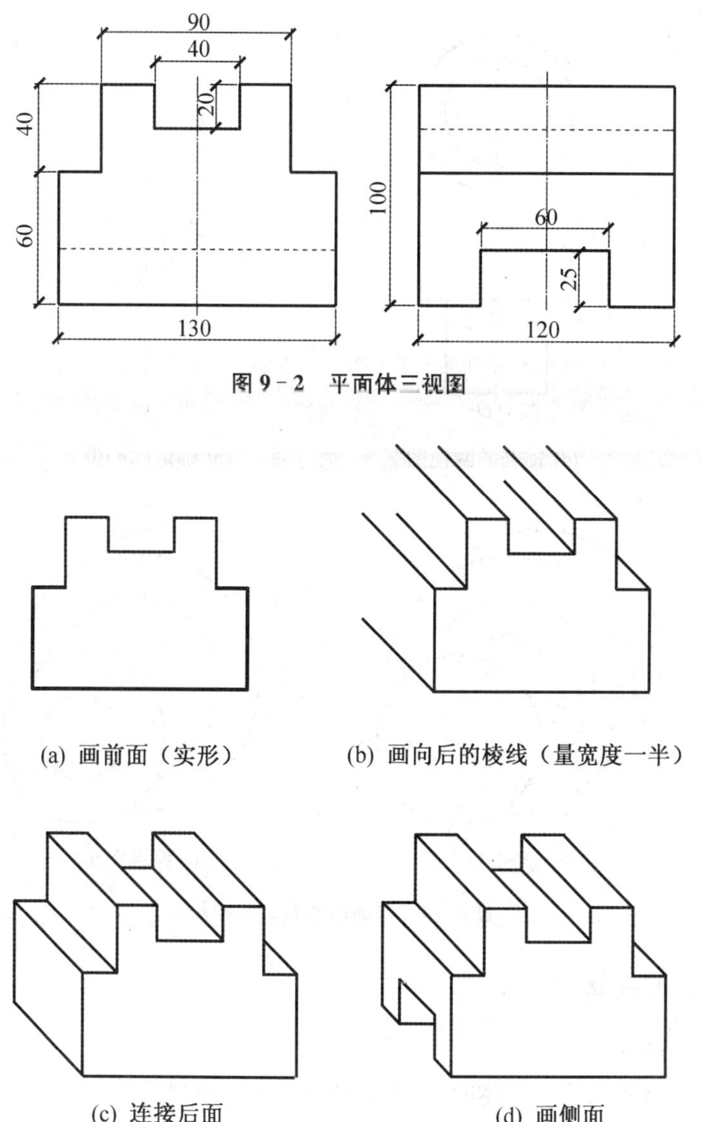

图 9-2　平面体三视图

(a) 画前面（实形）　(b) 画向后的棱线（量宽度一半）

(c) 连接后面　(d) 画侧面

图 9-3　平面体的斜二测图画法

【例 9-2】　画出如图 9-4(a)所示轴套的斜二测图。

绘图分析：轴套上平行于 XOZ 面的图形都是同心圆，而其他面的图形则很简单，所以采用斜二测图。作图时，先进行形体分析，确定坐标轴；再作轴测轴，并在 Y_1 轴上根据 $q=0.5$ 定出各个圆的圆心位置 O、A、B；然后画出各个端面圆的投影、通孔的投影，并作圆的公切线；最后擦去多余作图线，加深完成全图。

其作图步骤如图 9-4(b)、(c)、(d)所示。

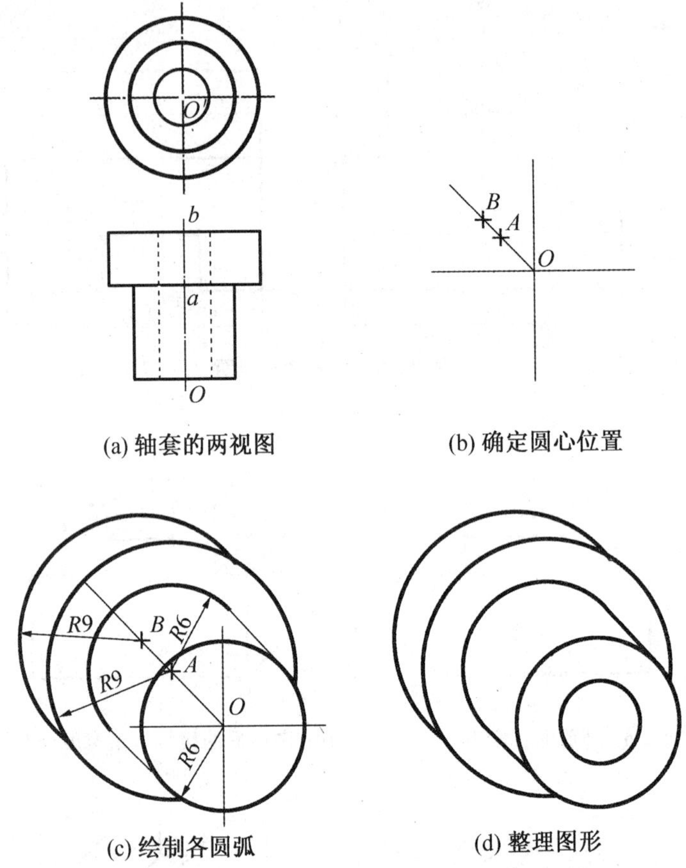

(a) 轴套的两视图　　(b) 确定圆心位置

(c) 绘制各圆弧　　(d) 整理图形

图 9 - 4　曲面体的斜二测图画法

三、实训任务与指导

1. 实训任务

图 9 - 5 所示为建筑形体的三视图,画出其斜二轴测图。

2. 实训要求

(1) A4 图纸,铅笔和圆规绘制斜二轴测图。

(2) 轴测图不标尺寸。

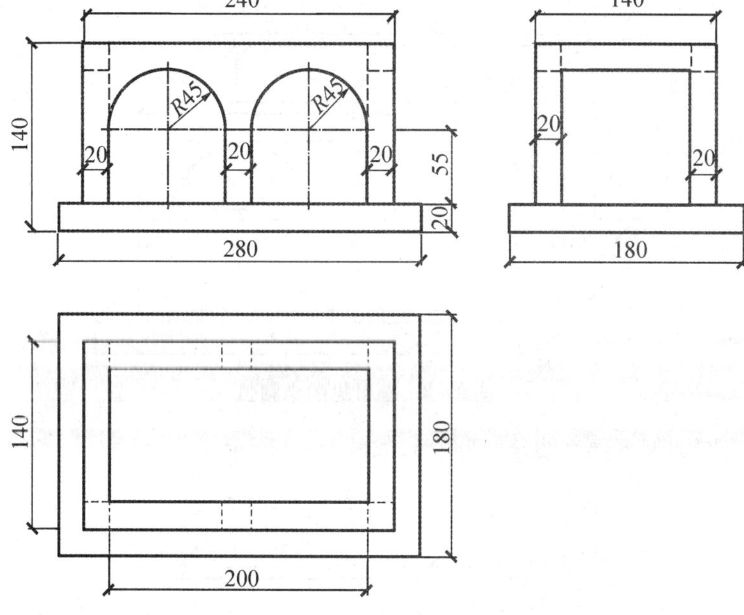

图 9－5　建筑形体三视图

3. 实训指导

(1) 绘制外形轮廓轴测图,如图 9－6 所示。

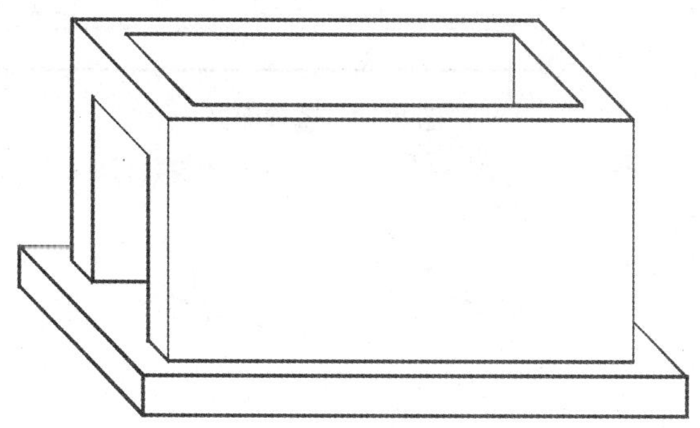

图 9－6　外形轮廓轴测图

(2) 定位圆心位置,如图 9－7 所示。

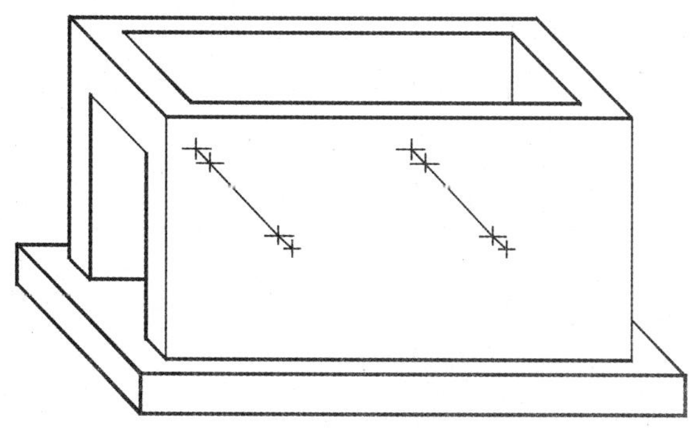

图 9－7　圆心定位

(3) 从每个圆心画一条水平线,然后画出每个可见的半圆弧,如图 9-8 所示。

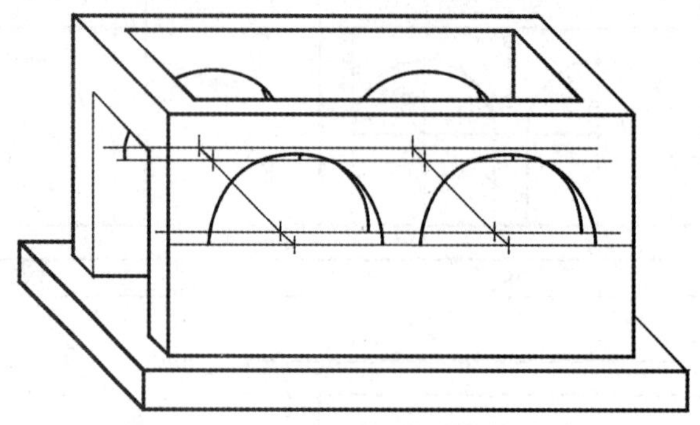

图 9-8 画可见的半圆弧

(4) 绘制圆弧下部直线,整理图形,如图 9-9 所示。

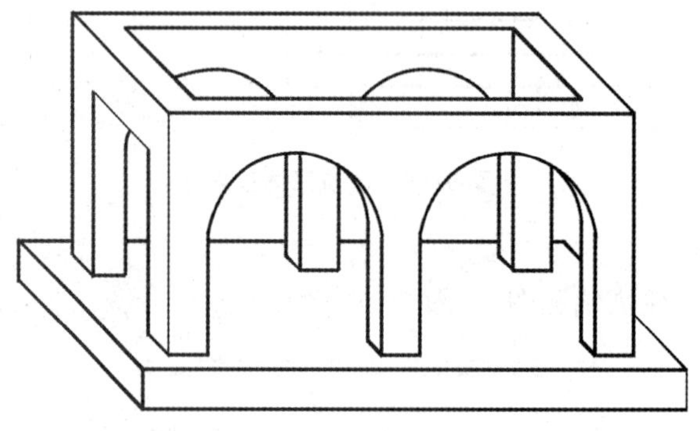

图 9-9 整理图形

项目四
识读组合体视图

教学任务	教学目标	
	知识目标	技能目标
任务十　识读组合体视图绘制轴测图	1. 掌握形体视图特征和形体分析识图方法 2. 掌握视图中线框含义和线面分析识图方法	1. 能够识读组合体的三视图 2. 能够根据组合体三视图绘制其轴测图
任务十一　识读组合体视图补画第三视图	1. 掌握形体分析补画第三视图的方法 2. 掌握线面分析补画第三视图的方法	1. 能够识读较复杂组合体三视图 2. 能够根据组合体的两视图补画第三视图

任务十　识读组合体视图绘制轴测图

一、读组合体视图的基本方法

1. 形体分析法

形体分析是以基本形体为读图单元，将组合体的视图先分解为若干个简单的线框，然后判断各线框所表达的基本形体，最后按相对位置综合成整体的形状。这种分析图形的方法，称为形体分析法。

如图 10-1(a)所示，应用形体分析法，从主视图着手，将形体分为 1、2、3 三个部分，按投影规律，找出左视图和俯视图中相应的投影，可看出第 1 部分为四棱柱，第二部分为四棱台，第三部分为缺角四棱柱。按位置组合各部分形体得到组合体形状如图 10-1(b)所示。

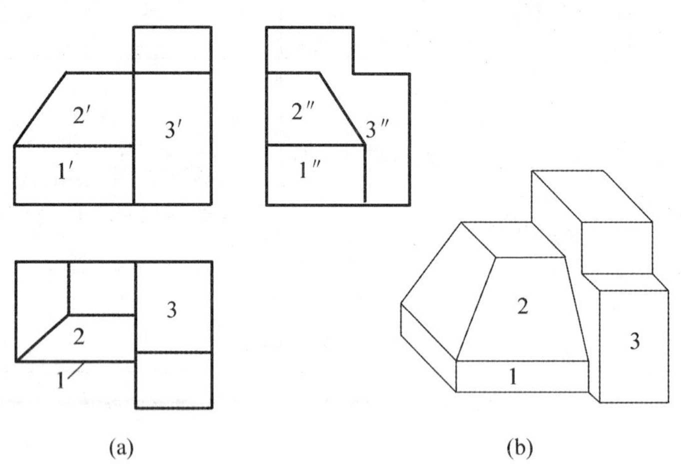

图 10-1　形体分析法

2. 线面分析法

对于复杂的切割形体，物体上斜面较多，用形体分析法读图，无法判断其形状时，需要分析视图中的图线和线框含义，判断组成形体的各表面的形状和空间位置，从而综合形体的空间形状，这种从线面投影特性分析物体形状的方法，称为线面分析法。

如图 10-2(a)所示，俯视图中有 1、2、3 三个相邻封闭线框，代表物体三个不同的表面。这些相邻表面一定有上下之分，即相邻线框或线框中的线框不是凸出来的表面，就是凹进去的表面。根据投影规律对照主视图看出：3 表面为水平面且位置最高;2 表面也为水平面位置较低;1 平面为一般位置平面,位置在 2 平面和 3 平面之间倾斜。得出物体的结构形状如图 10－2(b)所示。

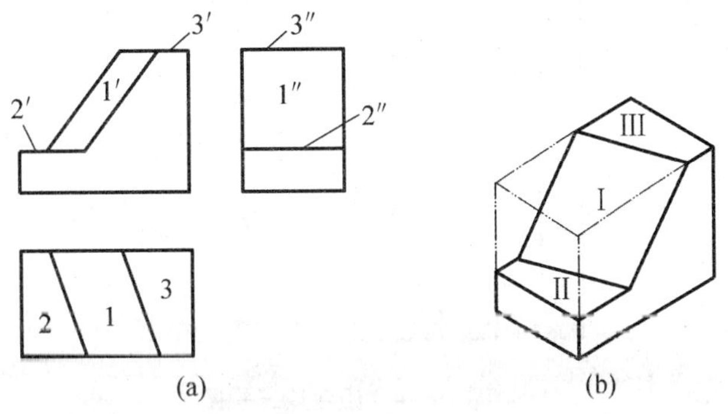

图 10－2　线面分析法读图

二、读组合体视图的注意事项

1. 注意抓住物体的形体特征

看图时要从反映形体特征最明显的视图看起,基本体三视图"矩矩为柱、三三为锥、梯梯为台"等的形状特征是组合体读图的基础。在读组合体的视图时,要善于运用这些特征。在图 10－3(a)中,物体的形体特征在主视图上;在图 10－3(b)中,主视图和左视图各表达一部分形体特征。

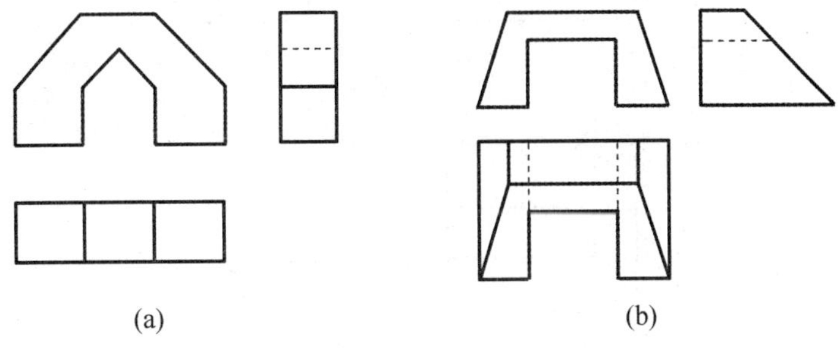

图 10－3　物体的形体特征

2. 注意识别切割形体视图中的投影面垂直面

对于切割面较多的形体,切割平面多为投影面的垂直面,图 10－3(a)中的切割面全为正垂面,图 10－3(b)中的切割面为正垂面和侧垂面。

三、识读组合体三视图绘制轴测图举例

【例 10－1】 识读图 10－4 所示组合体的三视图,并画出其轴测图。

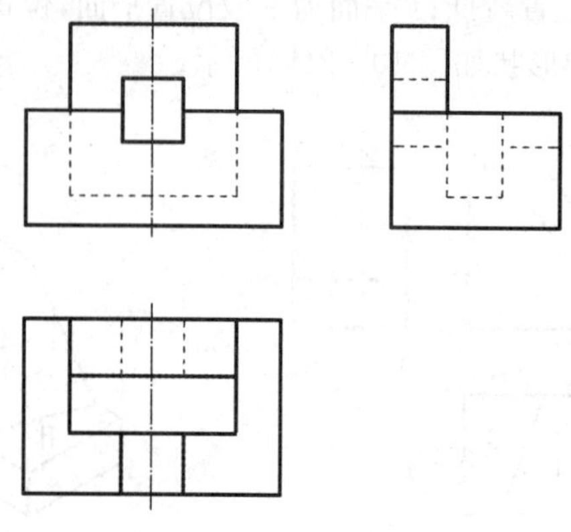

图 10－4 组合体三视图

分析作图：

(1) 应用形体分析法，将组合体分为五个部分，如图 10－5 所示，第一部分为四棱柱形底座，第二部分为前部方槽，第三部分为后部四棱柱，第四部分为中部方槽，第五部分为后部整方孔。

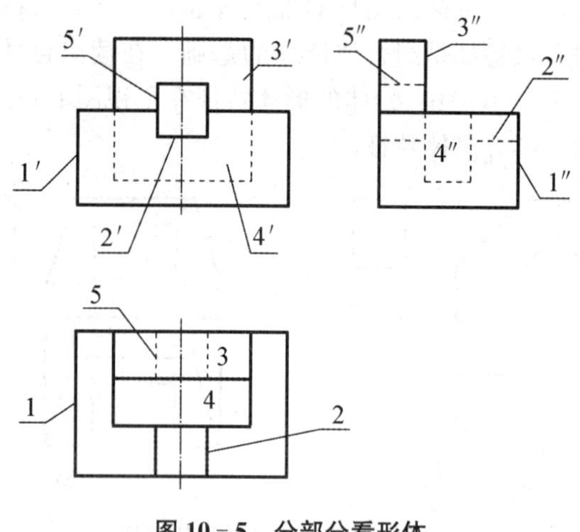

图 10－5 分部分看形体

(2) 按照 1、3、4、2、5 顺序画出每部分的轴测图，整理后得图 10－6 所示轴测图。

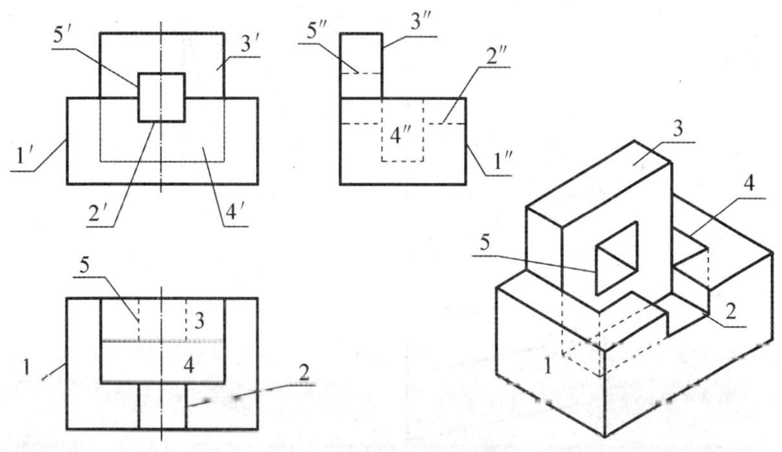

图 10-6 分部分画轴测图

【例 10-2】 识读图 10-7 所示组合体的三视图,并画出其轴测图。

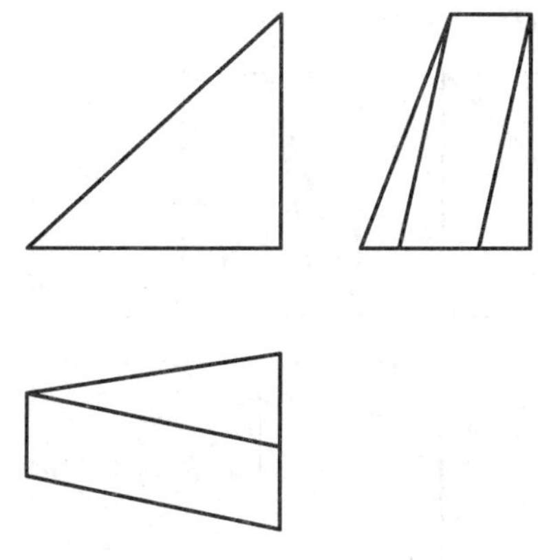

图 10-7 组合体三视图

分析作图:

(1) 本例所示形体切割面较多,应用线面分析法,从组合体主视图入手,分析其侧平面形状为左视图所示的梯形;底平面为俯视图所示的梯形;正垂面为左视图和俯视图所示的平行四边形,如图 10-8 所示。

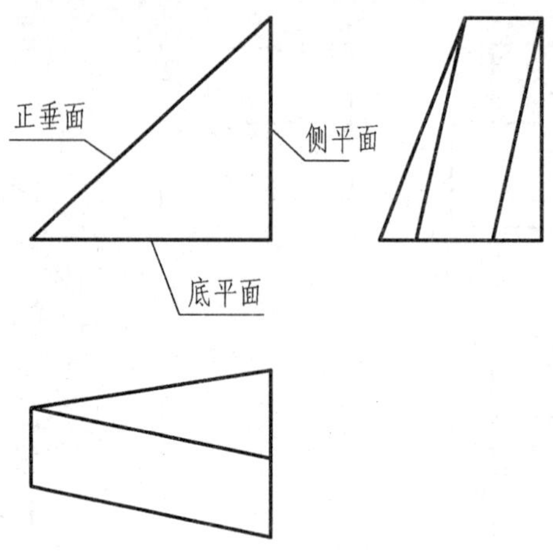

图 10-8 分析平面形状

(2) 在画轴测图时为了方面确定每个平面的形状和图线位置,先画出切割前原体的轴测图,如图 10-9 所示。

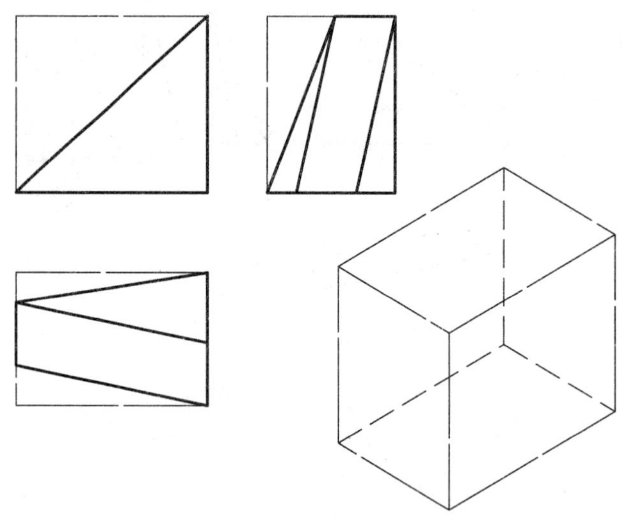

图 10-9 绘制正方体轴测图

(3) 分析出右侧面的投影,绘制出其轴测图,如图 10-10 所示。

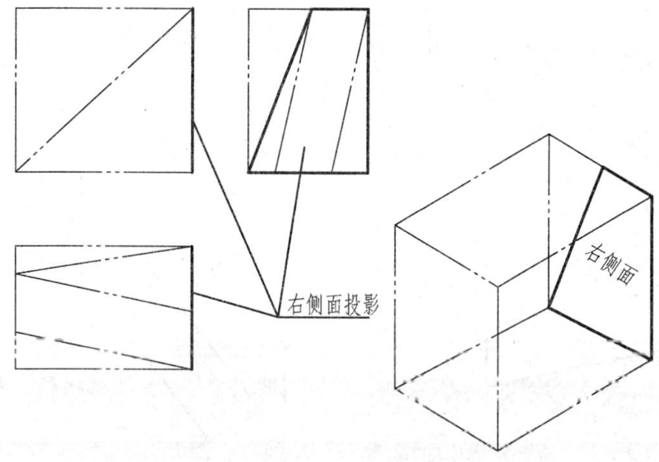

图 10－10　绘制右侧面轴测图

(4) 分析出底平面的投影,绘制出其轴测图,如图 10－11 所示。

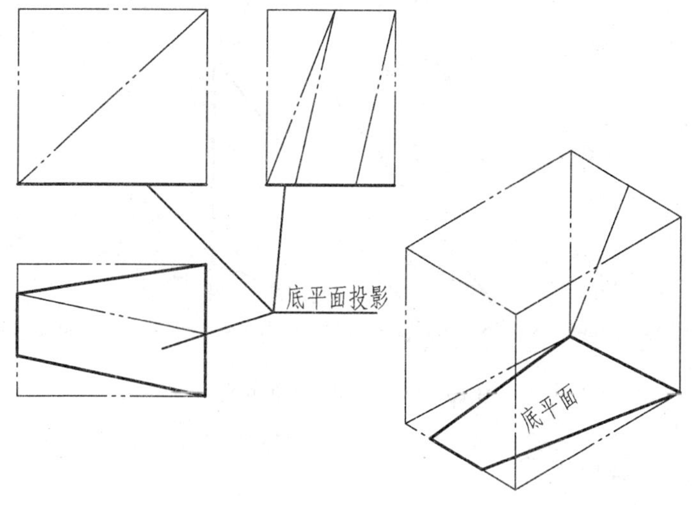

图 10－11　绘制底平面轴测图

(5) 分析出正垂面的投影,绘制出其轴测图,如图 10－12 所示。

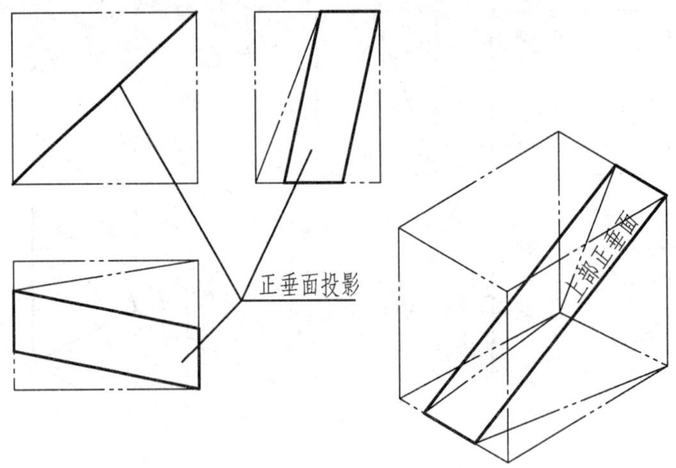

图 10-12 绘制上部正垂面轴测图

(6) 整理组合体的轴测图,如图 10-13 所示。

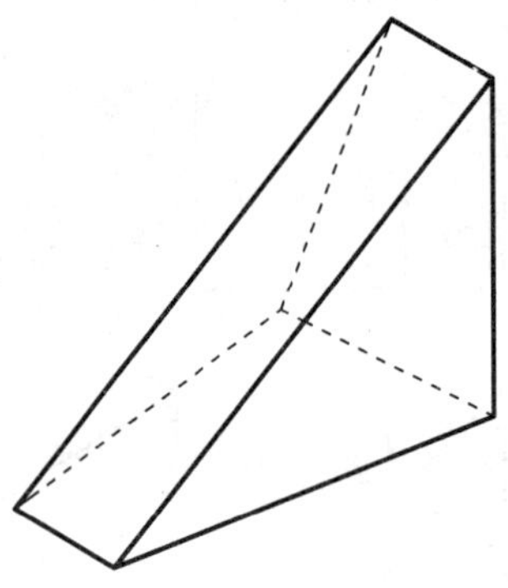

图 10-13 整理后的轴测图

四、实训任务与指导

1. 实训任务

识读图 10-14(a)、(b)所示三视图,绘制其轴测图。

2. 实训要求

(1) 可以铅笔 A4 图纸绘图,也可用 AutoCAD 计算机绘图。

(2) 目测尺寸画轴测图,轴测图中不需标注尺寸。

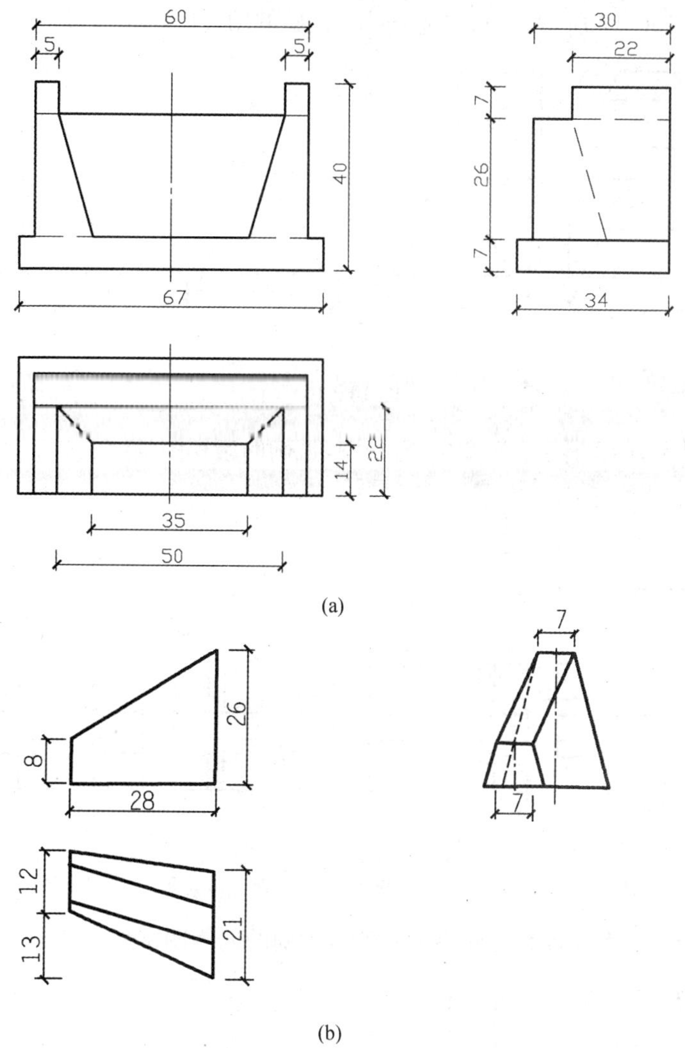

图 10－14　根据三视图绘制轴测图

五、课外识图拓展练习

(1) 如图 10－15 所示，根据主、俯视图，选择正确的左视图。（　　）

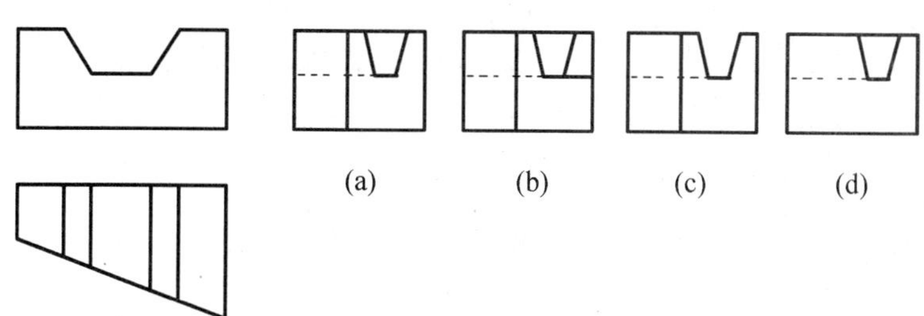

图 10－15

(2) 如图 10－16 所示,已知主、左视图,正确的俯视图是(　　)

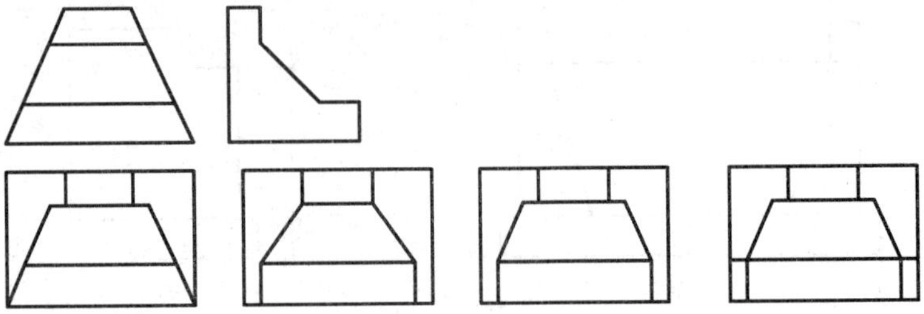

(a)　　(b)　　(c)　　(d)

图 10－16

(3) 如图 10－17 所示,已知主、左视图,正确的俯视图是(　　)

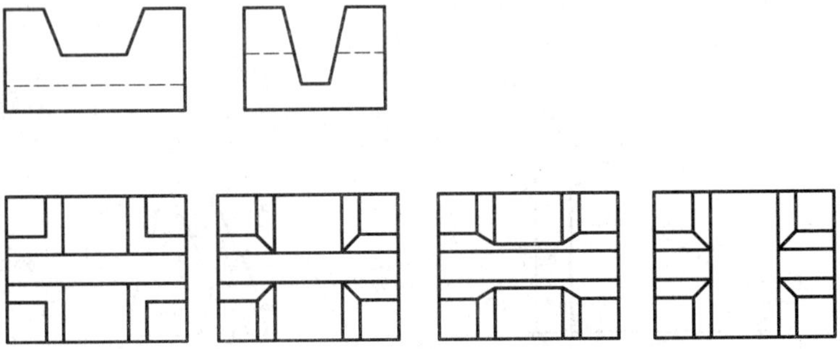

(a)　　(b)　　(c)　　(d)

图 10－17

(4) 如图 10－18 所示,已知主、左视图,正确的俯视图是(　　)

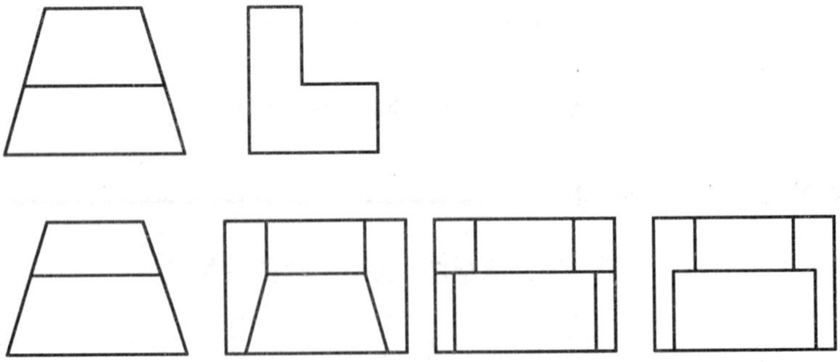

(a)　　(b)　　(c)　　(d)

图 10－18

(5) 如图 10－19 所示,已知主、俯视图,正确的左视图是(　　)

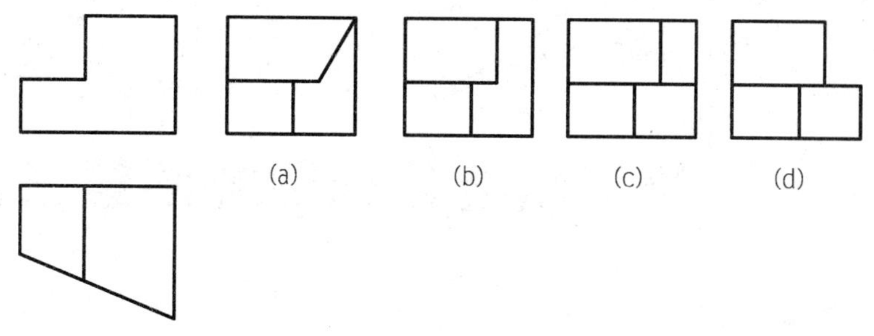

图 10－19

任务十一　识读组合体视图补画第三视图

识读组合体视图补画第三视图训练，是提高识图能力和画图能力的最常用方法，对培养空间想象力具有重要意义。

一、形体分析法补画第三视图举例

形体分析法补画三视图的一般方法是：根据组合体的视图识别出各个基本形体，以及各基本形体的组合形式及相对位置，按照各基本形体的图形特征，分别补画出第三视图。

【例 11－1】 如图 11－1 所示，已知组合体的俯、左两视图，补画其主视图。

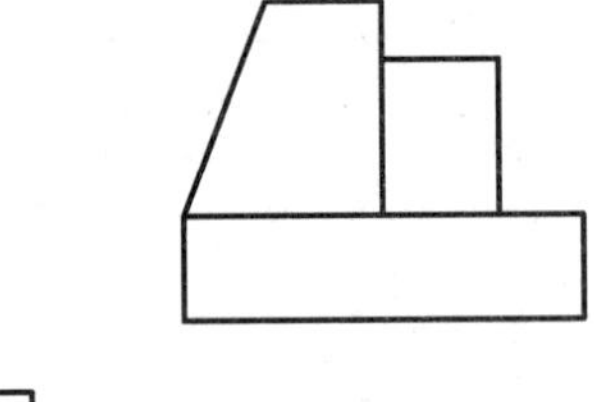

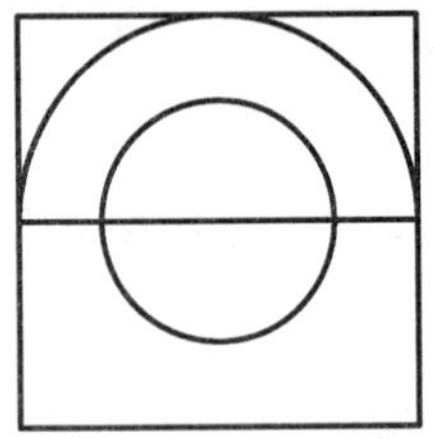

图 11－1　组合体的两视图

分析绘图：

(1) 从左视图中将形体分为三个部分，对照俯视图中相应投影，看出第一部分为四棱柱体；第二部分为半圆锥体；第三部分为半圆柱体，如图 11－2 所示。

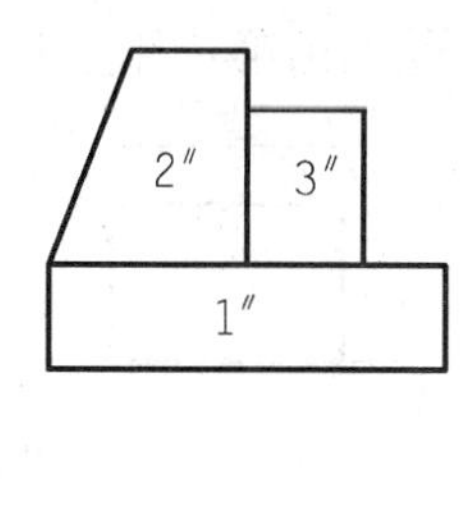

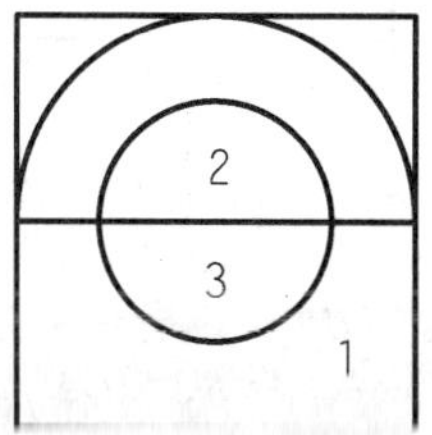

图 11－2　分部分看形体

(2) 按投影关系绘制出第一部分四棱柱体的正面投影，如图 11－3 所示。

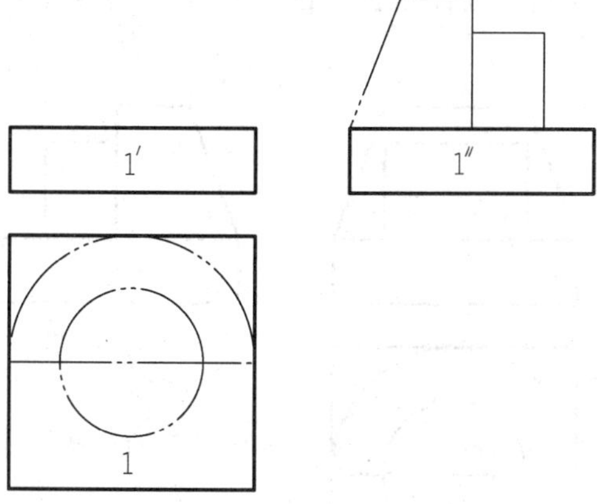

图 11－3　补画四棱柱的主视图

(3) 按投影关系绘制出第二部分半圆锥体的正面投影，如图 11－4 所示。

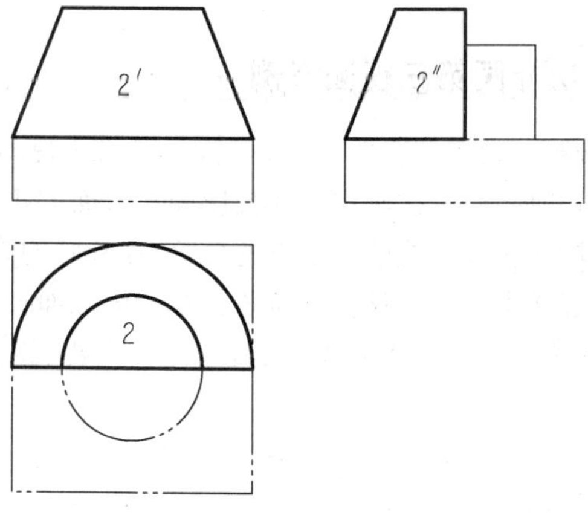

图 11－4　补画半圆台的主视图

(4) 按投影关系绘制出第三部分半圆柱体的正面投影,如图 11-5 所示。

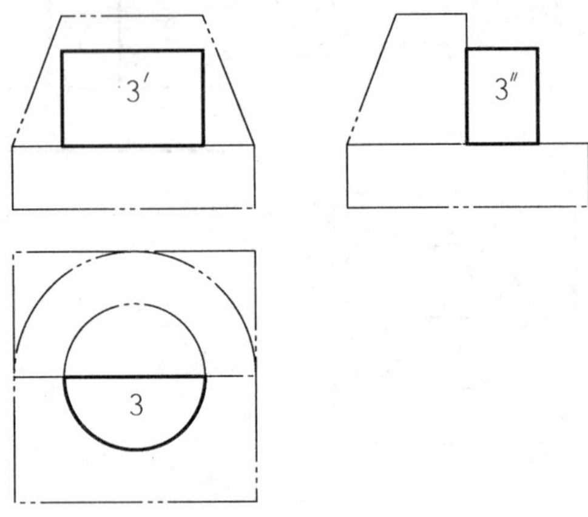

图 11-5 补画半圆柱的主视图

(5) 最后检查各个形体表面是否存在共面,其分界线是否存在。本例完成后的三视图如图 11-6 所示。

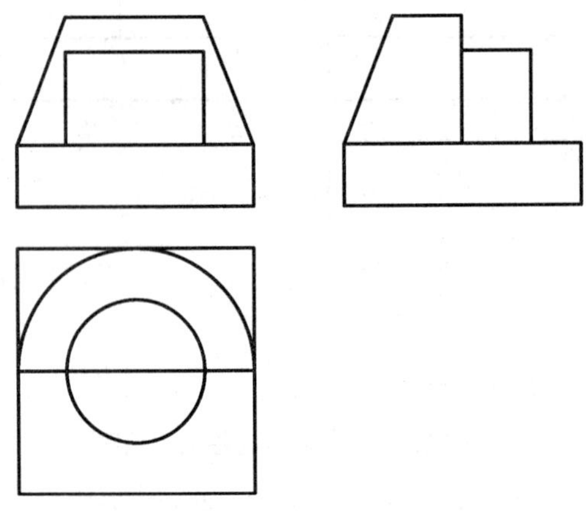

图 11-6 整理后的主视图

二、线面分析法补画第三视图举例

线面分析法补画第三视图的一般方法是:从已知的两视图中确定要补画视图的投影面平行面的数量和形状,依次画出这些投影面平行面的实形;如果已知两视图中存在一般位置直线,则分析该直线的两端点的位置,在补画的第三视图中找到该直线两端点的投影位置,连接即补画出该一般位置直线的第三面投影。

【例 11-2】 如图 11-7 所示,已知组合体的主、左两视图,补画其俯视图。

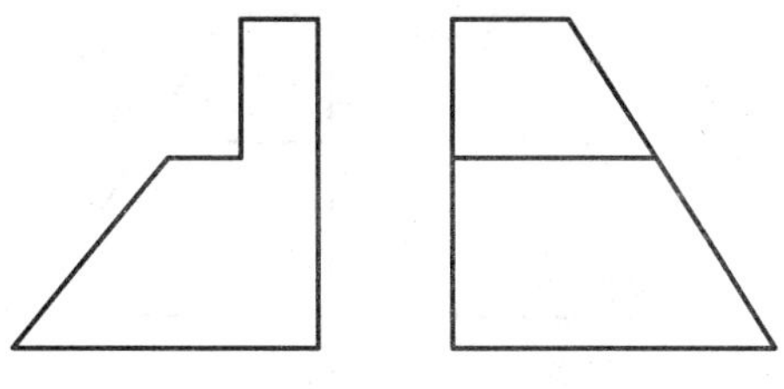

图 11 - 7　组合体的主、左两视图

分析绘图：

(1) 从已知的两视图看出，本例形体为平面切割体，在基本形体的左方和前方进行了多个面的切割。

(2) 按线面分析法，形体上水平面共有三个，由于每个平面只对应一个长度和一个宽度，所以可以判断其形状均为矩形，根据矩形的长度和宽度依次画出每个水平面的实形，如图 11 - 8 所示。

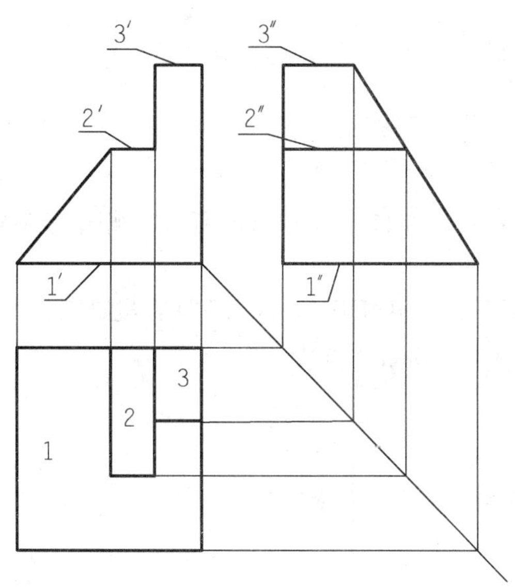

图 11 - 8　绘制水平面的俯视图

(3) 在两视图中投影均倾斜的直线为一般位置直线，本例中 ab 直线为一般位置直线，判断出该直线的两端点位置，最后连接该直线，如图 11 - 9 所示。

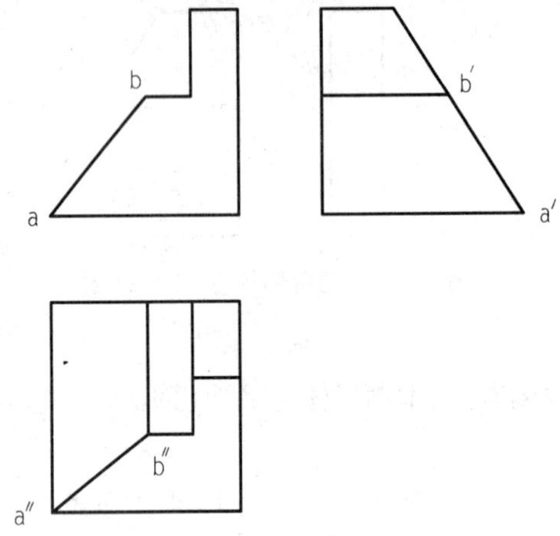

图 11－9　绘制一般位置直线的俯视图

三、实训任务与指导

（一）实训任务一

1. 实训任务

应用线面分析法，识读图 11－10(a)、(b)所示三视图，绘制第三视图。

2. 实训要求

(1) 铅笔 A4 图纸绘图，也可用 AutoCAD 计算机绘图。

(2) 绘图比例 1∶1，不标注尺寸。

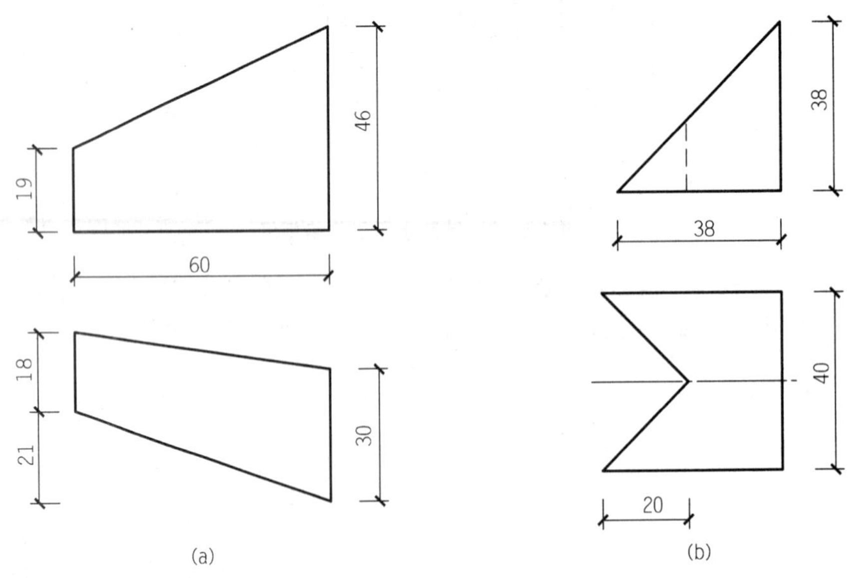

图 11－10　根据主、俯视图补画左视图

(二) 实训任务二

1. 实训任务

识读图 11 - 11 所示两视图,应用形体分析法绘制第三视图。

2. 实训要求

(1) 铅笔 A4 图纸绘图,也可用 AutoCAD 计算机绘图。

(2) 绘图比例 1 : 1,不标注尺寸。

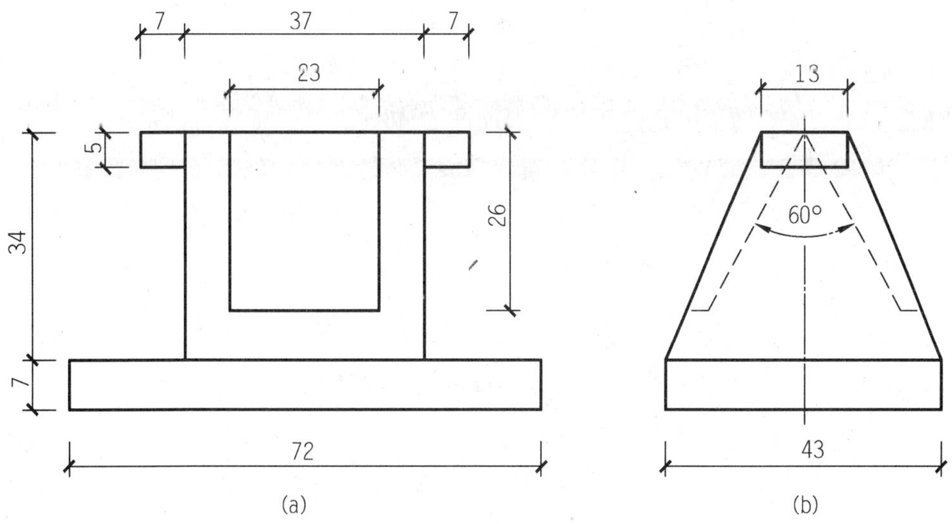

图 11 - 11　根据主、左视图补画俯视图

四、课外识图拓展练习

(1) 已知主、左视图(图 11 - 12),判断哪个俯视图是正确的。(　　)

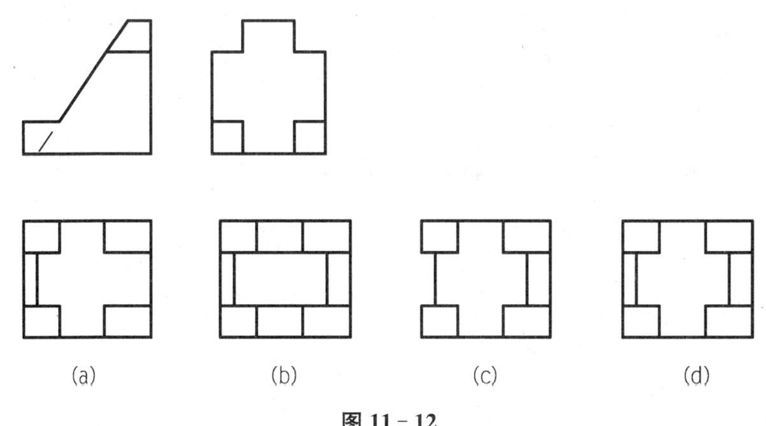

图 11 - 12

(2) 已知主、俯视图(图 11 - 13),判断哪个左视图是正确的。(　　)

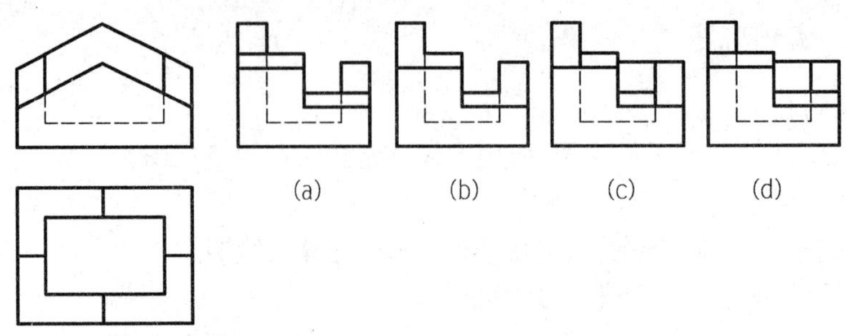

图 11 - 13

项目五
建筑形体图示表达

教学任务	教学目标	
	知识目标	技能目标
任务十二　基本视图和辅助视图表达	1. 掌握基本视图表达方法 2. 了解辅助视图表达方法 3. 了解图形简化画法	1. 能够应用多面投影表达建筑形体 2. 能够识读基本视图、辅助视图及简化视图
任务十三　剖面图表达	1. 掌握剖面图的概念和画法 2. 掌握剖面图的各种表达应用方法	1. 能够应用各种剖面图表达工程形体 2. 能够识读工程形体的剖面图
任务十四　断面图表达	1. 掌握断面图的概念 2. 掌握移出断面图和重合断面图的图示表达方法 3. 了解断面图与剖视图的区别	1. 能够应用断面图表达工程形体 2. 能够识读工程形体的断面图

任务十二　视图表达

一、基本视图表达

基本视图用正六面体的六个面作为六个基本投影面，将物体放在其中，分别向六个基本投影面作正投影，即得到物体的六个基本视图。六个基本视图包括前面所讲的三视图。

六个基本视图的形成如图 12－1 所示。建筑制图标准规定其名称及投影方向如下：

正立面图　自前向后投射所得的投影图，即主视图。

平面图　自上向下投射所得的投影图，即俯视图。

左侧立面图　自左向右投射所得的投影图，即左视图。

底面图　自下向上投射所得的投影图，即仰视图。

右侧立面图　自右向左投射所得的投影图，即右视图。

背立面图　自后向前投射所得的投影图，后视图。

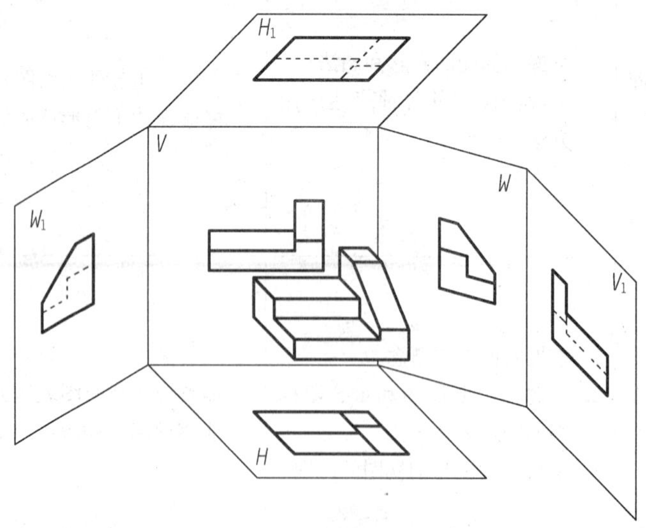

图 12－1　六个基本视图的形成

六个基本视图在一张图纸内，按图 12－2 所示规定位置排列时，不需要标注视图名称。如果六个基本视图不按规定位置排列或画在不同的图纸上，均需标注出各视图图名，如图 12－3 所示。

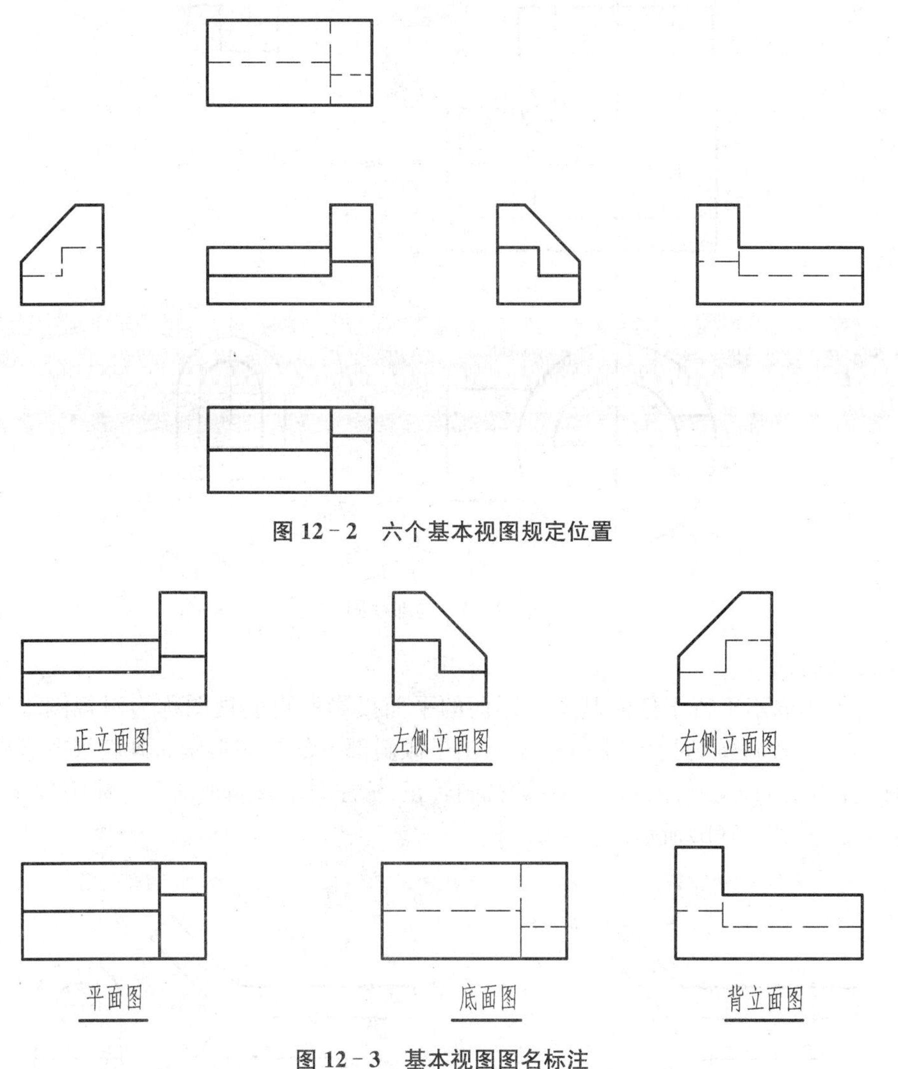

图 12－2　六个基本视图规定位置

图 12－3　基本视图图名标注

二、辅助视图表达

1. 局部视图

只将物体的某一部分向基本投影面投影所得的视图称为局部视图，如图 12－4 所示。左视图为局部视图，只表达缺口的形状和大小；A 视图为局部右视图，由于不在规定位置上，需要标注投影方向和图名。

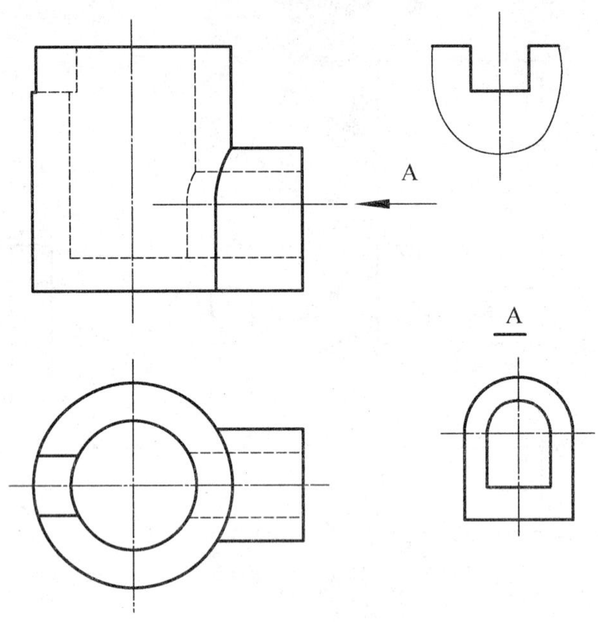

图 12-4　局部视图

2. 斜视图

将物体向不平行于任何基本投影面的平面投影所得的视图称为斜视图。如图 12-5 所示，A 视图为局部斜视图，其画出了倾斜部分的真实形状。画斜视图必须进行标注，如图 12-5(a)所示。如将斜视图转正，标注时应在斜视图下方标注"A↶"字样，如图 12-5(b)所示。

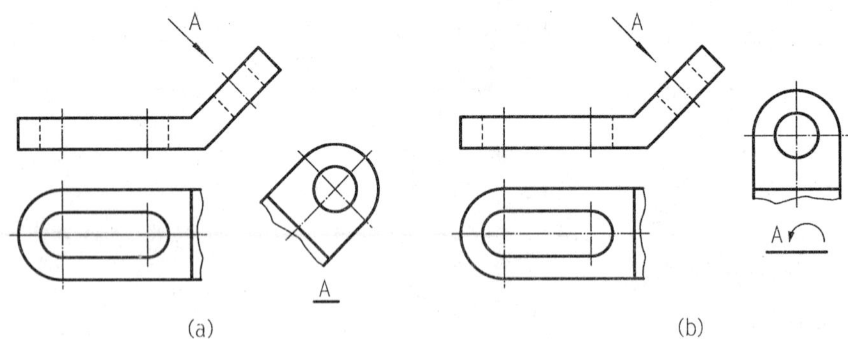

图 12-5　局部斜视图

3. 镜像视图

镜像视图是用镜面代替原有的投影面，形体在镜面中反射得到的图像。采用镜像投影法绘制的视图，应在图名后加注"镜像"二字，如图 12-6 所示。在房屋建筑图中，常用镜像平面图来表示室内顶棚装修的布置情况等。

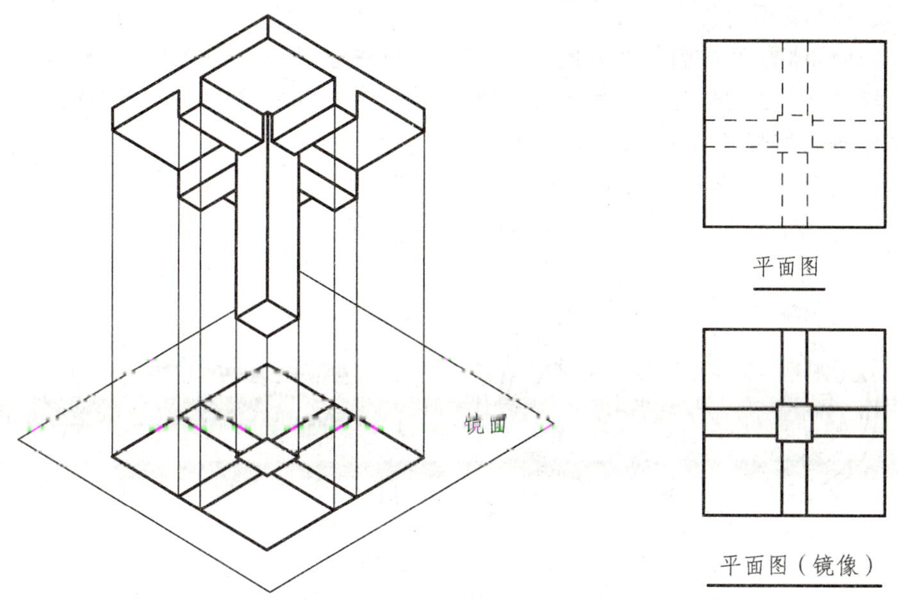

图 12-6　镜像视图

4. 展开视图

在画建筑立面图时，可将物体与投影面不平行的折曲结构展开到与基本投影面平行再进行投影，称展开视图。展开视图需在图名后加注“展开”两字。如图 12-7 所示房屋模型的立面图，正立面图就是展开视图。

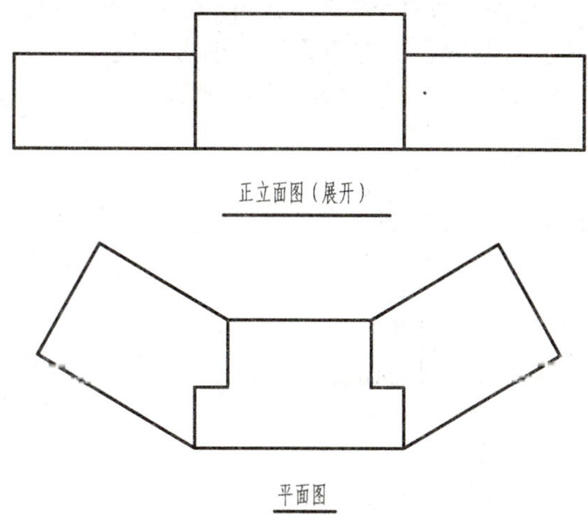

图 12-7　展开视图

三、视图的简化画法

为了节省图幅和绘图时间，提高工作效率，建筑制图国家标准允许在必要时采用下列简化画法：

1. 对称视图的简化画法

对称形体的某个视图，可只画一半(习惯上画左、上半部)，并画出对称符号，如图 12－8(a)所示；也可以超出图形的对称线，画一半多一点儿，然后加上波浪线或折断线，而不画对称符号，如图 12－8(c)所示。

若对称形体的视图有两条对称线，可只画图形的四分之一，并画出对称符号，如图 12－8(b)所示。

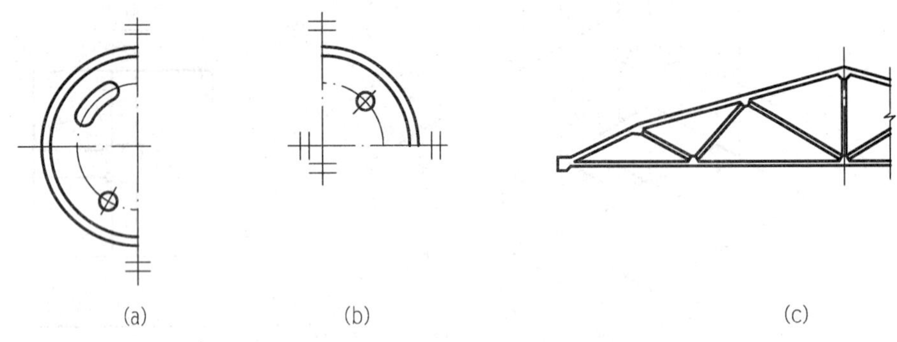

图 12－8 对称图形简化画法

2. 相同要素的简化画法

如果形体上有多个形状相同且连续排列的结构要素时，可只在两端或适当位置画少数几个要素的完整形状，其余的用中心线或中心线交点来表示，并注明要素总量，如图 12－9(a)、(b)、(c)所示。

如果形体上有多个形状相同但不连续排列的结构要素时，可在适当位置画出少数几个要素的形状，其余的以中心线交点处加注小黑点表示，并注明要素总量，如图 12－9(d)所示。

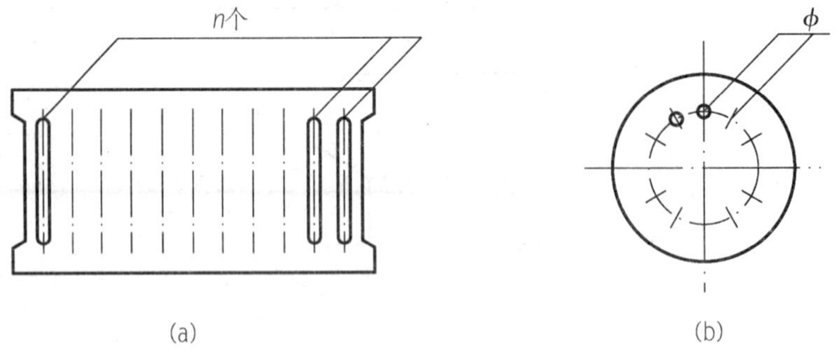

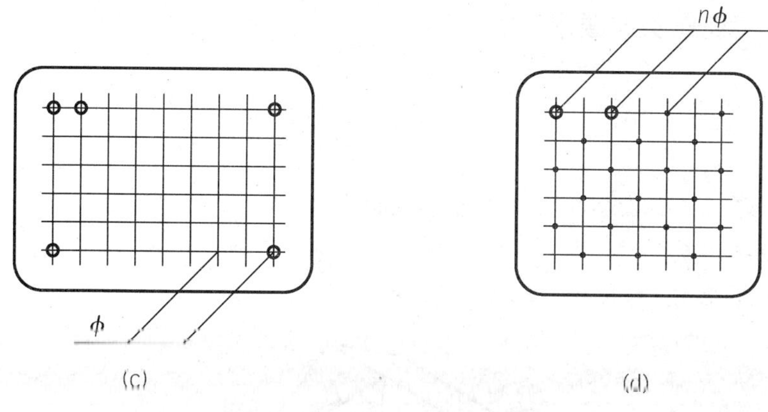

图 12－9　相同要素的简化画法

3. 折断简化画法

当形体较长且沿长度方向的形状相同或按一定规律变化时，可采用折断的办法，将折断的部分省略不画。断开处以折断线表示，折断线两端应超出轮廓线 2～3 mm，如图 12－10 所示。需要注意的是尺寸要按折断前原长度标注。

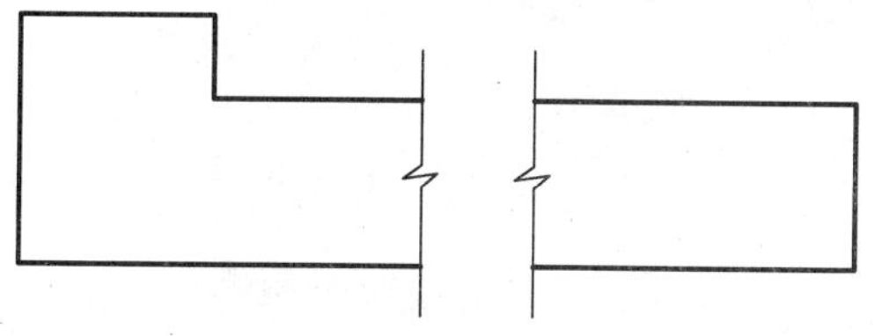
图 12－10　折断省略画法

4. 局部省略画法

当两个形体仅有部分不同时，可在完整地画出一个后，另一个只画不同部分，但应在形体的相同与不同部分的分界处，分别画上连接符号，两个连接符号应对准在同一线上，如图 12－11 所示。连接符号用折断线和字母表示，两个相连接的图样字母编号应相同。

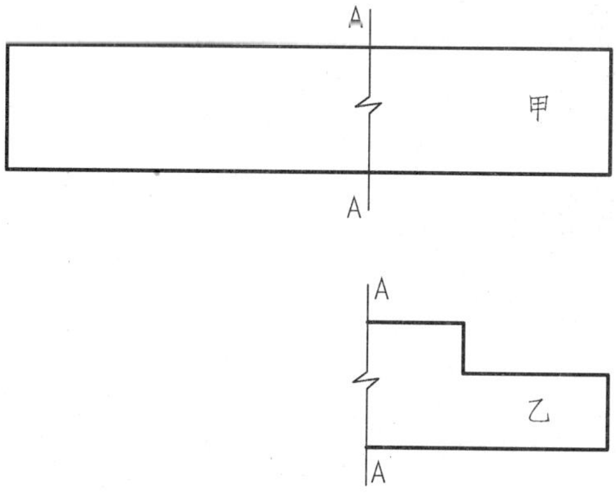

图 12－11　局部省略画法

四、实训任务与要求

（一）实训任务一

1. 实训任务

画出图 12－12 所示建筑形体的六面投影。

2. 实训要求

采用 A4 图纸，按尺寸 1∶1 绘图，不标注尺寸。

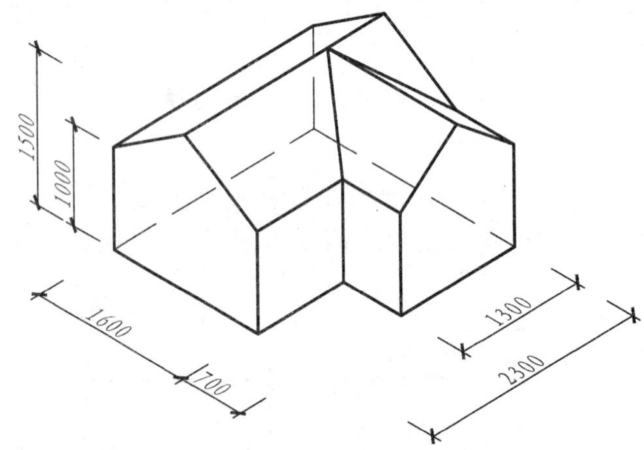

图 12－12　建筑形体轴测图

（二）实训任务二

1. 实训任务

根据连接件轴测图，如图 12－13 所示，设计合理的视图表达方案，绘图表达出该形体的结构尺寸。

2. 实训要求

（1）表达清楚形体结构形状，表达方案简洁合理。

（2）采用 A4 图纸，标注尺寸。

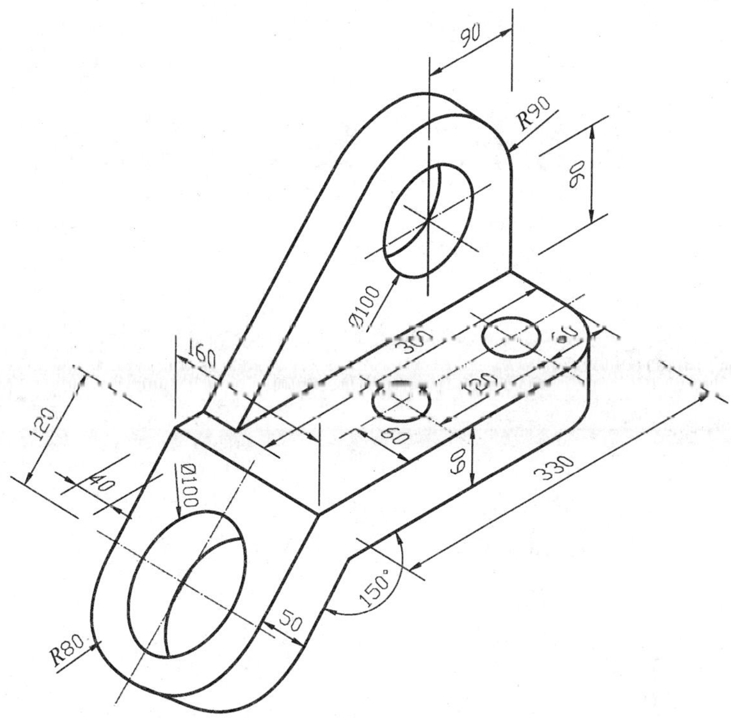

图 12－13　连接件形体轴测图

任务十三 剖面图表达

一、剖面图的画法

1. 剖面图的形成

假想用剖切面剖开物体，把剖切面和观察者之间的部分移去，将剩余部分向投影面进行投影，同时在剖切平面剖切到的实体部分画上物体相应的材料图例，这样画出的图形称为剖面图，如图 13 - 1 所示。

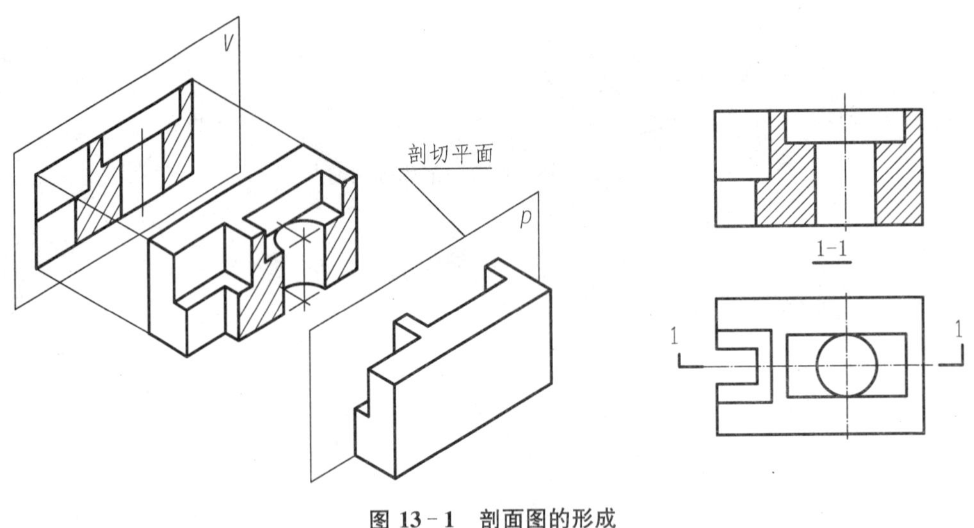

图 13 - 1 剖面图的形成

2. 剖面图的标注

为了便于阅读，查找剖面图与其他图样间的对应关系以及表达剖切情况，剖面图一般应进行标注，注明剖切位置、投影方向和剖面名称，如图 13 - 1 所示。

(1) 剖切位置和投影方向

剖切位置线用两小段与图形不相交的粗实线表示，每段长度为 6～10 mm，投影方向线表明剖切后的投影方向，它与剖切位置线垂直，长度为 4～6 mm。

(2) 剖面图的名称

在投影方向线的端部用相同的阿拉伯数字或大写拉丁字母对剖切位置加以编号，若有多个剖面图，应按顺序由左至右，由上至下连续编排，同时在相应剖面图的下方用相同的数字或字母写成“1 - 1”或“A - A”的形式注写图名，并在图名下画一粗横线，编号一律水平书写。

3. 剖面图的材料图例

建筑图中常用的剖面材料图例画法如表 13－1 所示。

表 13－1　常用建筑材料图例

序号	名称	图例	备注
1	自然土壤		包括各种自然土壤
2	夯实土壤		
3	毛 石		
4	普通砖	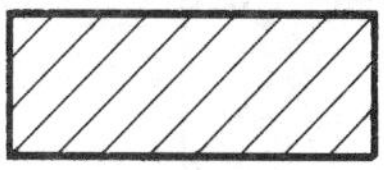	包括实心砖、多孔砖、砌块等砌体。断面较窄不易绘出图例线时，可涂红
5	空心砖		指非承重砖砌体
6	混凝土	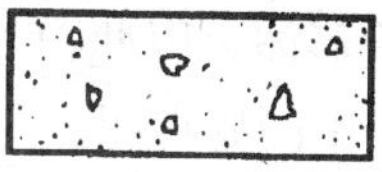	1. 本图例指能承重的混凝土及钢筋混凝土 2. 包括各种强度等级、骨料、添加剂的混凝土 3. 在剖面图上画出钢筋时，不画图例线 4. 断面图形小，不宜画出图例线时，可涂黑
7	钢筋混凝土	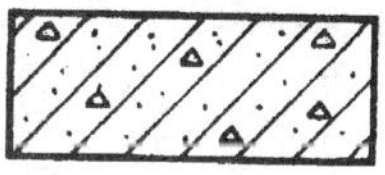	
8	金属		1. 包括各种金属 2. 图形小时，可涂黑

注：序号 1、2、4、7、8 图例中的斜线、短斜线、交叉斜线等一律为 45°。

画剖面材料图例的注意事项：

(1) 图例线一般用细实线绘制，应间隔均匀，疏密适度，做到图例正确，表示清楚。

(2) 同类材料应使用同一图例；两个相同的图例相邻时，图例线宜错开或使倾斜方向相反，如图 13－2 所示。

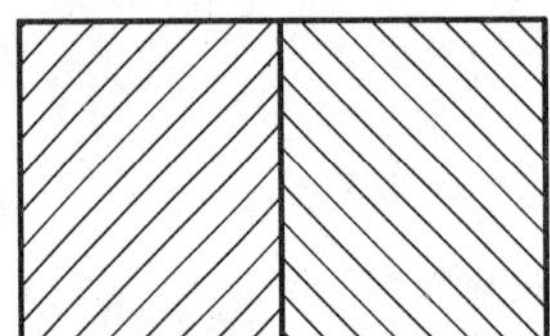
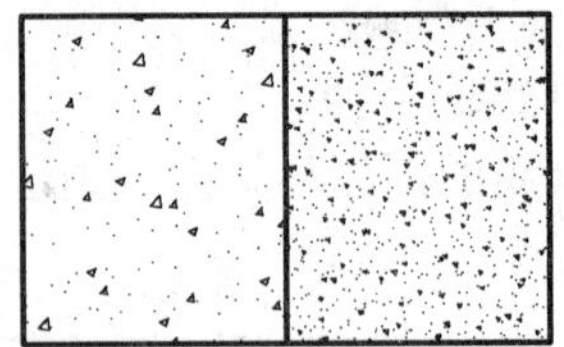

图 13－2　相同图例相接时画法

(3) 当一张图纸内的图样只用一种图例或当图形较小无法画出建筑材料图例时，可不画材料图例，但应加文字说明。

(4) 需画出的建筑材料图例面积过大时，可在断面轮廓线内，沿轮廓线作局部表示，如图 13－3 所示。

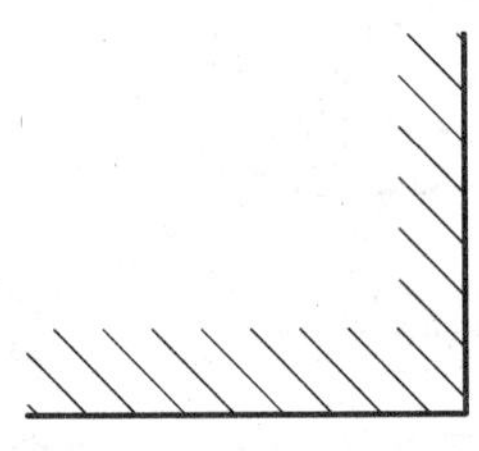

图 13－3　局部表示图例

4. 画剖面图应注意的问题

(1) 剖切是假想的，形体仍然是完整的形体。因此，当某个图形采用剖面图后，其他图形仍应按完整物体来画，如图 13－1 中的俯视图。

(2) 合理地省略虚线。剖面图中不可见的虚线，当在其他视图中能够表达清楚其结构形状时，均省略不画。

二、剖面图的表达方法

1. 全剖面图

用一个剖切面把形体完整地剖开所得到的剖面图称为全剖面图。全剖面图以表达内部结构为主，常用于外部形状较简单的形体。

全剖面图如果剖切位置在物体的对称线上，剖面图又按投影关系配置，剖面图与视图关系比较明确，可省略标注，如图 13－4 所示全剖面图。

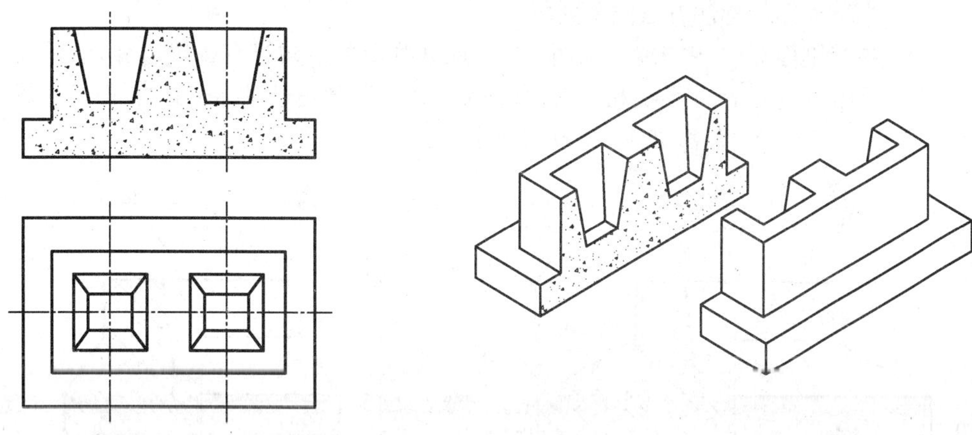

图 13-4　全剖面图

2. 半剖面图

对于对称的形体，在垂直于对称平面的投影面上的投影，可以以对称中心线为分界线，一半画成剖面图表达内部结构，另一半画成视图表达外部形状，这种图形称为半剖面图，如图 13-5 所示。

半剖面图既表达了形体的外形，又表达了其内部结构，它适用于内外形状都较复杂的对称形体。

半剖面图的画图方法与全剖面图相同，只是画一半即可，另一半画外形轮廓，虚线一般省略。

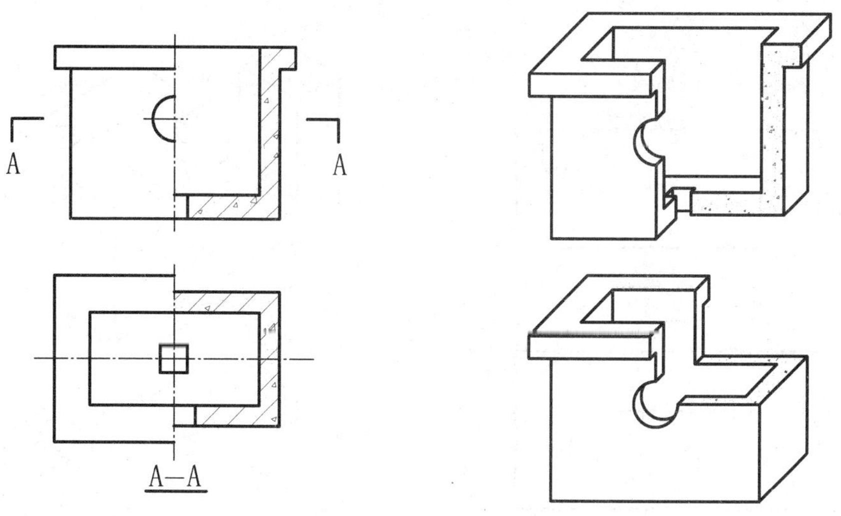

图 13-5　半剖面图画法

画半剖面图应注意：

(1) 半个剖面图与半个视图之间的分界线必须是细点画线，不能用其他任何图线代替。

(2) 半个剖面图习惯上一般画在竖直中心线右侧、水平中心线下方。

(3) 半剖面图的标注方法同全剖面图。

(4) 在半剖面图中,由于省略了虚线,因此某些内部结构只有一边边界,注写尺寸时只能画出一边的尺寸界线和箭头,此时尺寸线要稍微超过对称中心线,但尺寸数字应注写整个结构的尺寸,如图 13-6 所示。

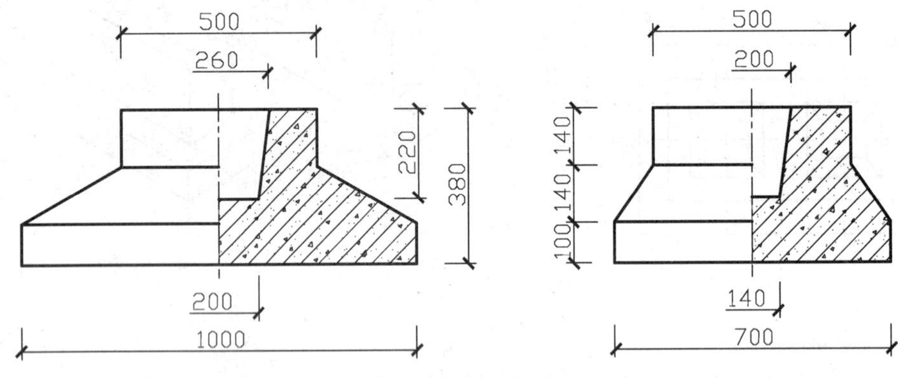

图 13-6 半剖面图的尺寸标注

3. 局部剖面图

用剖切平面局部剖开形体后所得的剖面图称为局部剖面图,如图 13-7 所示。局部剖面图常用于外部形状比较复杂,仅需要表达局部内部形状的形体。

局部剖面图通常画在视图内并以波浪线与视图分界。波浪线可以理解为物体上断裂边界线的投影,因此波浪线应画在物体的实体处,不得与轮廓线重合,也不得超出物体的轮廓线。

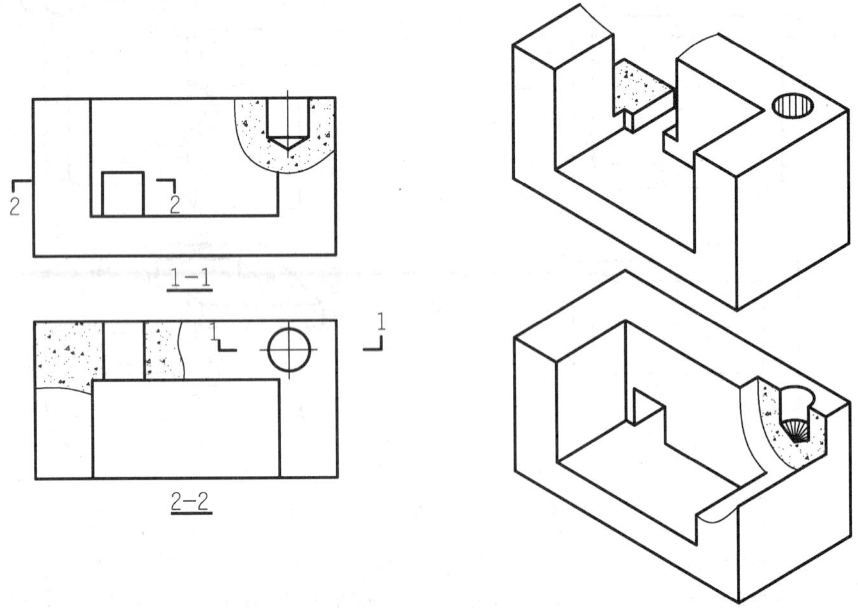

图 13-7 局部剖面图

4. 阶梯剖面图

用两个或两个以上互相平行的剖切面剖切形体得到的全剖面图，称为阶梯剖面图。

当形体内部结构层次较多，用一个剖切面不能同时剖切到所要表达的几处内部构造且它们又处于互相平行的位置时，常采用阶梯剖面图，如图 13－8 所示。

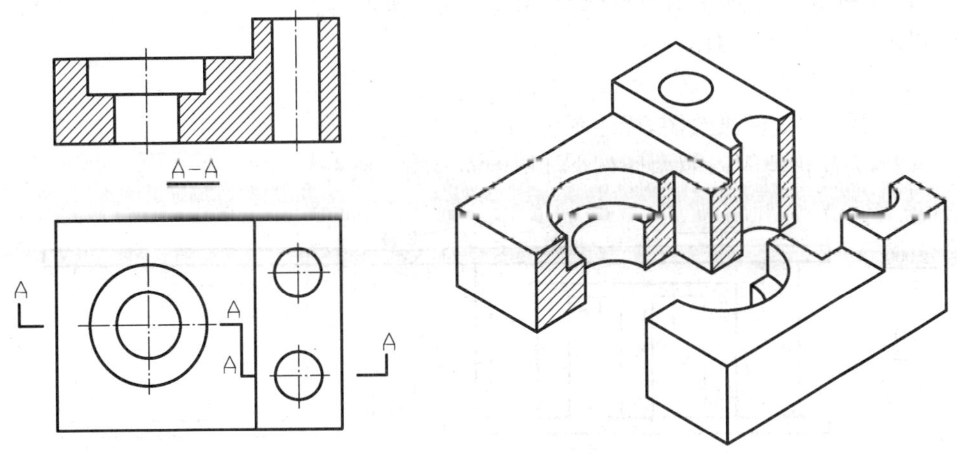

图 13－8　阶梯剖面图

画阶梯剖面图时应注意：

(1) 在剖切面的开始、转折和终了处，都要画出剖切符号并注上同一编号。

(2) 剖切是假想的，在剖面图中不能画出剖切平面转折处的分界线，转折处也不应与形体的轮廓线重合。

5. 分层剖切剖面图

对一些具有不同构造层次的建筑物，可按实际需要，用分层剖切的方法表示，从而获得分层剖切剖面图。图 13－9 所示为墙面的分层剖切剖面图，各层构造之间以波浪线为界且波浪线不应与轮廓线重合，不需要标注剖切符号。这种方法多用于表示地面、墙面、屋面等构造。

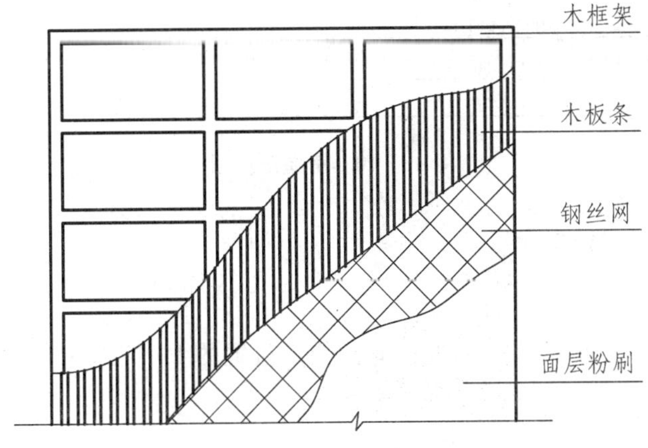

图 13－9　分层剖切剖面图

三、实训任务与要求

（一）实训任务一

1. 实训任务

识读图 13-10 所示房屋三视图，画出指定位置的 1-1、2-2、3-3、4-4 全剖面图，再画出 1-1 半剖面图。

2. 实训要求

（1）采用 A3 图纸绘图，标注图名，不标注尺寸。

（2）为简化绘图，3 材料图例全部按钢筋混凝土填充。

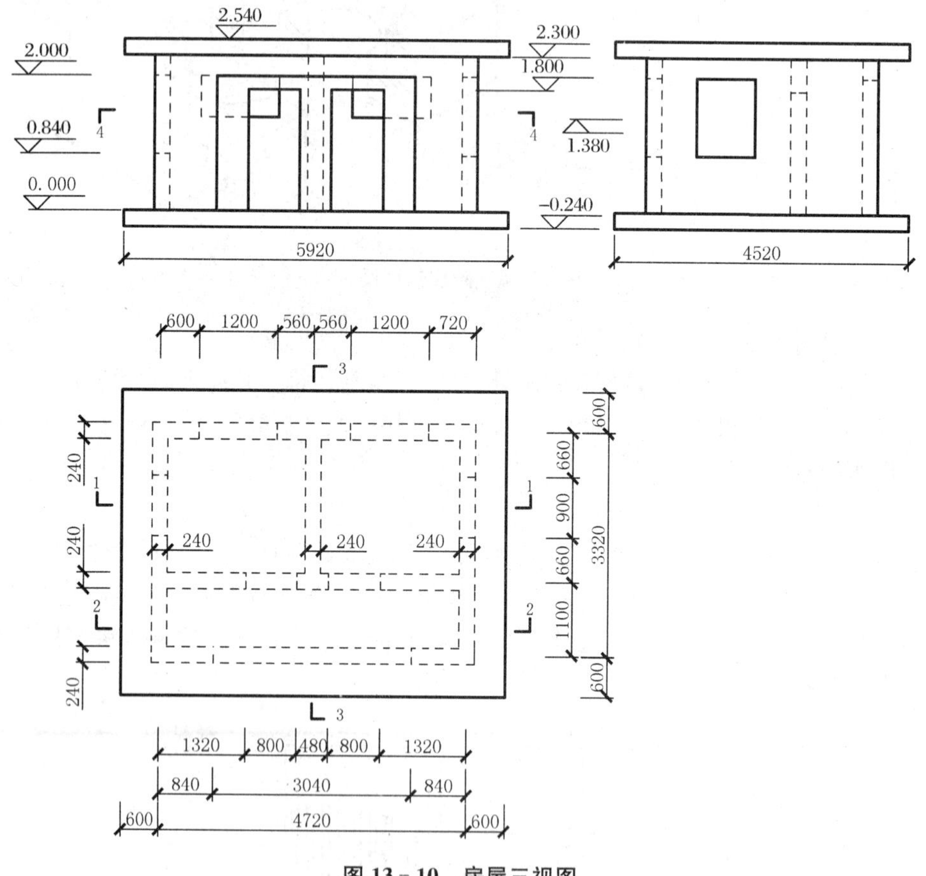

图 13-10 房屋三视图

（二）实训任务二

1. 实训任务

识读图 13-11 所示地窖三视图，画出指定位置的 1-1 阶梯剖面图，再画出 2-2 局部剖的俯视图。

2. 实训要求

(1) 采用 A4 图纸，标注图名，不标注尺寸。

(2) 材料为砖。

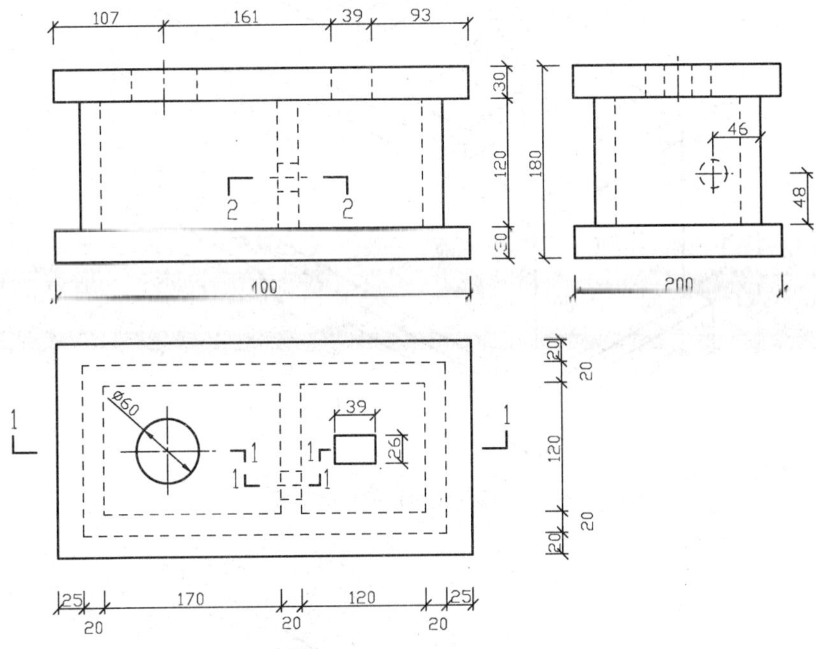

图 13－11　地窖三视图

(三) 实训任务三

1. 实训任务

设计表达方案，绘制整体工程表达图 13－12 所示工程组合形体，细部结构和尺寸参照图 13－13、图 13－14、图 13－15 轴测图。

2. 实训要求

(1) 根据轴测图确定合理的工程图表达方案。

(2) 布局清晰，A3 图纸绘图，正确标注尺寸。

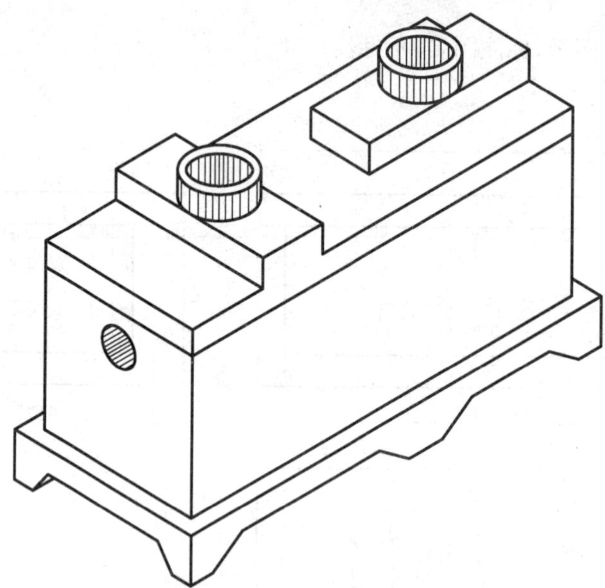

图 13-12 化污池整体轴测图

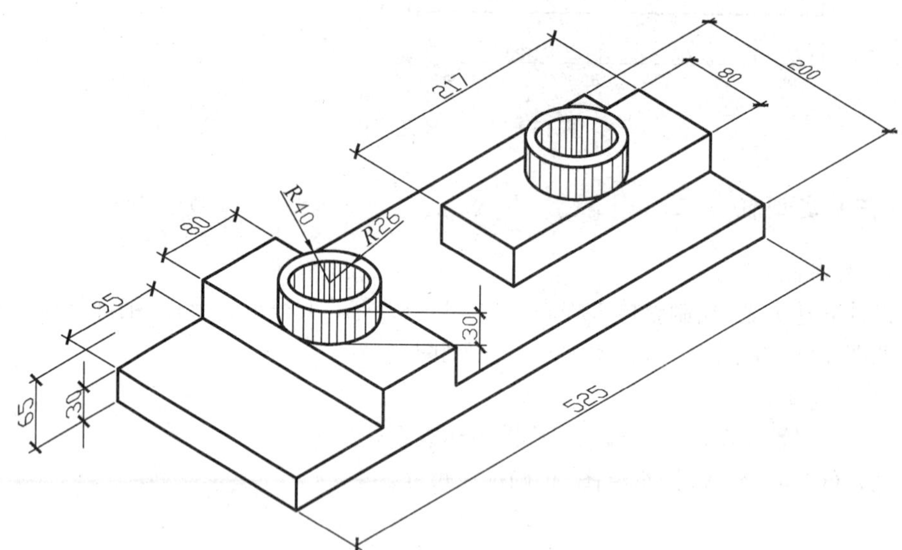

图 13-13 化污池上盖板轴测图

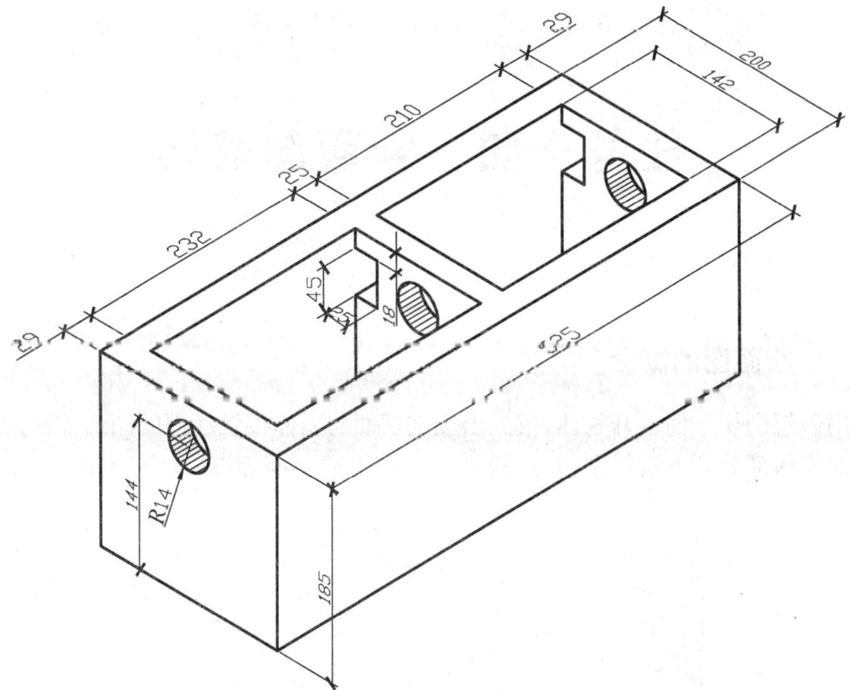

图 13－14　化污池箱体轴测图

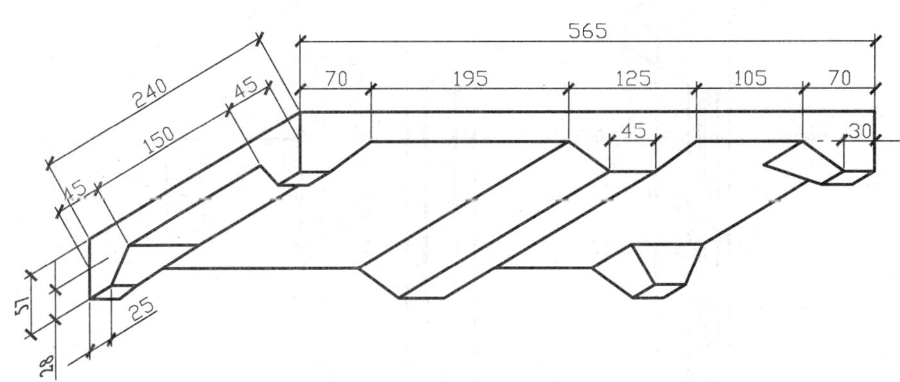

图 13－15　化污池底座轴测图

任务十四　断面图表达

一、断面图的概念

用假想剖切平面剖开物体，仅画出该剖切面与物体接触断面的图形，同时在剖切断面的实体部分画上材料图例，这样画出的图形称为断面图，简称断面，如图 14－1 所示。

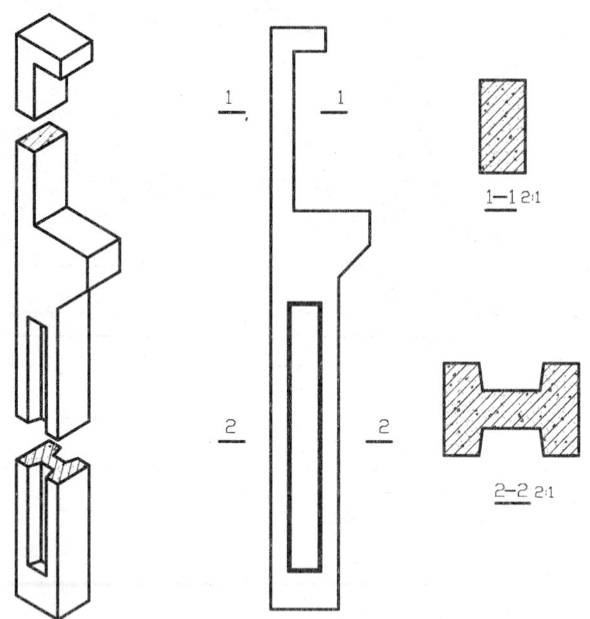

图 14－1　断面图的概念

画断面图时，应特别注意断面图与剖视图的区别：断面图只画出物体剖切断面的形状，不包括剖切面后的轮廓；而剖面图除画出剖切断面的形状外，还要画出剖切平面后的其他可见轮廓线。实际上，剖面图中包含着断面图。

二、断面图的画法

根据图形的不同特点，断面图可画在视图的外部，也可画在视图的中断处或内部。

1. 断面图画在视图之外

画在视图以外的断面图，如图 14 - 2 所示。

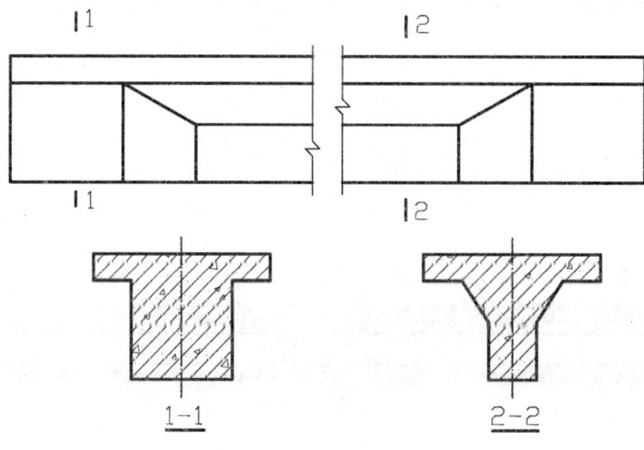

图 14 - 2　移出断面图

断面图画在视图之外时应注意如下几点：

(1) 断面图的轮廓线用粗实线绘制。

(2) 剖切平面应与形体的主要轮廓线垂直，由两个或多个相交平面剖切得到的移出断面图，中间一般应断开，如图 14 - 3 所示。

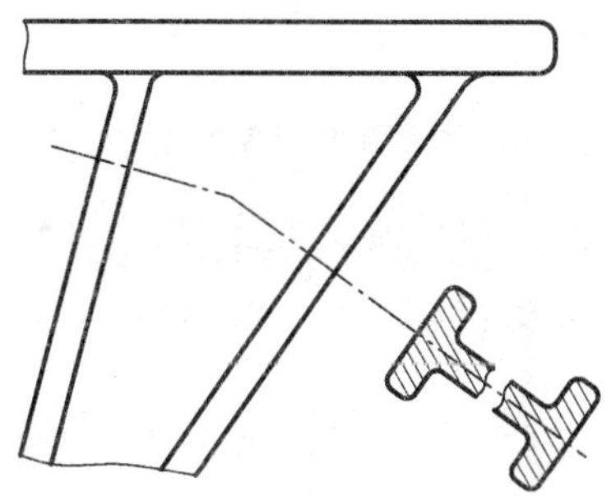

图 14 - 3　两个相交平面剖切的断面图画法

(3) 断面图的标注与剖面图基本相同，但不画投影方向线，而用剖切编号的注写位置表示。画在剖切延长线上对称图形，可不标注，如图 14 - 3 所示。

2. 断面图画在视图的中断处

画在视图中断处的断面图，断面图的轮廓线用粗实线绘制，不需进行断面图标注，如图 14 - 4 所示。

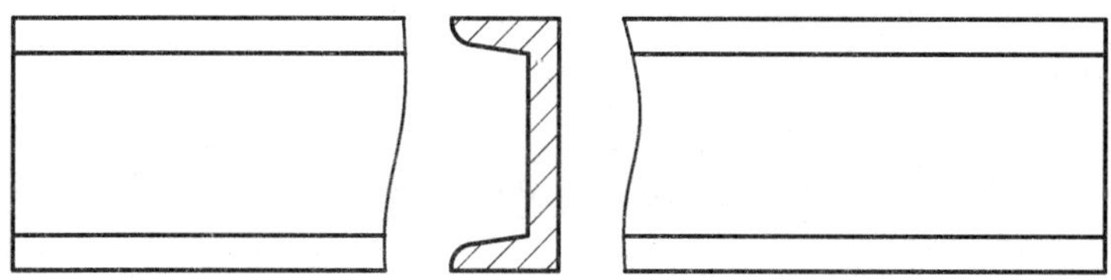

图 14 - 4　画在视图中断处的断面图

3. 断面图画在视图的轮廓线内

直接画在视图内的断面图，又称重合断面图。当视图的轮廓线为粗实线时，重合断面的轮廓线用细实线画出，如图 14－5 所示；当视图的轮廓线为细实线时，重合断面的轮廓线用粗实线画出，如图 14－6 所示。当视图中轮廓线与重合断面轮廓线重合时，视图中的轮廓线仍应连续画出，不可间断。

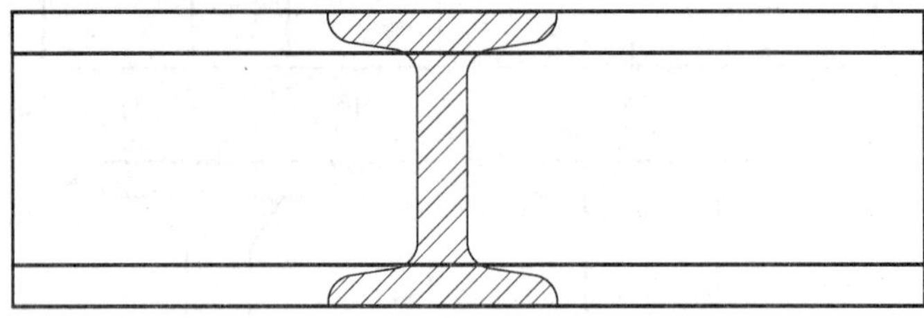

图 14－5 细实线绘制的重合断面图

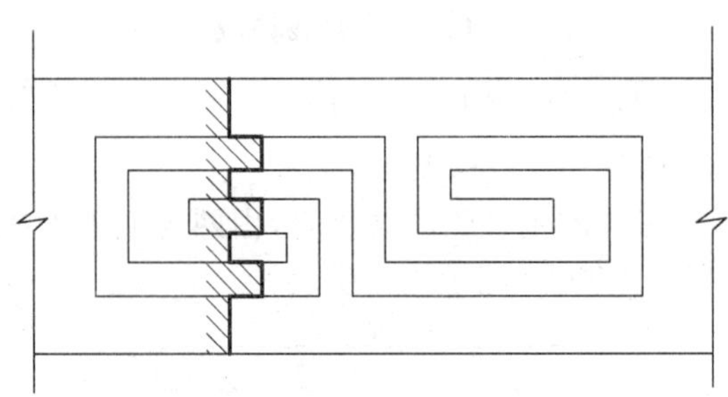

图 14－6 粗实线绘制的重合断面图

当重合断面图尺寸较小时，可将断面涂黑，如图 14－7 所示。

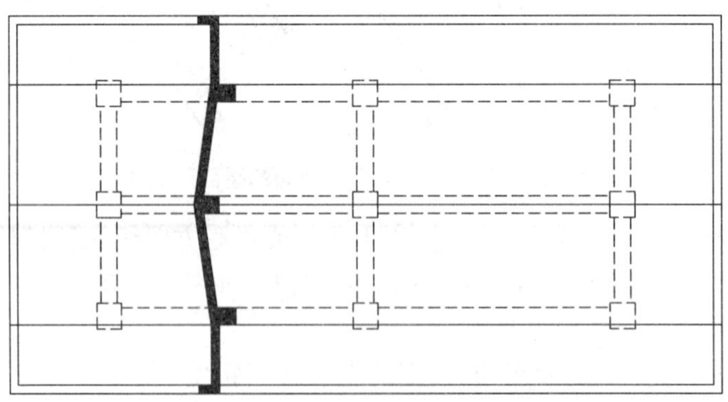

图 14－7 断面涂黑的重合断面图

三、实训任务

图 14－8 为应用断面图表达工程建筑物的实例，识读该工程图，认识断面图表达方案的优点。

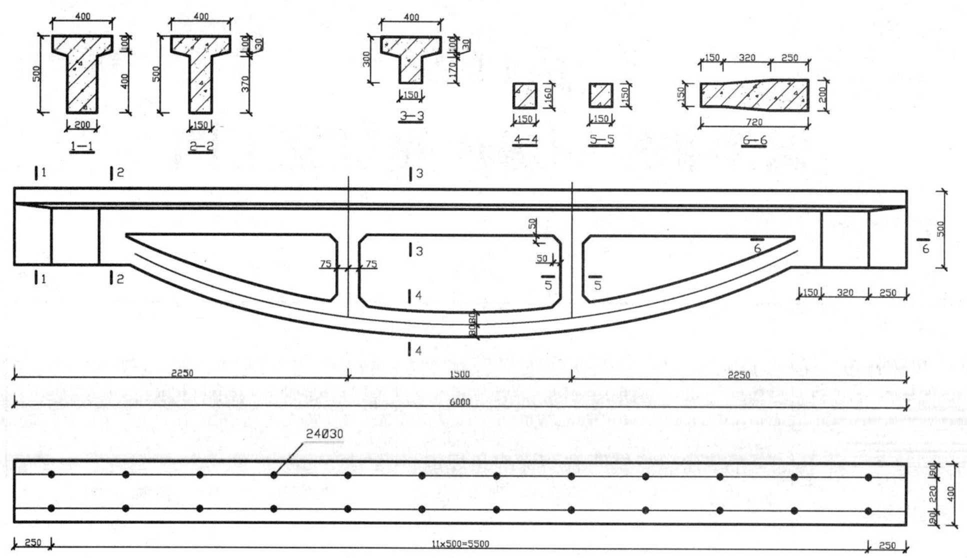
400
500
100
400
200
1—1
400
500
100
30
370
150
2—2
400
300
100
30
170
150
3—3
160
150
4—4
150
150
5—5
150 320 250
150
200
720
6—6
1
2
3
4
5
6
50
75
75
80 80
2250
1500
2250
6000
150 320 250
24Ø30
250
11×500=5500
250
80 220 80
400

图 14－8　梁的主、俯视图

项目六
识读和绘制房屋建筑施工图

教学任务	教学目标	
	知识目标	技能目标
任务十五　识读房屋建筑施工图	1. 了解房屋建筑图有关标准和规定 2. 掌握房屋建筑图的种类和表达方法	能够熟练识读房屋建筑施工图
任务十六　绘制房屋建筑施工图	掌握房屋建筑施工图的绘图步骤和方法	能够正确绘制房屋建筑施工图
任务十七　识读和绘制钢筋混凝土结构图	1. 了解钢筋混凝土结构图的有关标准和规定 2. 掌握钢筋混凝土结构的图示方法	能够识读和绘制钢筋混凝土结构图
任务十八　识读平面整体表示法结构施工图	1. 掌握钢筋混凝土梁平面整体表示法 2. 掌握钢筋混凝土柱平面整体表示法	能够识读平面整体表示法结构施工图
任务十九　识读房屋基础施工图	1. 了解房屋基础的一般构造 2. 掌握房屋基础施工图的图示方法	能够识读房屋基础施工图
任务二十　识读钢结构施工图	1. 掌握型钢图例表达及标注方法 2. 掌握螺栓、螺栓孔、电焊铆钉等结构图例 3. 掌握焊缝代号标注	能够识读钢结构施工图
任务二十一　识读室内给排水施工图	1. 掌握室内给排水施工图设备图例 2. 掌握室内给排水平面图图示内容与要求 3. 掌握室内给排水系统图图示内容与要求	能够识读室内给排水施工图

任务十五　识读房屋建筑施工图

一、房屋建筑图有关标准和规定

（一）房屋的类型及组成

房屋按使用功能可以分为民用建筑（居住建筑、公共建筑）、工业建筑（厂房、仓库等）和农业建筑（粮仓、饲养场等）。各种不同功能的房屋，虽然它们的使用要求、空间组合、外形、规模等各不相同，但是构成建筑物的主要部分一般都有基础、墙、柱、梁、楼板、地面、楼梯、屋顶、门、窗等，此外还有阳台、雨篷、台阶、窗台、雨水管、明沟或散水，以及其他一些构配件。

（二）房屋的建造过程和房屋施工图的分类

建造房屋主要经过设计阶段和施工阶段，在设计阶段先绘制房屋的初步设计图，用于建筑项目立项等工作，然后再完整、详细地绘制出房屋施工图。在施工阶段依据房屋施工图指导施工。

房屋施工图分为建筑施工图、结构施工图和设备施工图，简称“建施”、“结施”和“设施”。建筑施工图主要表明建筑物的总体布局、外部造型、内部布置、细部构造、内外装饰等情况，它包括总平面图、平面图、立面图、剖面图和详图；结构施工图主要表明建筑物各承重构件的布置、形状尺寸、所用材料及构造做法等内容，包括结构布置平面图和构件详图；设备施工图是表明建筑工程各专业设备布置和安装要求的图样，它包括给排水施工图、采暖通风施工图、电气施工图等，简称“水施”“暖施”“电施”。

（三）房屋施工图的有关规定

绘制和阅读房屋施工图主要遵守《房屋建筑制图统一标准》GB/T50001—2010，另外根据表达内容不同，还应遵守《总图制图标准》GB/T50103—2010、《建筑制图标准》GB/T50104—2010、《建筑结构制图标准》GB/T50105—2010、《给水排水制图标准》GB/T50106—2010。现就下列几项简要说明有关规定的主要内容和表示方法。

1. 常用比例

建筑专业制图选用的比例，应符合《房屋建筑制图统一标准》中的有关规定，如表15-1所示。

表 15－1 建筑制图比例

图 名	比 例
建筑物或构筑物的平面图、立面图、剖面图	1∶50、1∶100、1∶200
建筑物或构筑物的局部放大图	1∶10、1∶20、1∶50
配件及构造详图	1∶1、1∶2、1∶5、1∶20、1∶50

2. 常用图例

建筑物和构筑物是按比例缩小绘制在图纸上的，对于有些建筑构件及建筑材料，往往不可能按实际投影画出，同时用文字注释也难以表达清楚。为了得到简单而明了的效果，《建筑制图标准》规定了统一的图例和代号，常用构造及配件图例见表15－2。

表 15－2 常用构造及配件图例

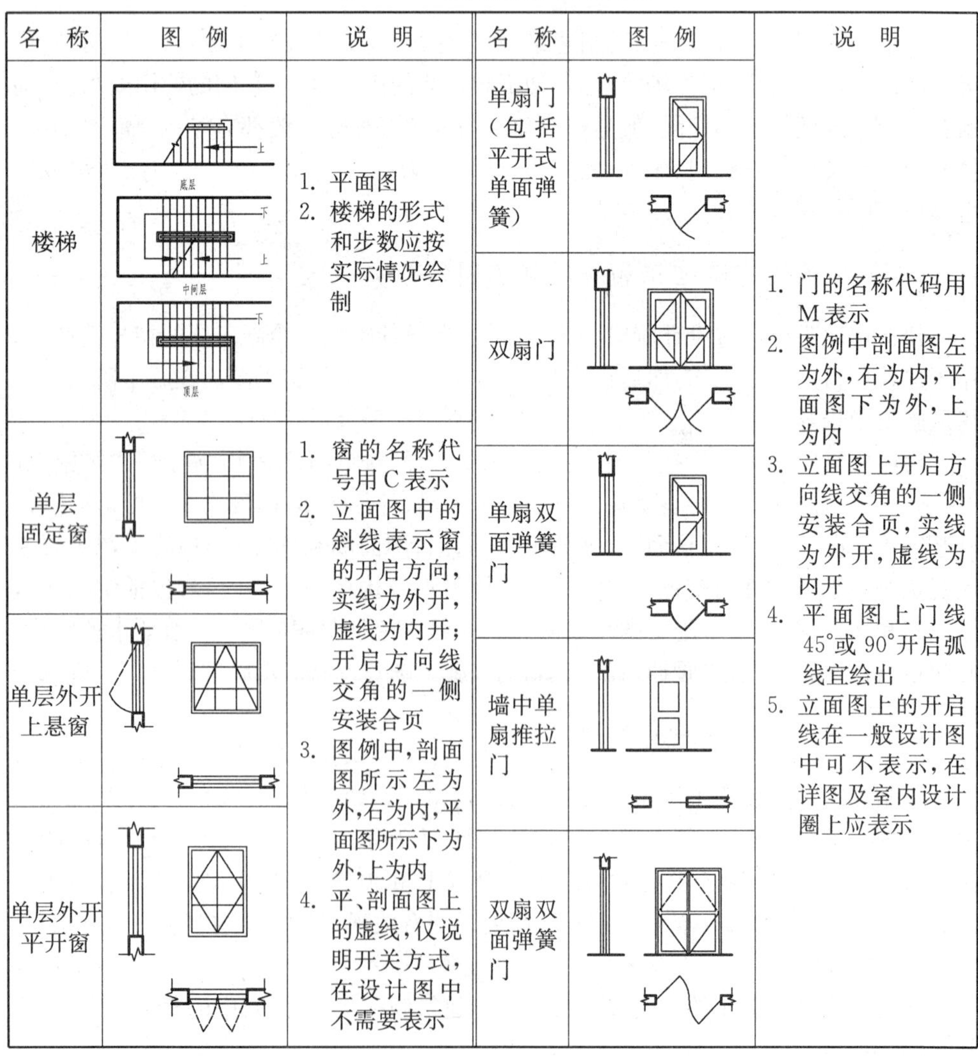

名 称	图 例	说 明	名 称	图 例	说 明
楼梯	底层 中间层 顶层	1. 平面图 2. 楼梯的形式和步数应按实际情况绘制	单扇门（包括平开式单面弹簧）		1. 门的名称代码用M表示 2. 图例中剖面图左为外，右为内，平面图下为外，上为内 3. 立面图上开启方向线交角的一侧安装合页，实线为外开，虚线为内开 4. 平面图上门线45°或90°开启弧线宜绘出 5. 立面图上的开启线在一般设计图中可不表示，在详图及室内设计圈上应表示
			双扇门		
单层固定窗		1. 窗的名称代号用C表示 2. 立面图中的斜线表示窗的开启方向，实线为外开，虚线为内开；开启方向线交角的一侧安装合页 3. 图例中，剖面图所示左为外，右为内，平面图所示下为外，上为内 4. 平、剖面图上的虚线，仅说明开关方式，在设计图中不需要表示	单扇双面弹簧门		
单层外开上悬窗			墙中单扇推拉门		
单层外开平开窗			双扇双面弹簧门		

3. 定位轴线及其编号

定位轴线是房屋中基础、墙、柱、梁和屋架等承重构件的中心线，在绘制建筑施工图时应明确表达，定位轴线标注用细点画线绘制，其编号注在直径为 8～10 mm 的细实线圆内，圆心在定位轴线的延长线或延长线的折线上。平面图上定位轴线的编号标注在图样的下方与左侧，横向编号用阿拉伯数字，从左至右顺序编写，竖向编号用大写拉丁字母(I、O、Z 除外)从下至上顺序编写，如图 15－1 所示。在标注非承重的分隔墙或次要的承重构件时，可在两根轴线之间附加轴线，附加轴线的编号应按图 15－2 所规定的分数表示。

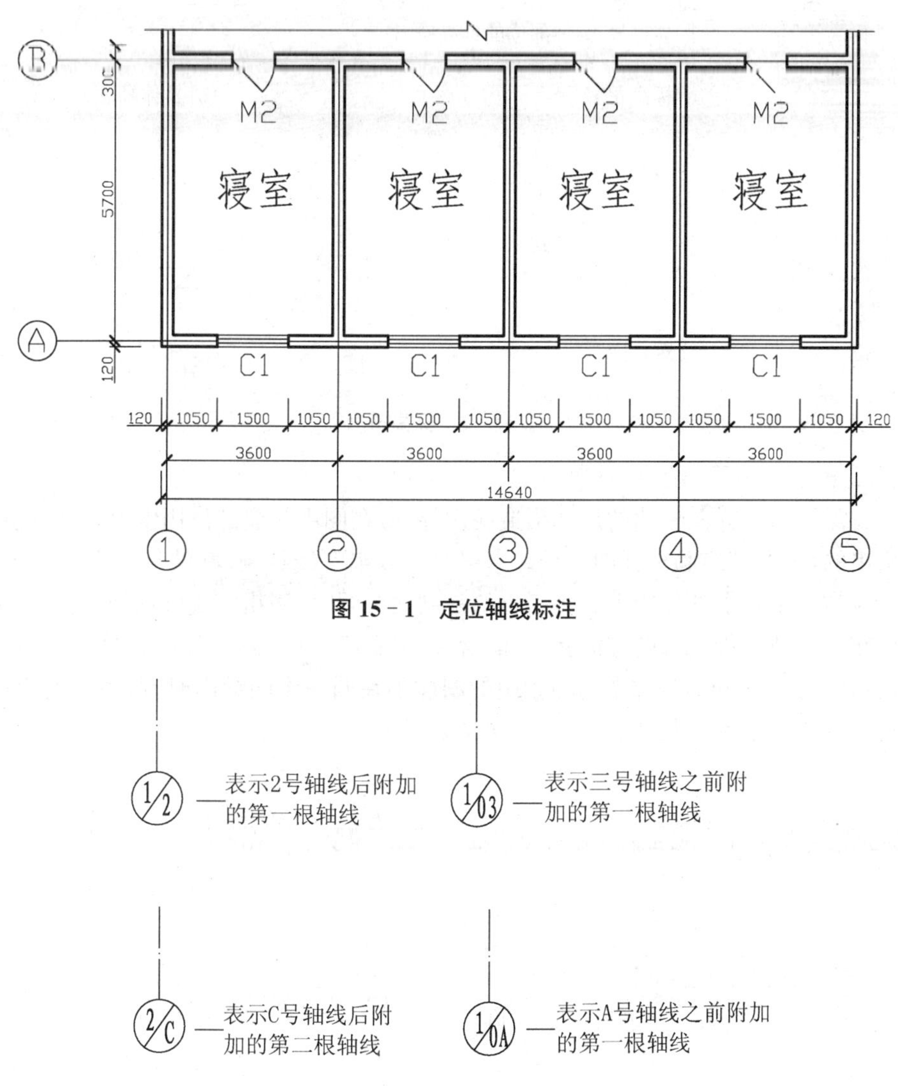

图 15－1　定位轴线标注

图 15－2　附加轴线及其编号

4. 标高标注

标高是标注建筑物高程的另一种尺寸形式，标高尺寸以 m 为单位。标高分绝对标高和相对标高两种。绝对标高以黄海平均海平面为零点，相对标高以单个建筑物的室内底层地面为零点，写成±0.000。建筑施工图中的标高符号应按图 15－3(a)所示形式以细实线绘制，图 15－3(b)所示为具体画法。标注方法如 15－3(c)所示。如在同一位置表示几个不同标高时，数字可按图 15－3(d)的形式注写。

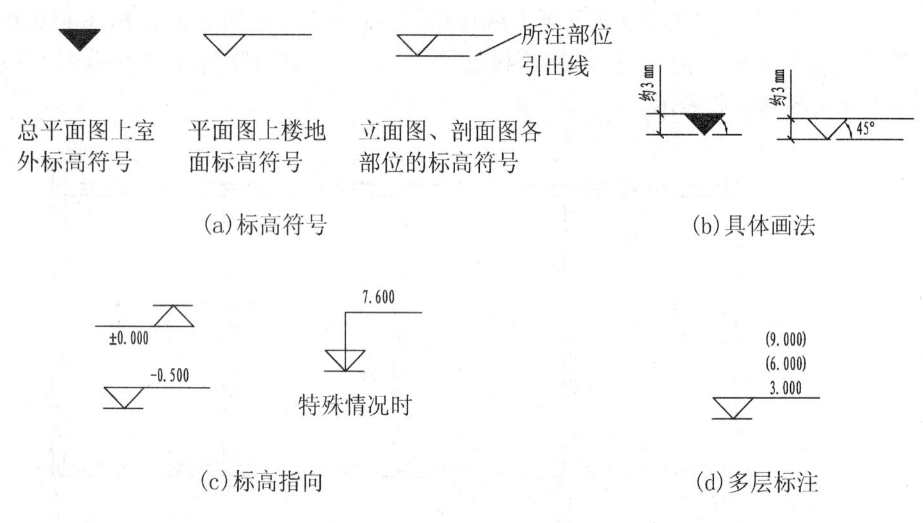

图 15－3 标高符号

5. 索引符号和详图符号

对需要另画详图表达的局部构造或构件，应在图中相应部位用索引符号索引，而索引出的详图，则应画出详图符号。索引符号以细实线绘制，圆的直径为 10 mm，引出线应指在要索引的位置上。当引出的是剖面详图时，用粗实线表示剖切位置，引出线所在的一侧为剖视方向，圆内编号的含义如图 15－4 所示。详图符号应以粗实线绘制，直径为 14 mm，当详图与被索引的图样不在同一张图纸内时，可用细实线在详图符号内画一水平直径，圆内编号的含义如图 15－5 所示。

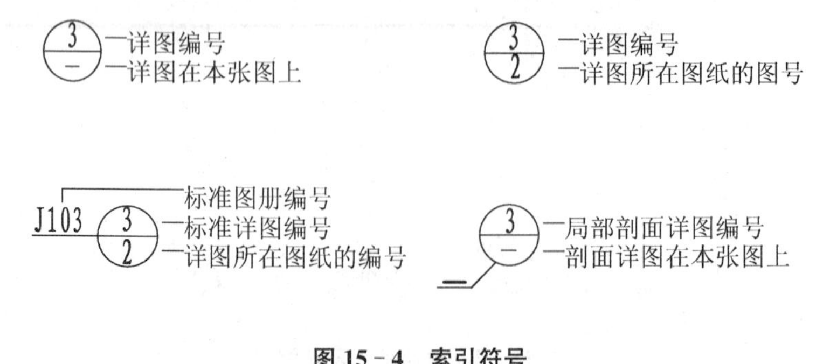

图 15－4 索引符号

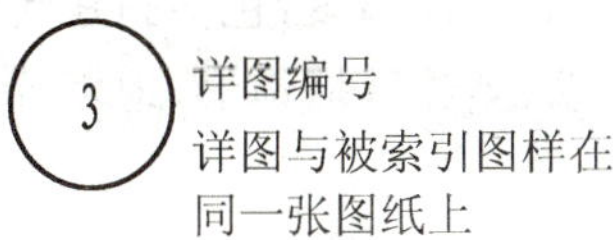

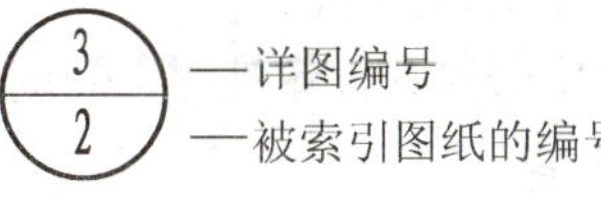

图 15－5　详图符号

6. 风玫瑰图和指北针

在总平面图中，除图例以外，通常还要画出带有指北方向的风向频率玫瑰图(简称风玫瑰图)，用来表示该地区常年的风向频率和房屋的朝向。风玫瑰图中风的吹向是从外吹向中心，实线表示全年风向频率，虚线表示夏季风向频率，如图 15－6(a)所示。

平面图中指北针所指方向应与总平面图中风玫瑰的指北方向一致。指北针用细实线绘制，圆的直径为 24 mm，指北针尾部宽为 3 mm，指针尖端指向北，如图 15－6(b)所示。

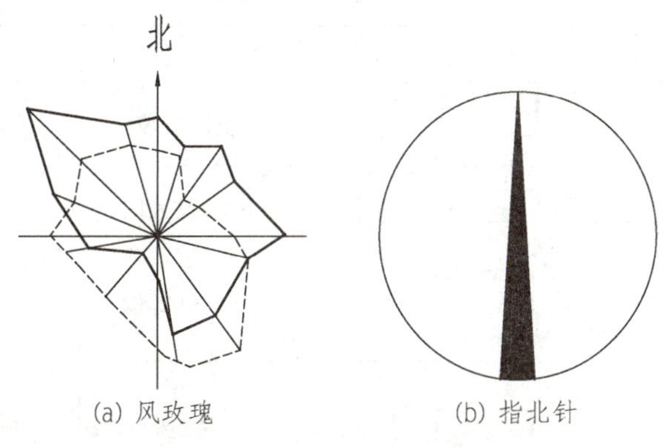

(a) 风玫瑰　　(b) 指北针

图 15－6　风玫瑰图和指北针

7. 材料符号简化画法

比例为 1∶100、1∶200 时，建筑平面图中的墙、柱断面可不画建筑材料图例，也可将砖墙涂红，钢筋混凝土涂黑。

8. 门窗代号

门窗按规定图例绘制，代号分别为 M、C，钢门、钢窗的代号分别为 GM、GC，代号后面的阿拉伯数字是它们的编号，编号相同的门窗表示构造和尺寸完全一样。

二、建筑施工图识读举例

建筑施工图和钢筋结构施工图是本课程学习的重点内容，钢筋结构施工图在以后的任务中学习，下面以一幢住宅楼为例，介绍建筑施工图的表达与识读。

(一) 建筑总平面图

将拟建工程四周一定范围内的新建、拟建、原有和拆除的建筑物连同其周围的地形地物状况，用水平投影和相应的图例所表达的图样，称建筑总平面图。

建筑总平面图用来表明一个工程所在位置的总体布置，包括新建建筑物的位置、朝向；新建建筑物与原有建筑物之间的位置关系；新建区域地形、地貌、高程、道路、绿化等方面的内容。

建筑总平面图是新建房屋施工定位、土方施工以及其他专业（如水、暖、电、煤气等）管线总平面图设计的重要依据。

由于建筑总平面图包括的区域较大，在我国《总图制图标准》（GB/T50103—2010）中规定：建筑总平面图一般采用 1∶500、1∶1 000、1∶2 000 的比例。建筑平面图中常标出新建房屋的总长、总宽和定位尺寸，新建房屋室内底层地面和室外地面的绝对标高、尺寸和标高都以 m 为单位，注写到小数点以后两位数字。

由于建筑总平面图采用的比例较小，各种有关物体均不便按照投影关系如实地反映出来，所以总平面图一般均用规定的图例表达。如表 15－3 所示为《总图制图标准》规定的图例。

表 15－3　总平面图常用图例

名　称	图　例	名　称	图　例
新建建筑物	右上角用点数或数字表示层数	填挖边坡	
		围墙及大门	
原有建筑物		落叶针叶树	
拆除的建筑物		草坪	
新建道路	15.00 R9	室内标高	(±0.00) 15.00
原有道路		室外标高	15.00
台阶	箭头表示向上	坐标	x150.00 y165.65

图 15－7 为一单位周转住宅楼的建筑总平面，该图的比例为 1∶500，地势平坦，高程在 46.6 m 左右，单位大门朝向西面博文路，已建成 12 层综合办公楼和 4 层科技服务中心，计划后续建设 4 层商务中心。新建建筑物为三座二层住宅楼，位置在单位院落的最南端，以科技服务中心西南角为参照坐标系原点，三座建筑物的 x 坐标位置分别为 0.91、45.96、91.01，y 坐标均为－134.17。沿院墙四周和楼房间均布置

绿化。

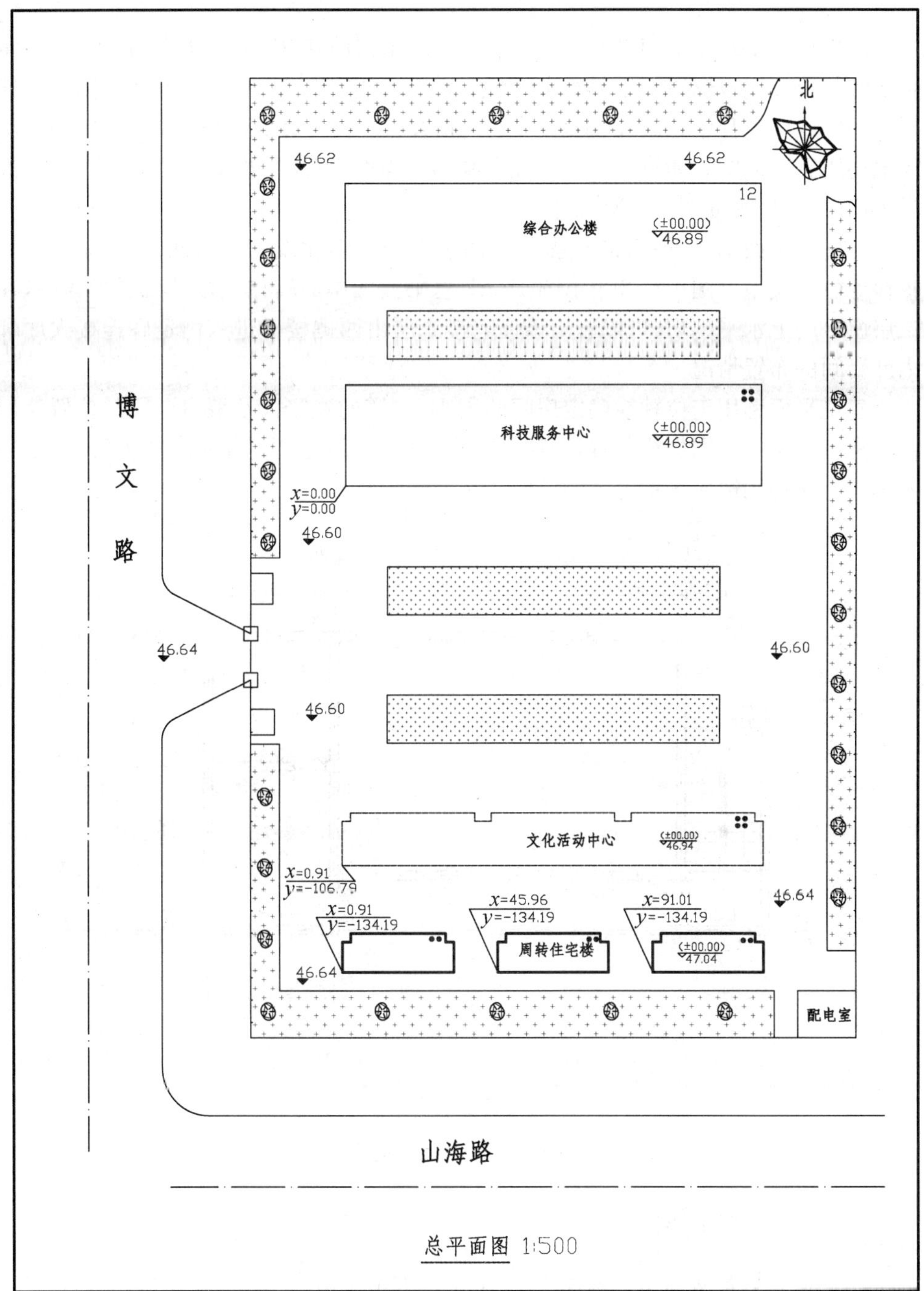

北
46.62
46.62
12
综合办公楼
(±00.00)
46.89
科技服务中心
(±00.00)
46.89
x=0.00
y=0.00
46.60
博
文
路
46.64
46.60
46.60
文化活动中心
(±00.00)
46.94
x=0.91
y=-106.79
x=0.91
y=-134.19
x=45.96
y=-134.19
x=91.01
y=-134.19
46.64
周转住宅楼
(±00.00)
47.04
46.64
配电室
山海路
总平面图 1:500

图 15－7　总平面图

（二）建筑平面图

假想用一个水平剖切平面沿门窗洞口将房屋剖切开，移去剖切平面以上部分，将余下的部分按正投影原理投射在水平投影面上所得到的图，称为建筑平面图。建筑平面图在施工过程中是放线、砌墙、安装门窗及编制概预算的依据，施工备料、施工组织都要用到平面图。建筑平面图一般有基础平面图、底层平面图、二层平面图、标准层平面图、顶层平面图、屋顶平面图等。

在建筑平面图中，平面布置是平面图的主要内容，主要表达房间、卫生间、走道、楼梯等位置关系。图 15－8 表示图 15－7 总平面图中周转住宅楼的二层平面图，在二层窗台之上水平剖切，可以看出该住宅楼二层由西侧楼梯进入由走廊连接大厅和内外套间的布置情况。

建筑平面图用定位轴线确定房间的大小、过道的宽窄以及墙、柱、梁的位置。门窗按常用建筑配件图例绘制，门用代号“M”＋数字编号标注，窗用代号“C”＋数字编号标注。楼梯用箭头表示上下的方向。

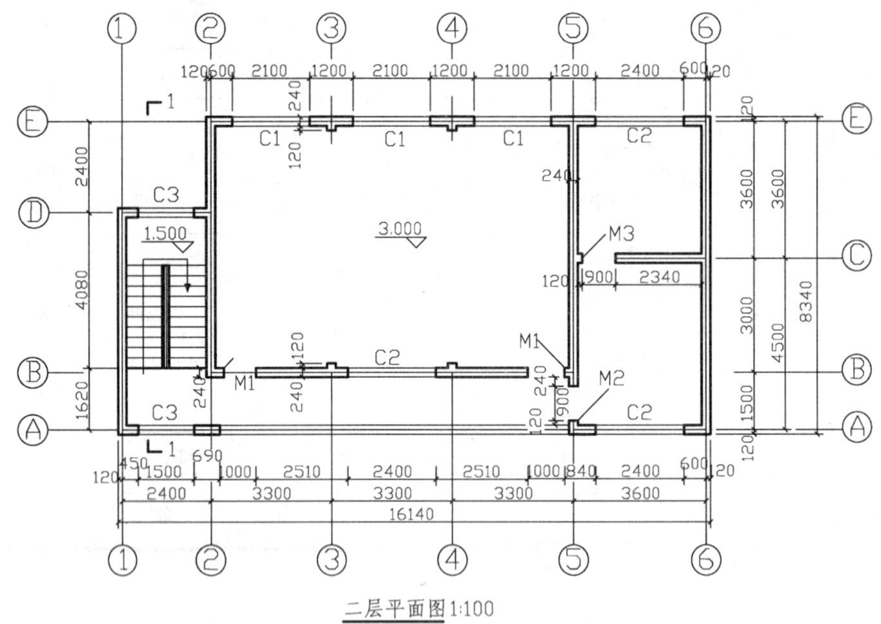

图 15－8　二层平面图

（三）建筑立面图

一般建筑物都有前后左右四个面，基本视图中主视图、后视图、左视图、右视图可以表达这四个墙面的形状，在房屋建筑图中这些表达建筑物直立墙面形状的正投影图称为建筑立面图。主视图一般命名为正立面图，后视图、左视图、右视图则被命名为背立面图、左侧立面图、右侧立面图。为了更清楚地表达房屋的地理方位也可将其命名为南立面图、北立面图、东立面图、西立面图。

图 15－9 是总平面图周转住宅楼的正立面图，主要表达房屋的总长和总高、门窗高程等，图示房屋共两层，上下层布局相同，室外地面高程为－0.3 m，一层窗子上、下檐高程分别为 2.7 和 0.9 m，二层窗子上、下檐高程为 5.7 和 3.9 m。

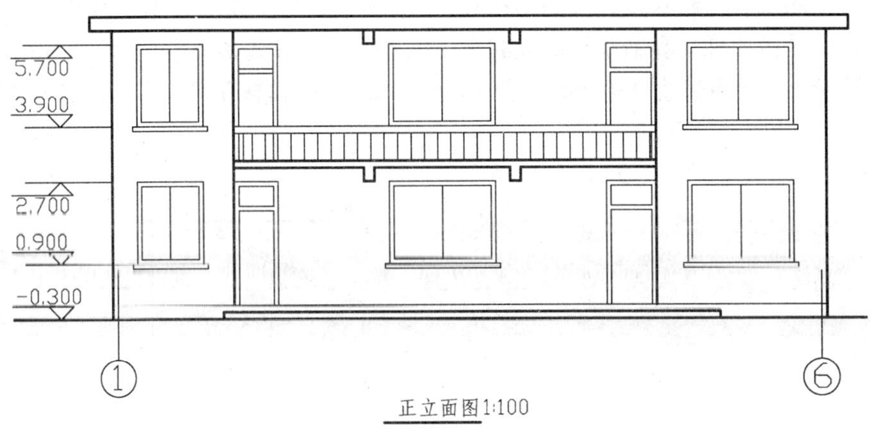

图 15－9　正立面图

（四）建筑剖面图

将建筑物按指定位置剖开画出的正投影图称为建筑剖面图，剖面图用来表达建筑物的结构形式、分层状况、层高以及各部位的相互关系。图 15－10 是周转住宅楼的 1－1 剖面图，剖切面如图所示位于楼梯间处，主要表达楼梯的结构尺寸和窗户的高度、高程。

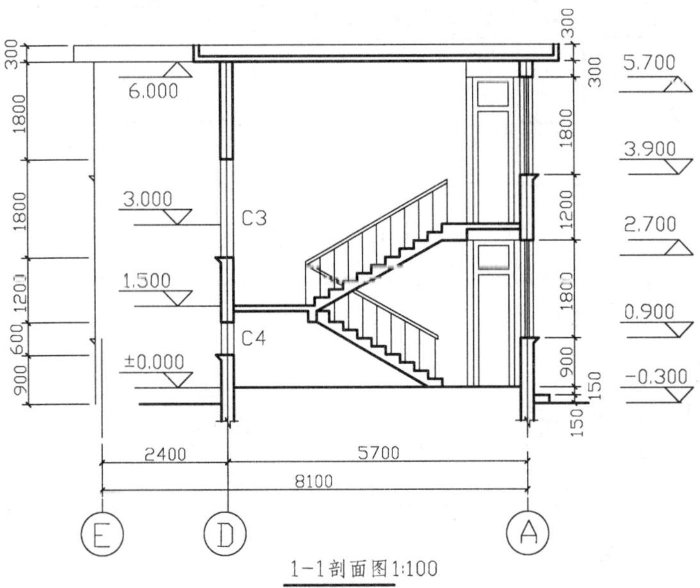

图 15－10　1－1 剖面图

（五）建筑详图

由于建筑平面图、立面图、剖面图等绘图比例较小，无法将细部构造表达清楚，需要另绘祥图来表达建筑物局部的结构和尺寸。图 15－11 是楼梯节点详图。详图中看出梯段是由楼梯梁和踏步板组成的现浇钢筋混凝土板式楼梯，踏步用 20 mm 厚水泥砂浆粉面，每梯高为 150 mm，宽为 300 mm；栏杆和扶手用 ϕ50 和 ϕ16 圆钢管焊成。

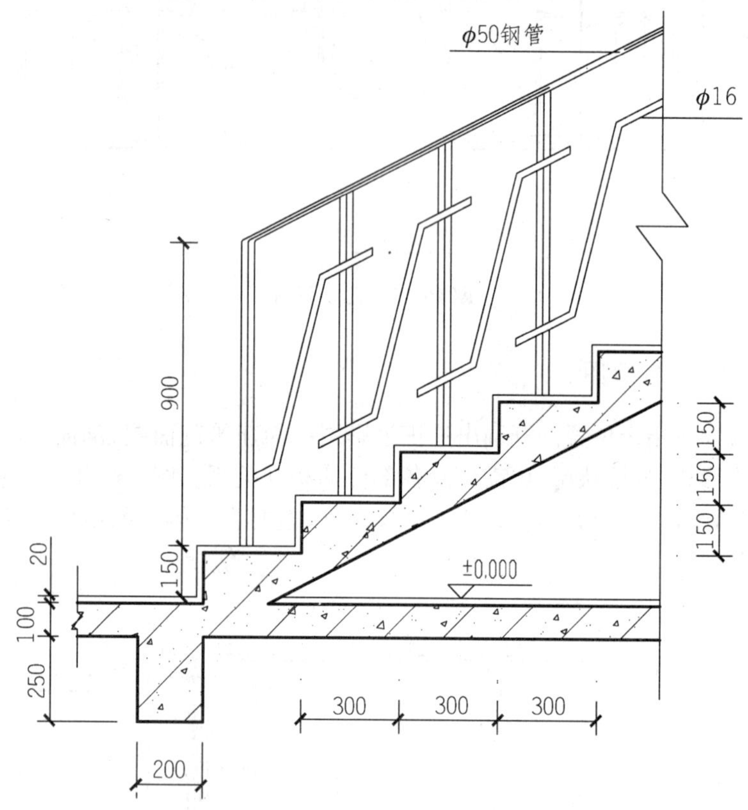

图 15－11 楼梯节点详图

三、实训任务与要求

1. 实训任务

在教师指导下识读附图一所示“宿舍楼房屋建筑施工图”。

2. 实训要求

图纸识读采用分组教学，课堂学生讲述图纸，接受质询和评价。

四、课外思考

(1) 楼层建筑平面图表达的主要内容为(　　)。

a. 平面形状、内部布置等　　b. 梁柱等构件类型

c. 板的布置及配筋　　d. 外部造型及材料

(2) 建筑施工图,表示构配件常用的比例为1∶(　　)。

a. 1、5、10　　b. 10、20、50

c. 100、200　　d. 250、500

(3) 房屋的二层平面图,其水平剖切位置在(　　)

a. 二层窗台上方　　b. 二层窗台下方

c. 二层楼板面处　　d. 二层楼顶处

(4) 房屋中门窗的型号、代号等应表示在(　　)

a. 结构详图中　　b. 建筑详图中

c. 结构平面图中　　d. 建筑平面图中

任务十六　绘制房屋建筑施工图

绘制建筑施工图是建筑施工技术人员必备技能之一，也是识读建筑施工图训练的重要环节。

一、建筑施工图绘制方法

1. 手工绘制建筑施工图的方法

利用手工绘图工具绘制建筑施工图需要有合理的绘图方法，一般绘制建筑施工图的方法步骤如下：

(1) 选比例，定图幅。根据房屋的复杂程度及大小选定适当的比例，确定幅面的大小。

(2) 图面布置。画出图框和标题栏，计算并画出图形定位线，注意留出尺寸标注和文字说明的空间位置。

(3) 绘制底稿。按尺寸绘制出所有图形的底稿。

(4) 图形标注。标注尺寸，标注轴线符号、索引符号、门窗符号，注写文字说明。

(5) 复核描深。检查并改正图形中错误，描深图线。

2. AutoCAD 软件绘制建筑施工图的方法

利用 AutoCAD 软件绘制建筑施工图的方法步骤如下：

(1) 图层设置。建立图层，设置图线特性。

(2) 绘制图形。按 1∶1 绘制图形。

(3) 尺寸标注。设置尺寸样式，标注尺寸。

(4) 图形注写。标注轴线符号、索引符号、门窗符号，注写文字说明。

(5) 图纸布局。按图纸幅面大小绘制边框线与标题栏，按比例放大边框线和标题栏，将图形移动到图框内，放置到适当位置。

(6) 图纸打印。进行页面设置，打印图形。

二、实训任务与指导

(一) 实训任务一

1. 实训任务

识读图 16-1 所示建筑平面图，绘制该建筑平面图。

2. 实训要求

(1) 手工铅笔绘图，A3 图纸幅面，布图适当，图面清晰。

(2) 图线线型和尺寸标注符合国家标准。

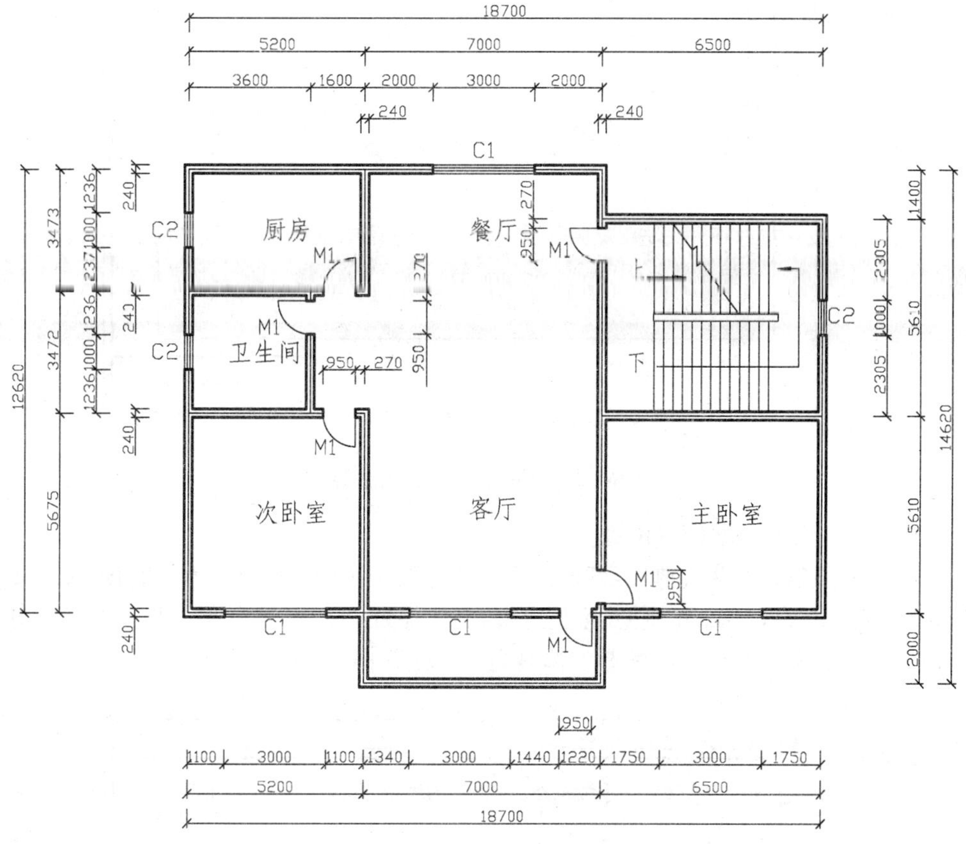

图 16-1 “多线”命令应用图例

3. 手工绘图实训指导

(1) 确定绘图比例

A3 图幅与边框线尺寸如图 16-2 所示。绘图的有效空间约为 335×215，该平面图总长约为 30 000 mm，总宽约为 25 000 mm。则绘图的长度比例为 335/30 000≈0.01，宽度比例为 215/25 000≈0.009，则该绘图比例定为 1∶100。

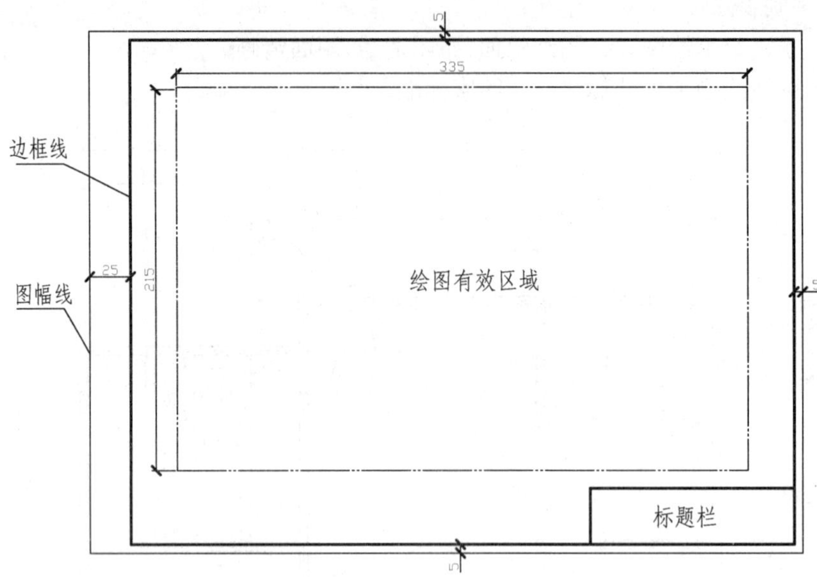

图 16 - 2　绘图的有效区域(估计)

(2) 确定图形的起画点位置

将左上角角点定为起画点,起画点至左边框线距离为:(边框线水平长度 390 -图形长度 187)÷2≈101;起画点至上边框线距离为:(边框线宽度 287 -图形宽度 147)÷2≈70,考虑到标题栏的影响调整为 65,如图 16 - 3 所示。

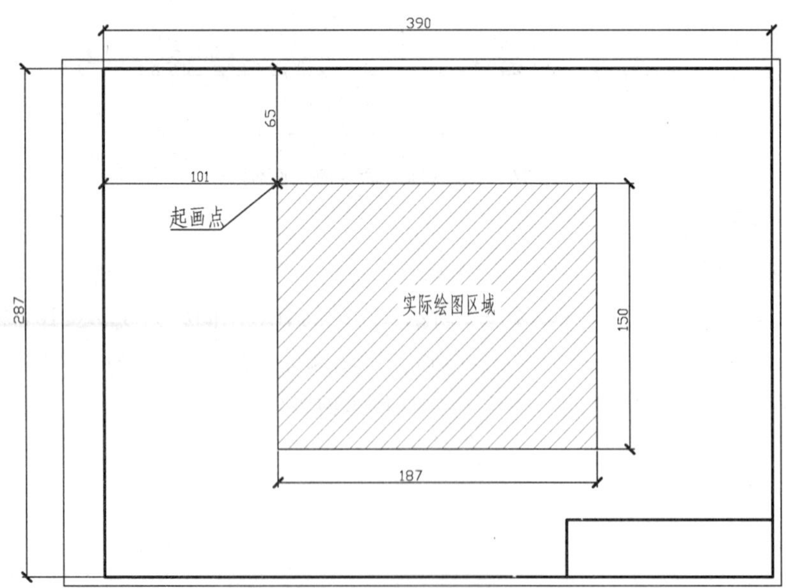

图 16 - 3　绘图的起画点

(3) 绘制墙轴线

用点画线按 1∶100 比例绘制墙轴线,如图 16 - 4 所示。

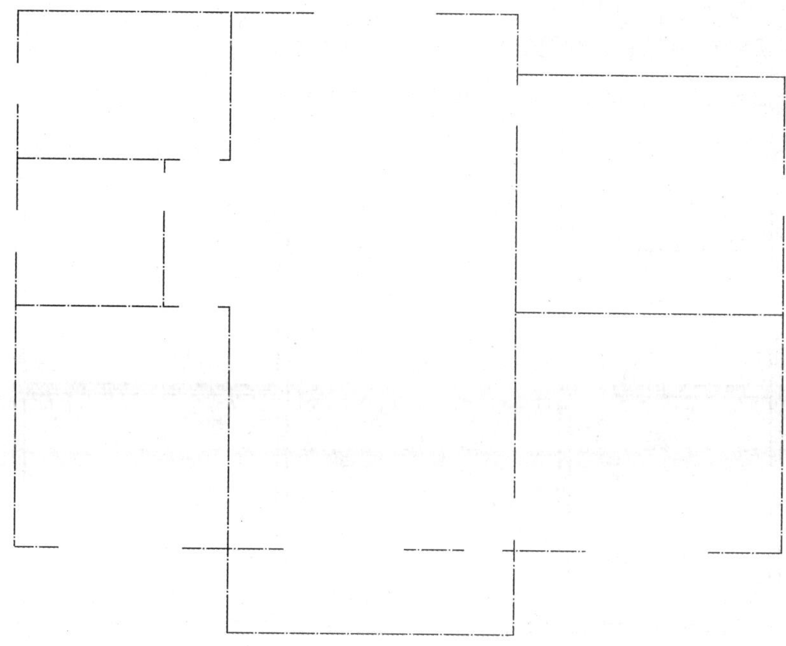

图 16－4　绘制墙轴线

(4) 绘制墙线

先用点画线绘制墙轴线，再用细实线定位墙线，最后粗实线描深，如图 16－5 所示。

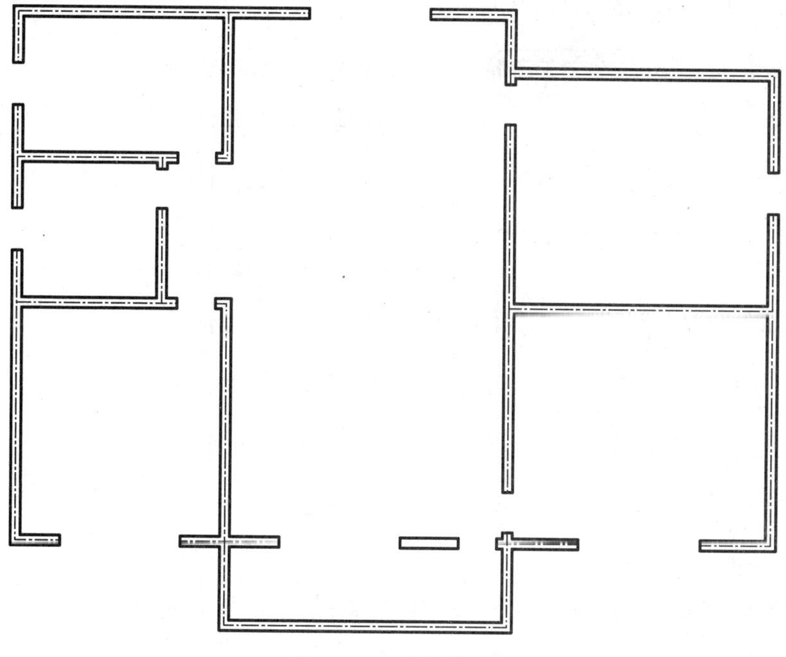

图 16－5　编辑墙线

(5) 绘制“门”、“窗”图例

用细实线绘制“门”、“窗”图例,如图 16－6 所示。

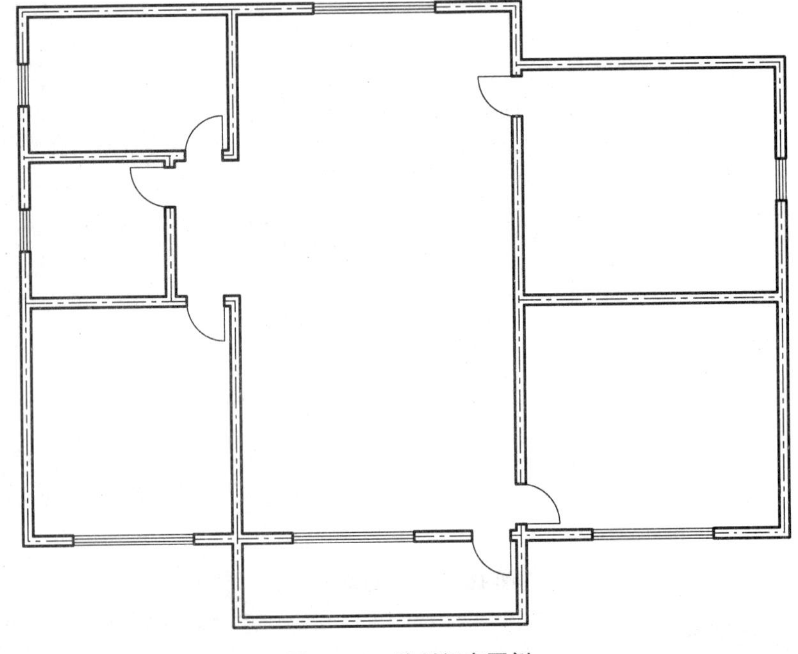

图 16－6　绘制门窗图例

(6) 绘制楼梯平面图图例

用细实线绘制楼梯的平面图,如图 16－7 所示。

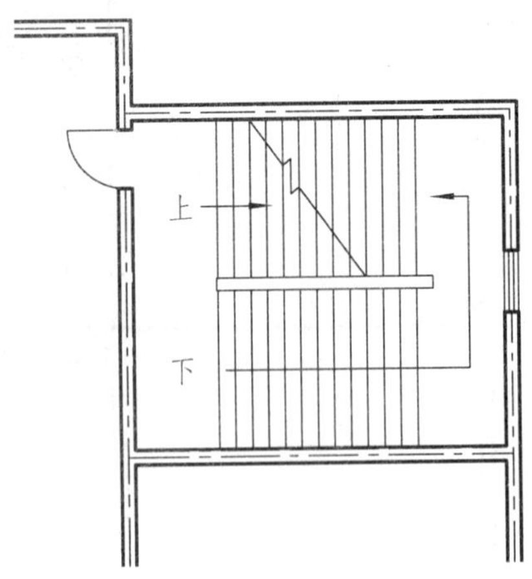

图 16－7　绘制楼梯图

(7) 标注

用细实线标注尺寸,标注墙轴线符号、门窗符号,注写文字,如图 16－8 所示。

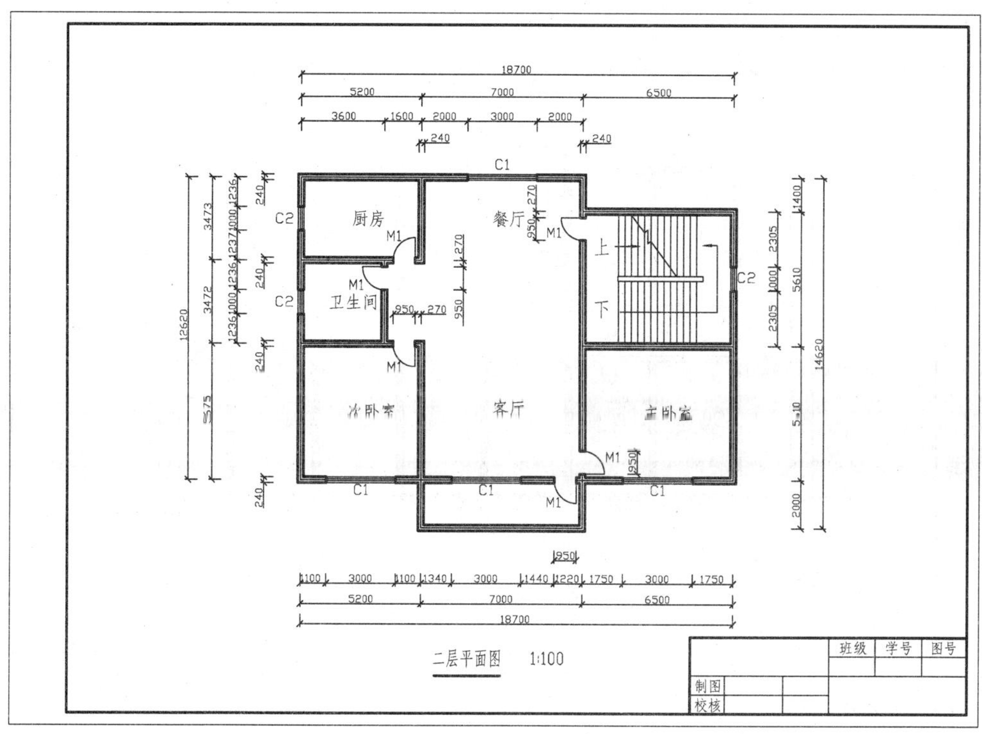

图 16-8　图形标注

（二）实训任务二

1. 实训任务

识读图 16-9 所示建筑平面图，绘制该建筑平面图。

2. 实训要求

（1）手工铅笔绘图或计算机绘图，A3 图纸幅面，布图适当，图面清晰。

（2）图线线型和尺寸标注符合国家标准。

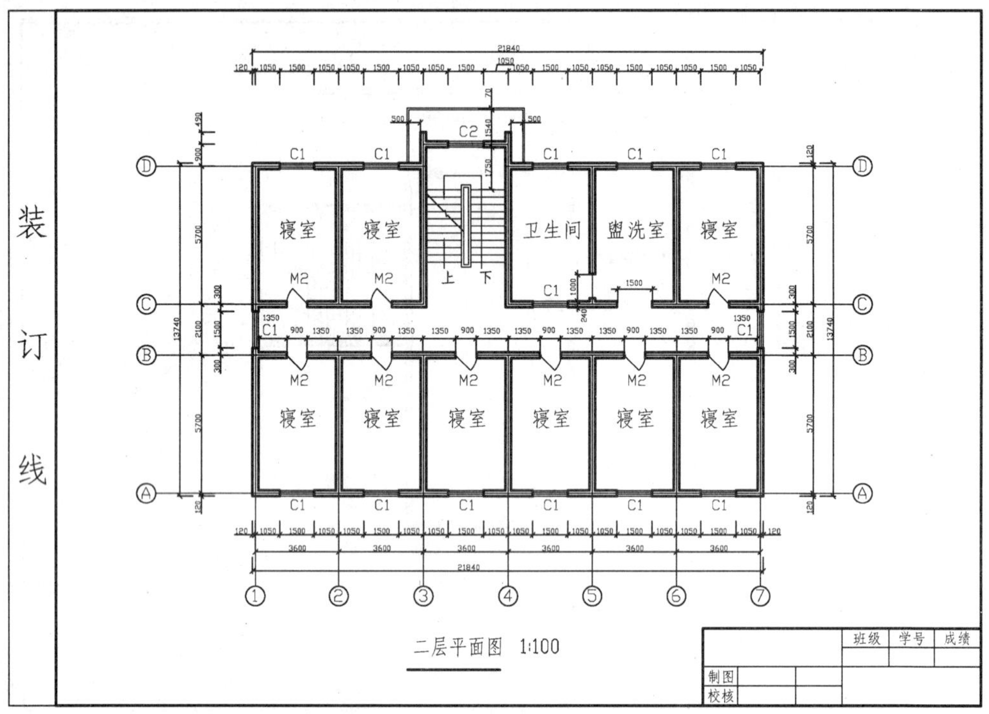

图 16－9　学生宿舍二层平面图

3. 手工绘图实训指导

（1）确定比例

图形长为 21 840，宽为 15 010，考虑尺寸所占的空间约为 10 000，则图形实际所占空间长约为 32 000，宽约为 25 000，按上图的方法确定本图比例仍然为 1∶100。

（2）确定起画点

将左上角角点定为起画点，起画点至左边框线距离为：（边框线水平长度 390－图形长度 218）÷2≈86；起画点至上边框线距离为：（边框线宽度 287－图形宽度 140）÷2≈74，考虑到标题栏的影响调整为 65。

（3）绘制墙线和轴线

绘制墙轴线和墙线，如图 16－10 所示。

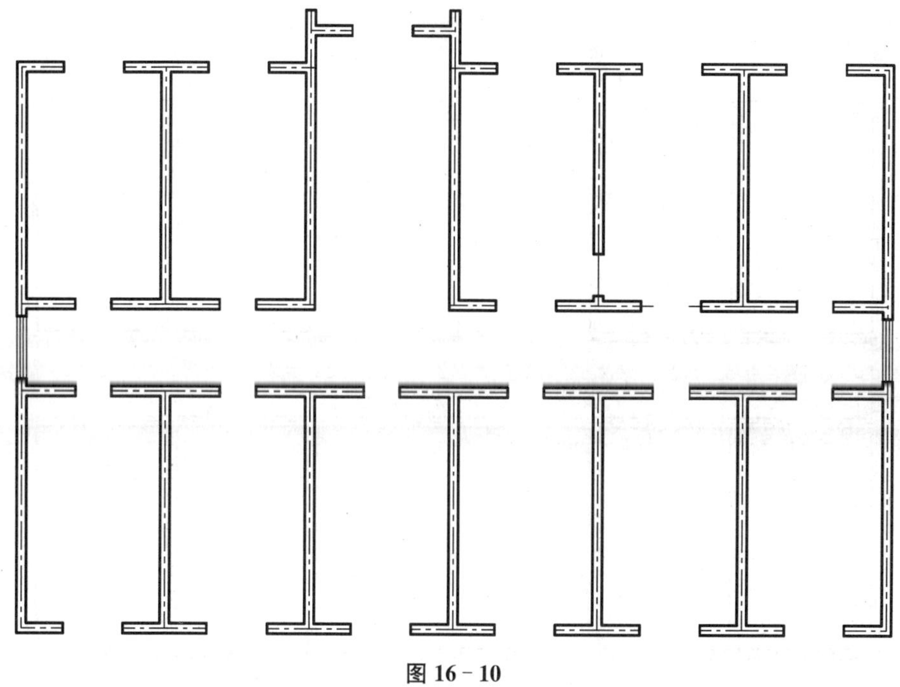

图 16－10

(4) 绘制踏步和扶手

用细实线绘制楼梯踏步和扶手等线，如图 16－11 所示。

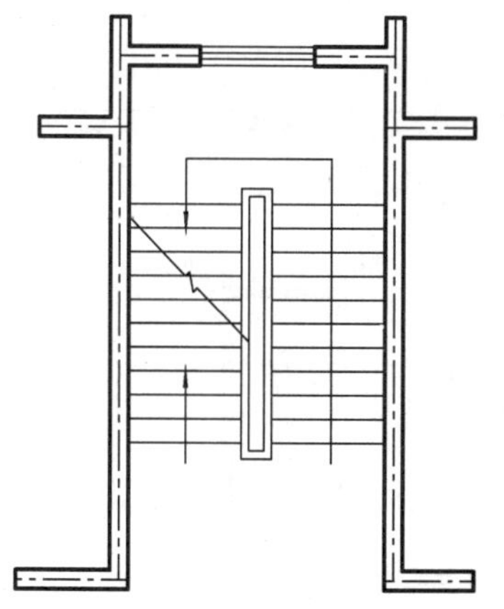

图 16－11　绘制楼梯踏步和扶手

(5) 绘制“门”、“窗”、“雨篷”

用细实线绘制“门”、“窗”、“雨篷”等图例线，如图 16－12 所示。

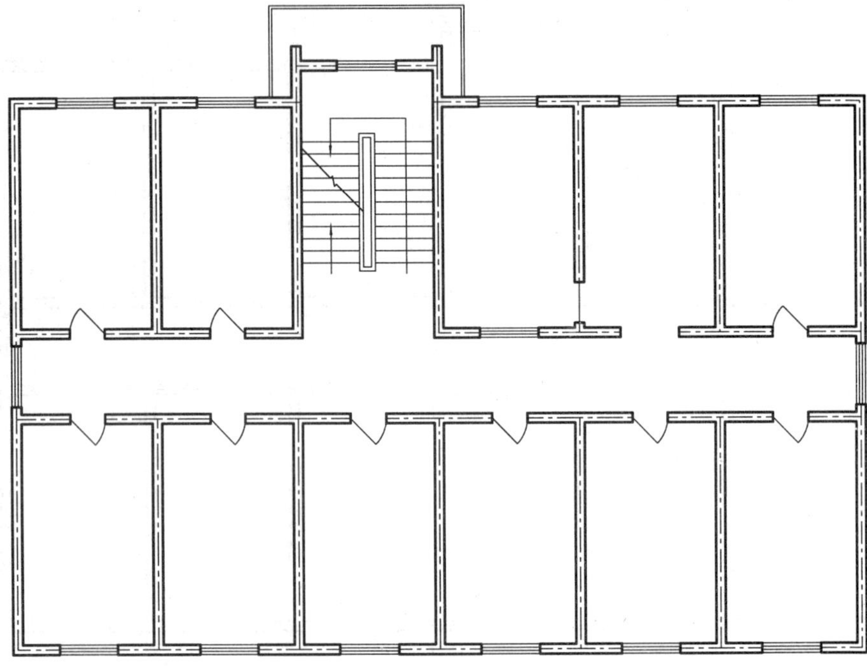

图 16－12 “门”、“窗”、“雨篷”

(6) 标注

标注尺寸,注写文字和门窗代号,绘制墙轴线符号,填写标题栏,完成图形如图 16－13 所示。

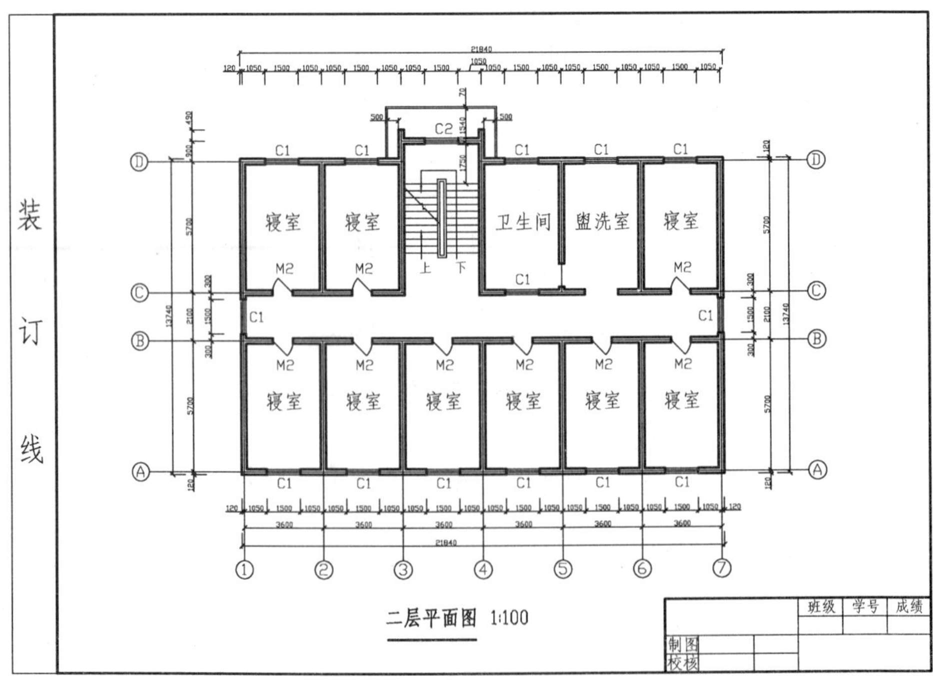

图 16－13 完成图形

4. AutoCAD 计算机绘图实训指导

(1) 图层设置

新建五个图层,可命名为:墙线、墙轴线、门窗、尺寸、文字。其中墙线层线宽设为0.6;墙轴线层线宽设为0.15,线型设为jis8—15;门窗、文字和尺寸层线宽为0.15。

(2) 线型比例设置

线型全局比例因子设置为100。

(3) 绘制墙轴线

将墙轴线图层设为当前层,按尺寸绘出部分墙轴线,如图16-14所示。

(4) 绘制墙线

打开"新建多线样式"对话框,设置起点和端点均为"直线"封口。将墙线设为当前层,启用"多线"命令,在绘图前设置"对正"为"无";"比例"为240。绘制墙线,如图16-15所示。

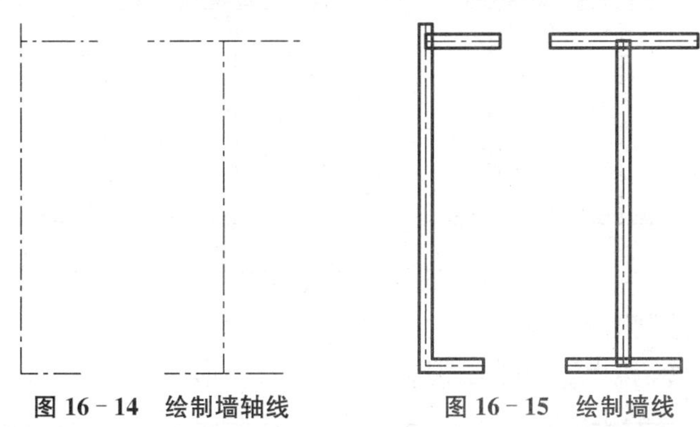

图16-14　绘制墙轴线　　**图16-15　绘制墙线**

(5) 编辑墙线

用"多线编辑工具",修改已绘制的墙线,如图16-16所示。

(6) 绘制门、窗线

将"门窗"置为当前图层,绘制出门和窗的示意图,如图16-17所示。

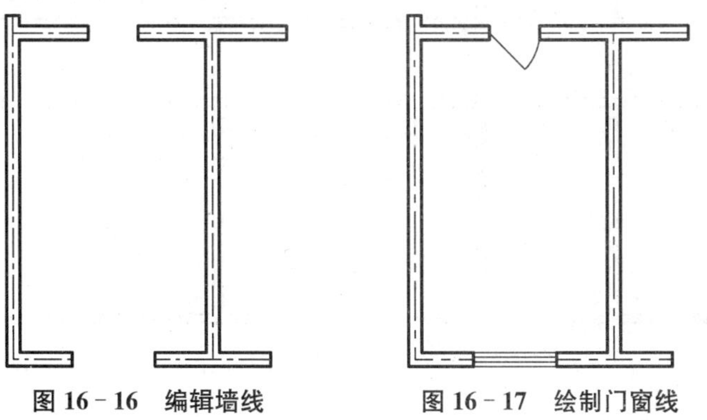

图16-16　编辑墙线　　**图16-17　绘制门窗线**

(7) 阵列图形

用"矩形阵列"命令,阵列已绘出的中间墙线和门窗线,如图16-18所示。

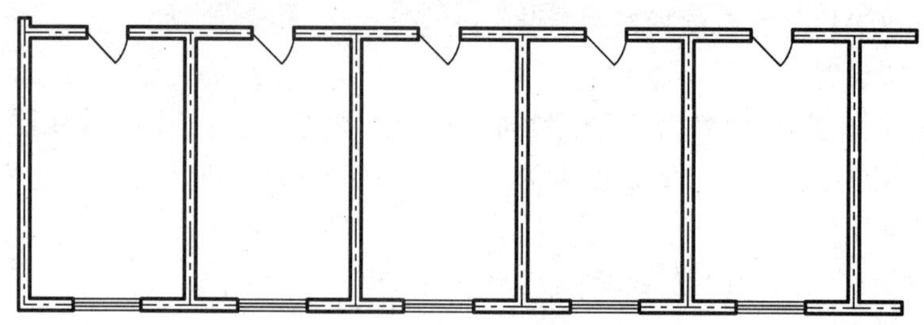

图 16-18 阵列图形

(8) 镜像边墙

用"镜像"命令,镜像边墙线,并复制出最后一个房间的门窗线,如图 16-19 所示。

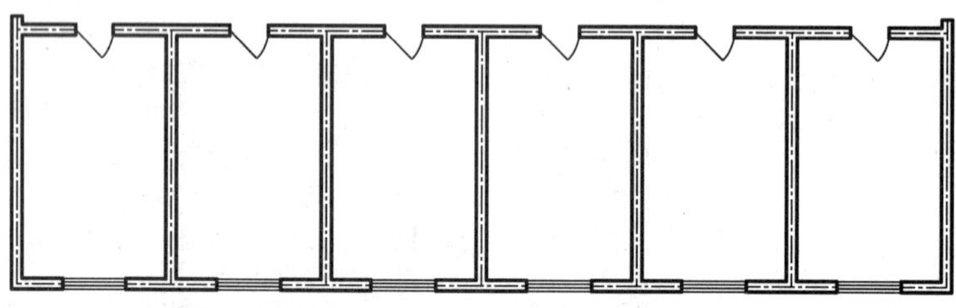

图 16-19 镜像边墙

(9) 镜像已绘制图形

用"镜像"命令,镜像已绘制的图形,如图 16-20 所示。

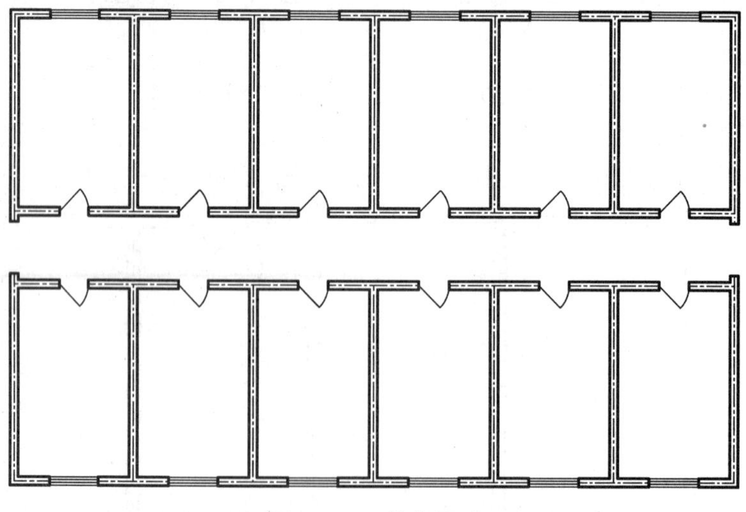

图 16-20 镜像图形

(10) 拉伸修改

用"拉伸"命令,修改楼梯、卫生间等处的多线,如图 16-21 所示。

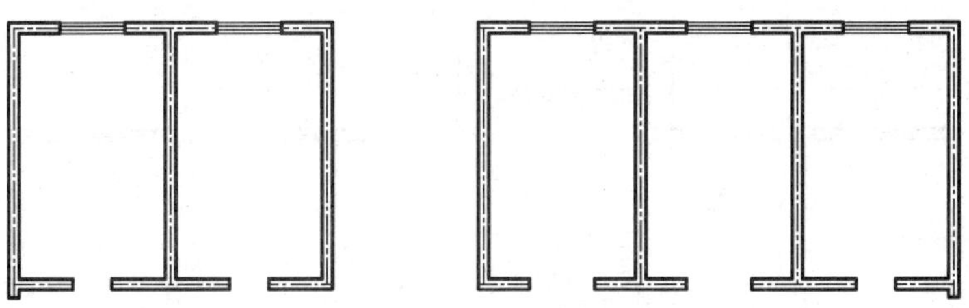

图 16－21　拉伸修改图形

(11) 绘制楼梯间进口

绘制并编辑楼梯间进口处的墙轴线、墙线和窗线，如图 16－22 所示。

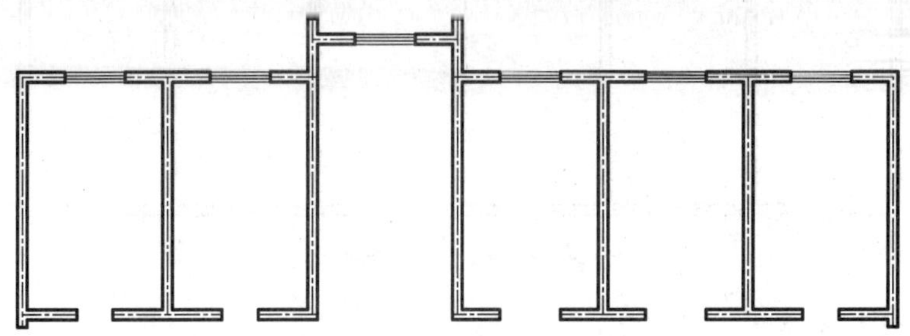

图 16－22　绘制楼梯间进口

(12) 绘制踏步和扶手

将“门窗线图层”置为当前图层，绘制楼梯踏步和扶手等线，如图 16－23 所示。

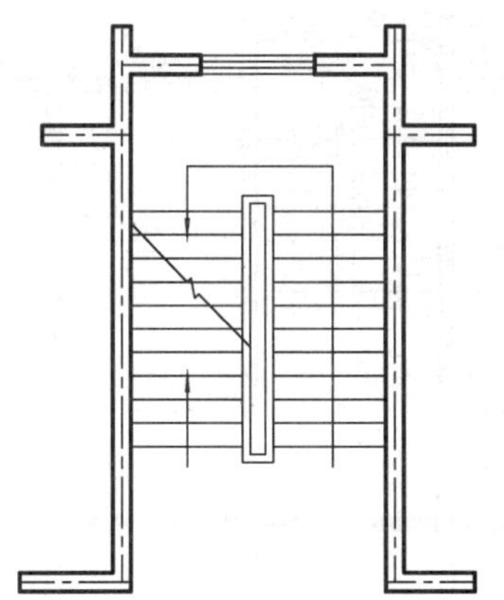

图 16－23　绘制楼梯踏步和扶手

(13) 整理图形

绘制窗线和雨篷线，绘制和复制内门，如图 16－24 所示。

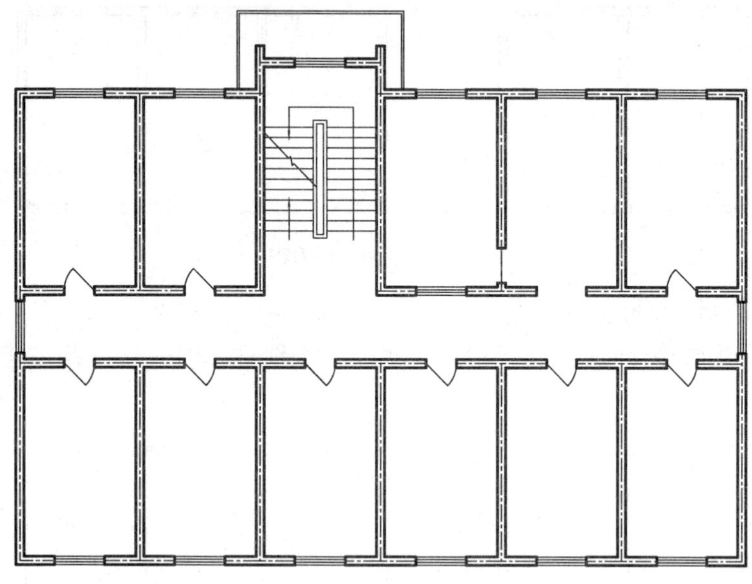

图 16－24 整理图形

(14) 注写文字

注写文字和门窗代号(文字高度设为 600,字母高度设为 400),如图 16－25 所示。

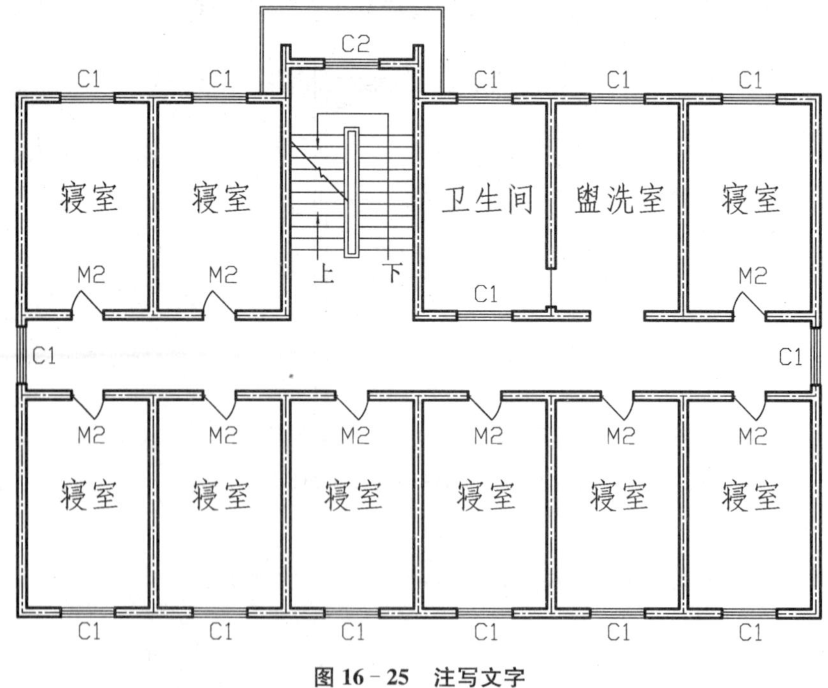

图 16－25 注写文字

(15) 标注尺寸

调出“标注”工具栏,新建并设置“标注样式”,标注全图尺寸,如图 16－26 所示。

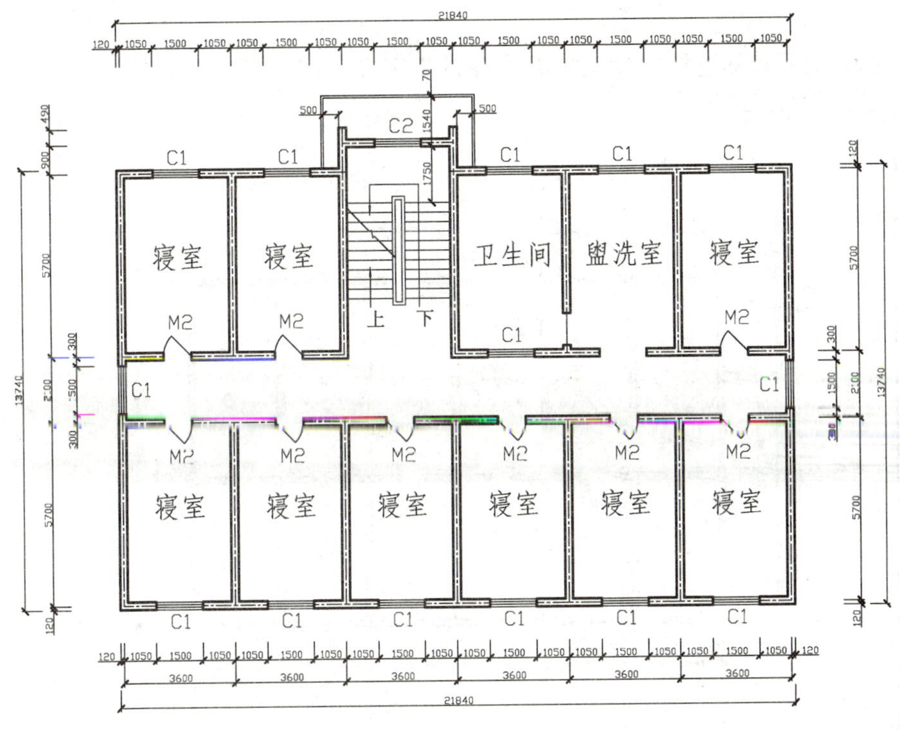

图 16－26　标注尺寸

(16) 绘制墙轴线符号

绘制墙轴线符号(圆直径 800,字高 450),如图 16－27 所示。

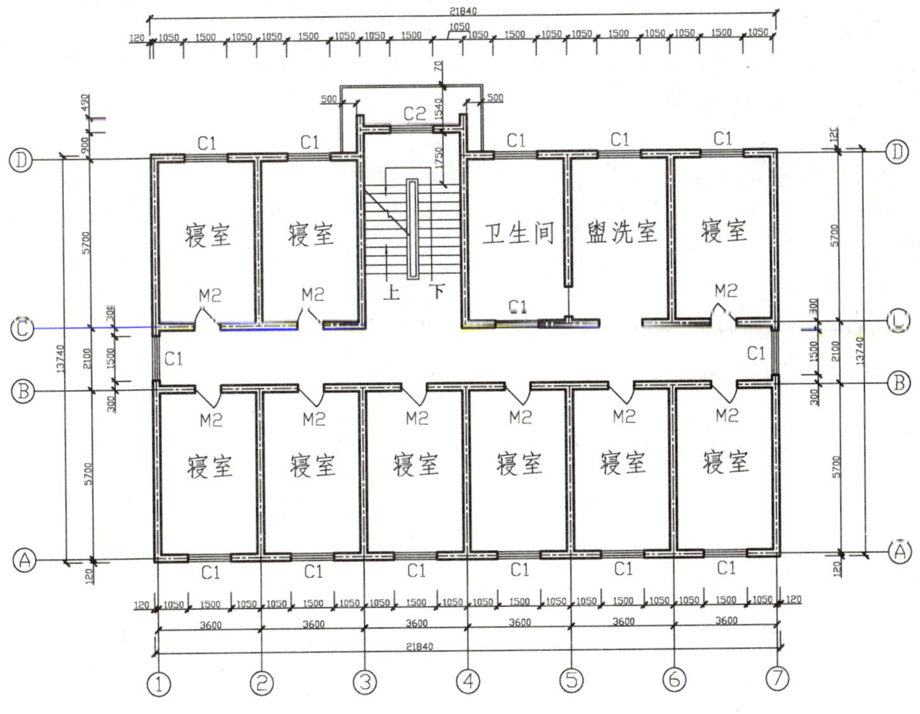

图 16－27　绘制墙轴线符号

(17) 图形布局

插入图框和标题栏,并修改标题栏中的文字,如图 16-28 所示。

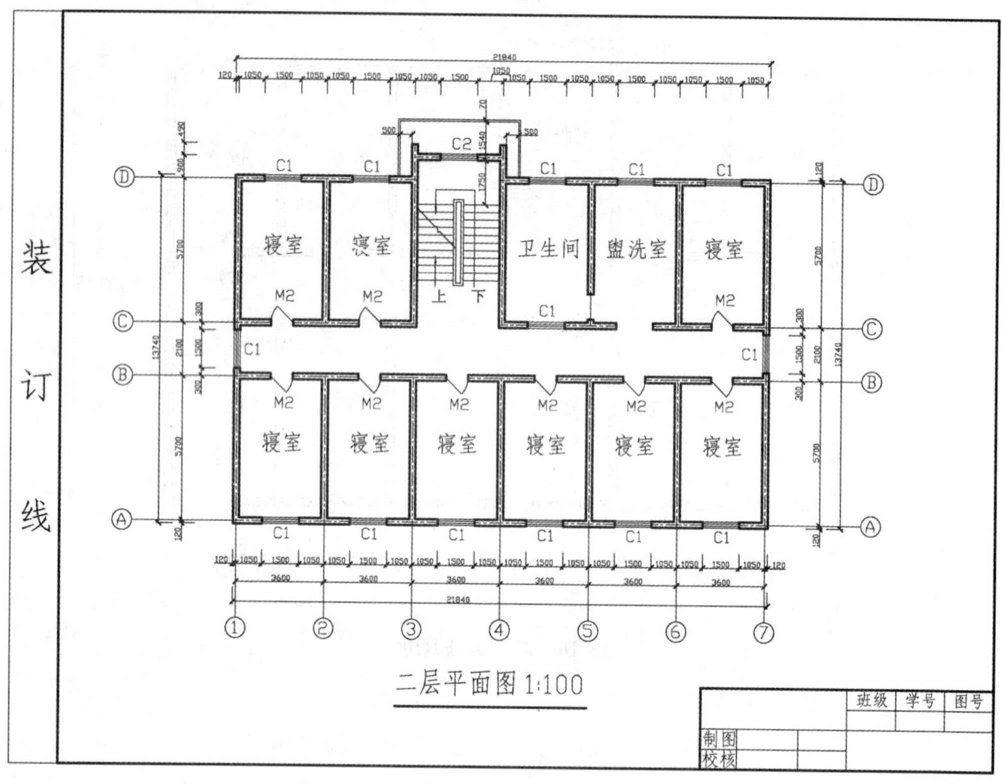

图 16-28 图形布局

(三) 实训任务三

1. 实训任务

绘制如图 16-29 所示住宅楼建筑立面图(与 16-9 为同一建筑物的图纸,可参考尺寸)。

2. 实训要求

(1) 应用手工铅笔或计算机绘图,布局适当,图面清晰。

(2) 图线和尺寸标注符合国家标准。

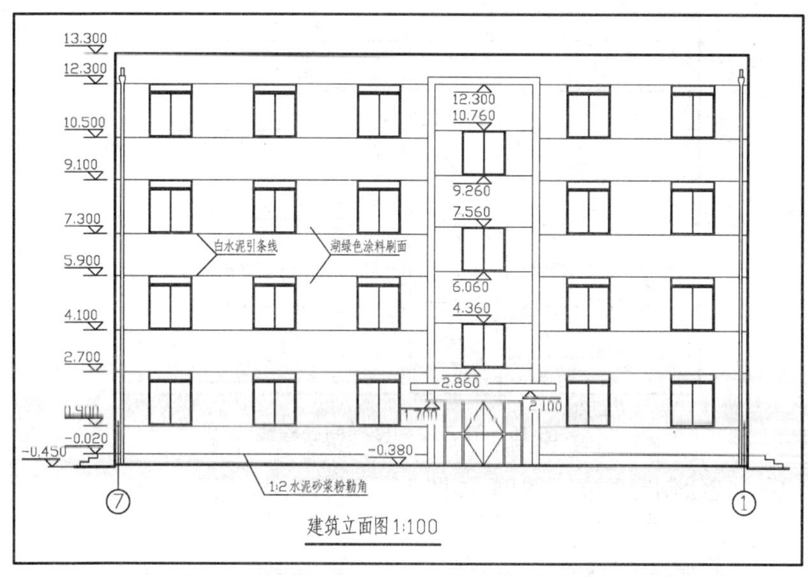

图 16-29　学生宿舍北立面图

3. 计算机绘图实训指导

(1) 打开实训任务二中绘制的建筑平面图，在该建筑平面图上方，按长对正的关系画建筑立面图，能够节省读尺寸的时间。注意这时将图形“另存为”“建筑立面图”，以防止发生误操作时损坏原图形。

(2) 在世界坐标系零高度的位置上，画出一条 0 高程的基准直线，用“复制”命令，绘制出所有的高程线，如图 16-30 所示。

图 16-30　绘制高程线

(3) 参照平面图的位置，绘制楼梯间部分高程线，如图 16-31 所示。

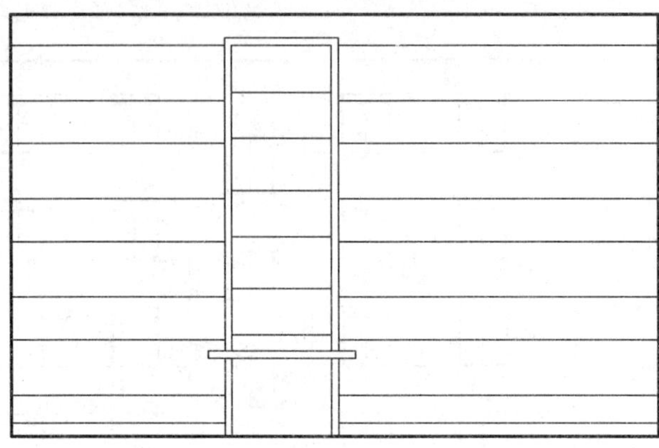

图 16-31 绘制楼梯间高程线

(4) 插入或绘制窗的立面图例,如图 16-32、16-33 所示。

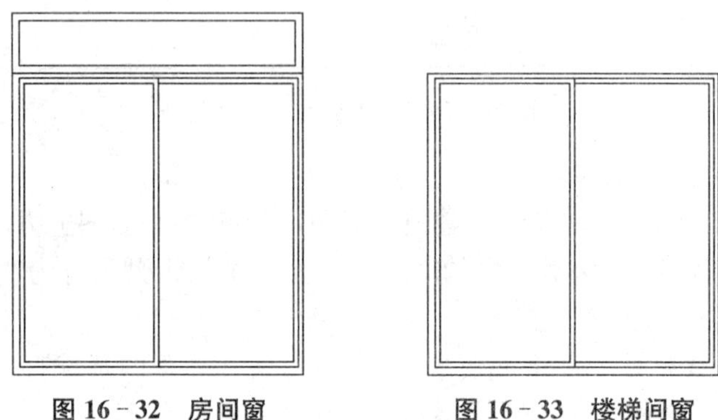

图 16-32 房间窗　　图 16-33 楼梯间窗

(5) 参照建筑平面图定位第一个窗,再用“阵列”或“复制”命令,绘出所有的窗,如图 16-34 所示。

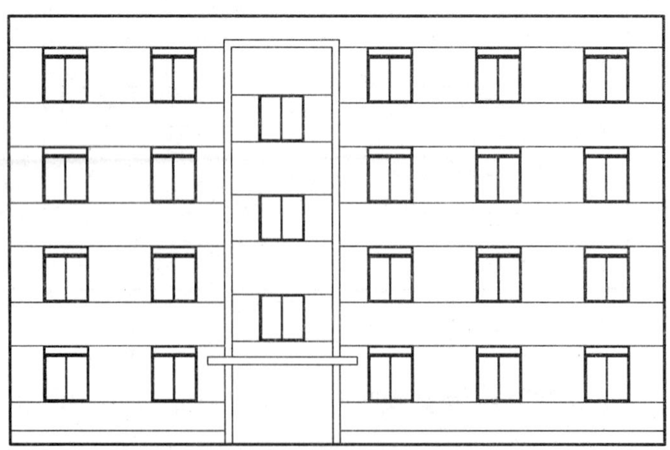

图 16-34 阵列或复制窗

(6) 参照平面图中的尺寸,绘制楼门的图例,如图 16-35 所示。

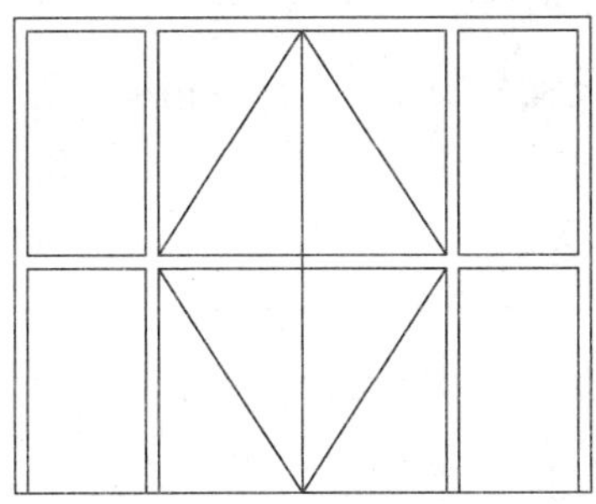

图 16－35　绘制楼门

(7) 用“移动”命令，将门移动到中间位置，并绘出雨水管，如图 16－36 所示。

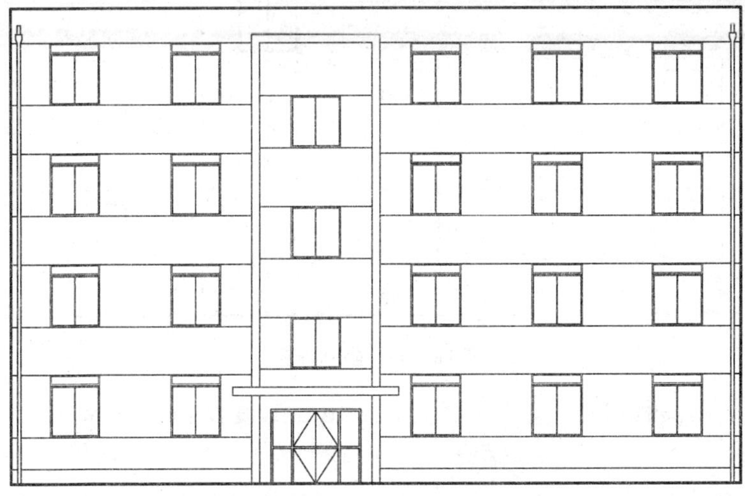

图 16－36　定位楼门

(8) 用“镜像”命令将整个图形镜像，如图 16－37 所示。

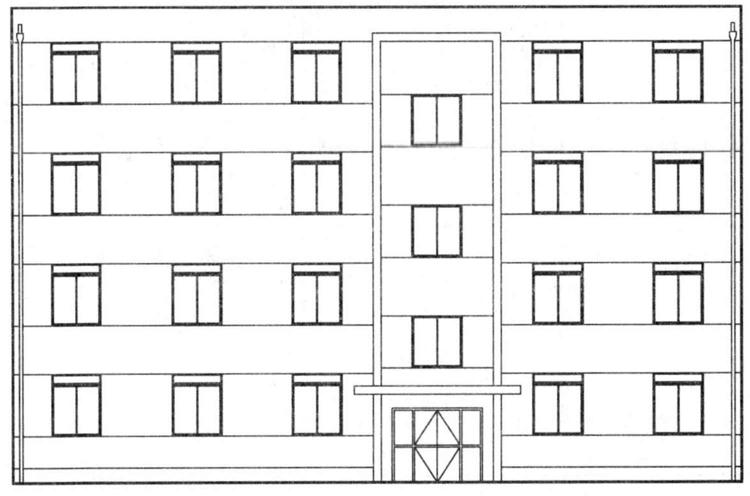

图 16－37　镜像立面图

(9) 新建标注样式,设置“使用全局比例”为 80,设置“文字位置”“从尺寸线偏移”为 3.5,测量单位比例因子设置为“0.001”,标注精度设为“0.000”。应用“坐标标注”命令自动生成各处高程标高数值,标注在线下的尺寸需分解后再镜像,如图 16 - 38 所示。

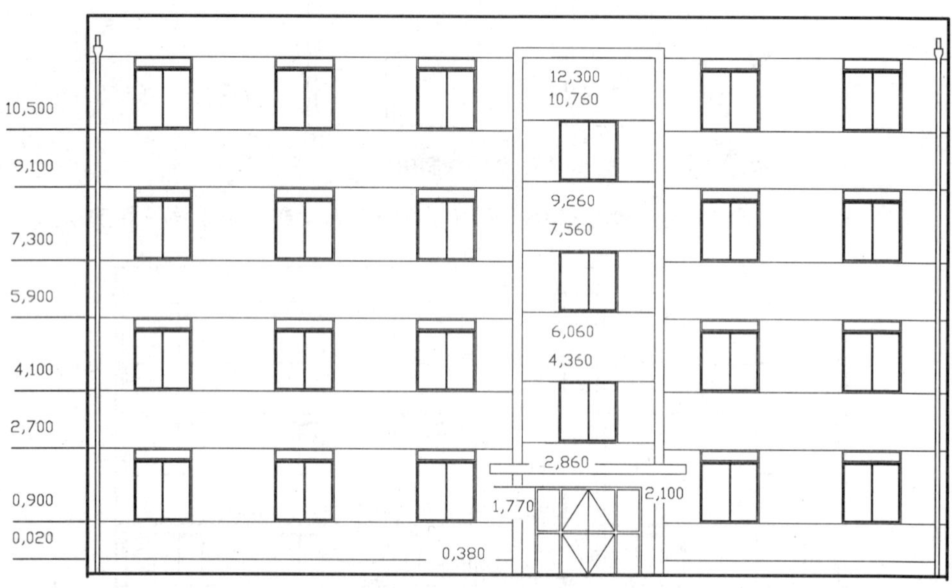

图 16 - 38 坐标标注

(10) 绘制高程符号,尺寸高度定为 300,将其复制到各个标高尺寸下,如图 16 - 39所示。

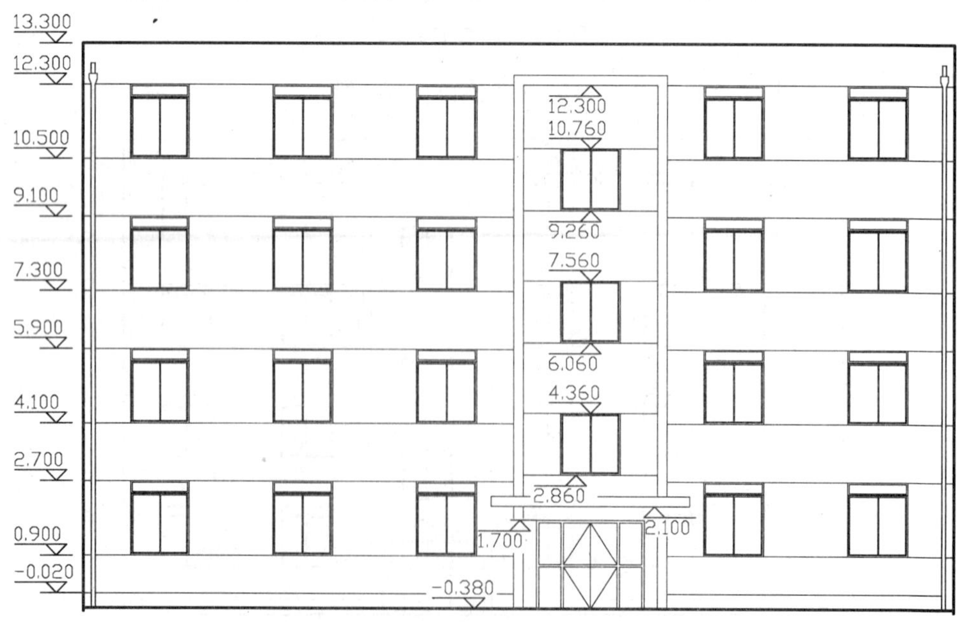

图 16 - 39 添加高程符号

(11) 绘制踏步并标注高程,注写文字,从建筑平面图中复制 1 和 7 墙轴线符号,插入到正确位置,如图 16-40 所示。

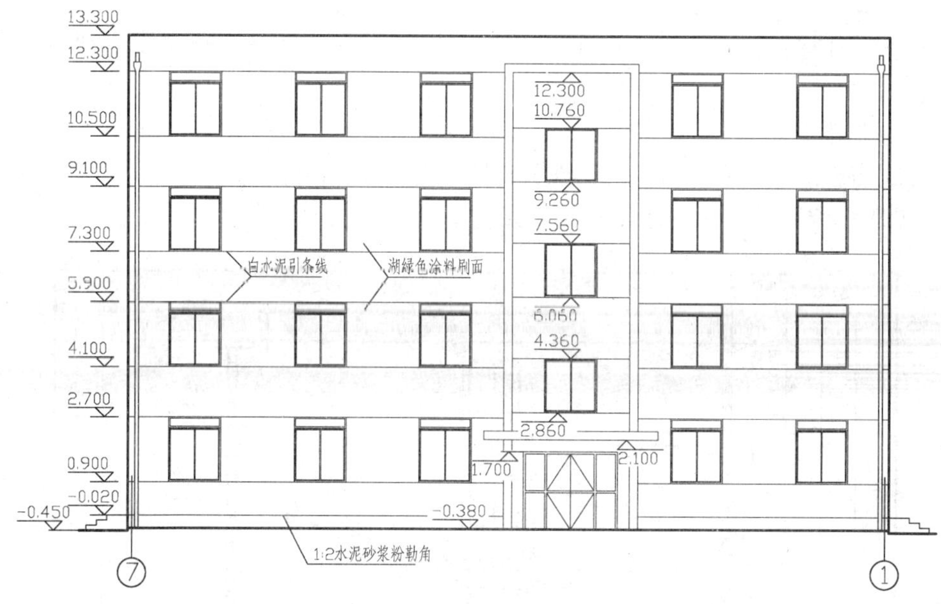

图 16-40 整理图形

(12) 复制图框和标题栏,文字注写图名,如图 16-41 所示。

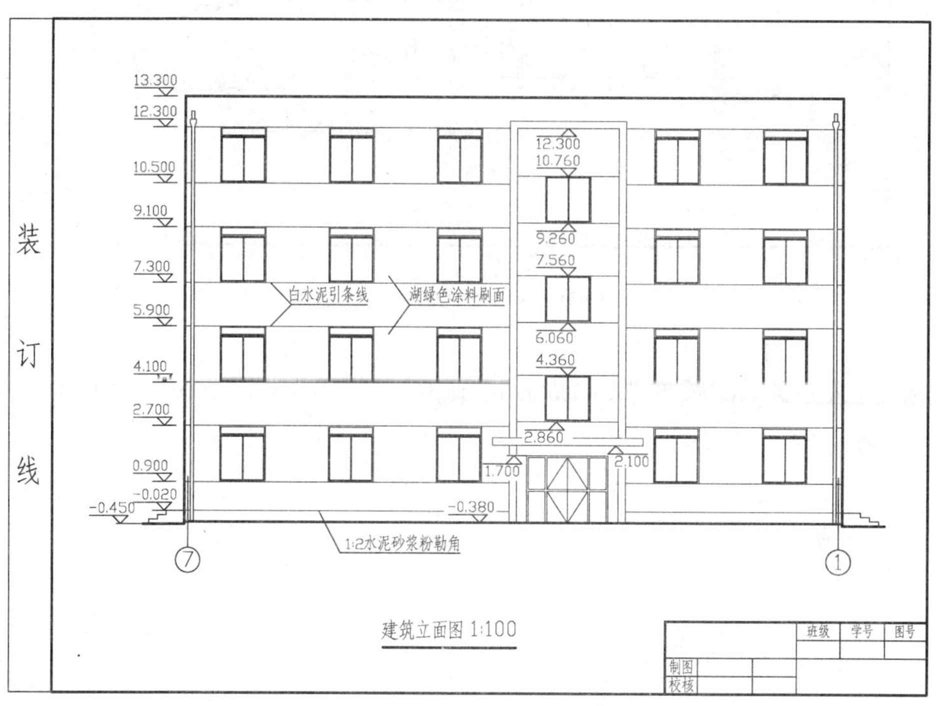

图 16-41 图形布局

（四）实训任务四

1. 实训任务

绘制图 16－42 所示学生宿舍剖立面图（与图 16－9、图 16－29 为同一建筑物的图纸）

2. 标准要求

（1）应用手工铅笔或计算机绘图，布局适当，图面清晰。

（2）图线和尺寸标注符合国家标准。

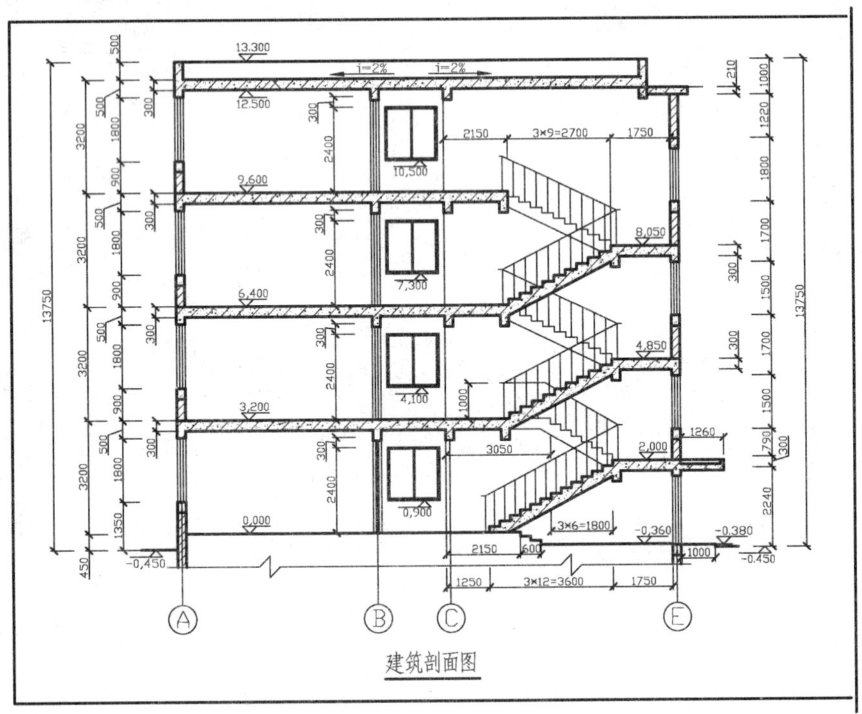

图 16－42　学生宿舍剖面图

3. 计算机绘图实训指导

（1）在世界坐标系零高度的位置上，画出一条 0 高程的基准直线，用“复制”命令，复制出各高程直线，再对照平面图的位置或尺寸绘制墙轴线，如图 16－43 所示。

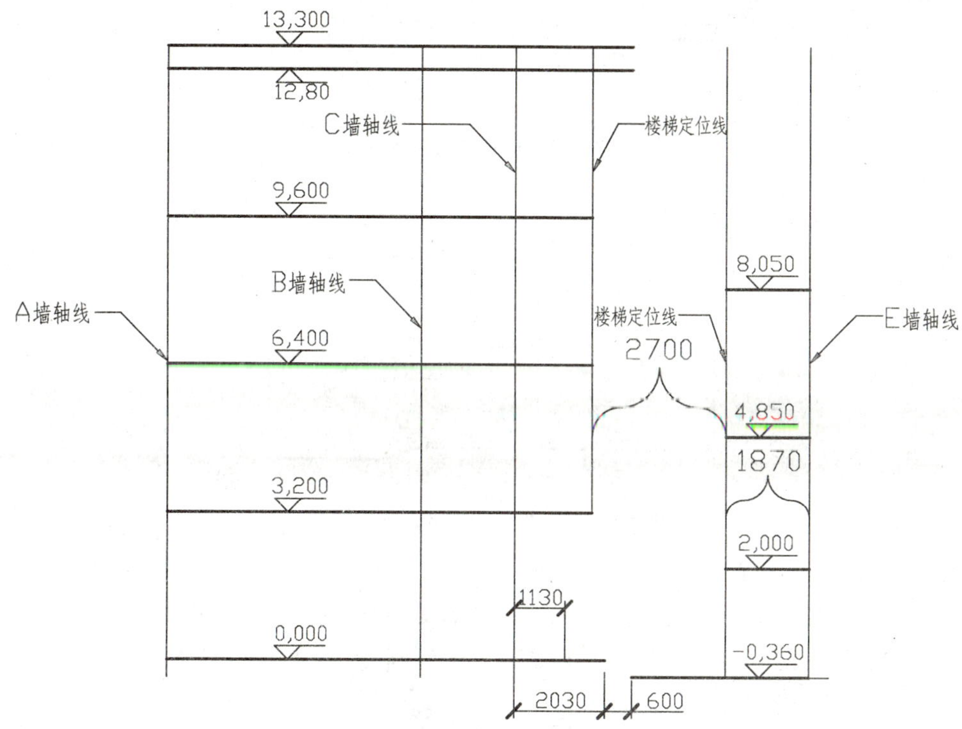

图 16-43　绘制高程线和墙轴线

(2) 在楼梯定位线之间，绘出二楼到三楼的楼梯水平长度和竖直高度辅助直线，将水平直线用"点"命令 9 等分，竖直直线 10 等分，追踪两直线上的等分点画出楼梯，如图 16-44 所示。再用同样的方法，绘制一楼到二楼的楼梯线，如图 16-45 所示。

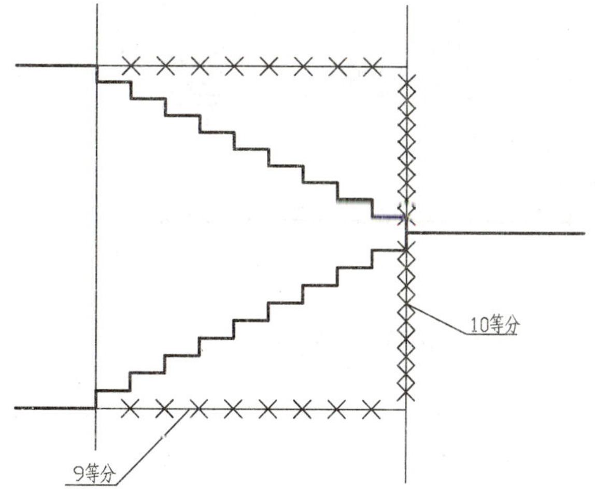

图 16-44　绘制二楼到三楼楼梯线

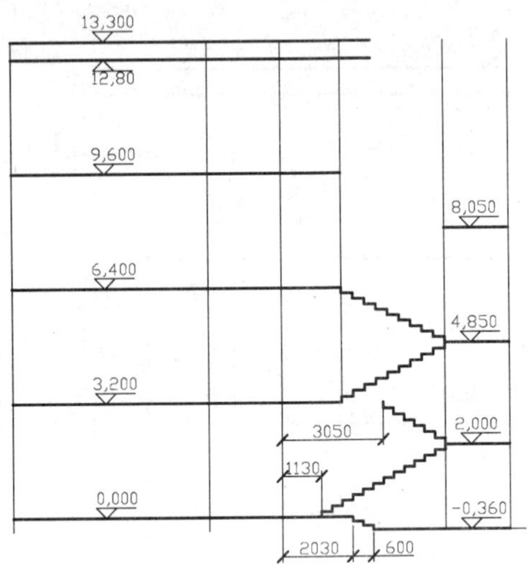

图 16－45 绘制一楼到二楼楼梯线

(3) 图 16－46 所示，先绘制楼梯 A、B 两线，以 C、D 两点为楼梯底面线的起点，分别作 A、B 直线的平行线，绘制二楼到三楼的楼梯底面直线，用同样的方法绘制一楼到二楼的楼梯底面线，再将二、三楼之间的楼梯复制到三、四楼之间，并整理楼梯图形，如图16－47所示。

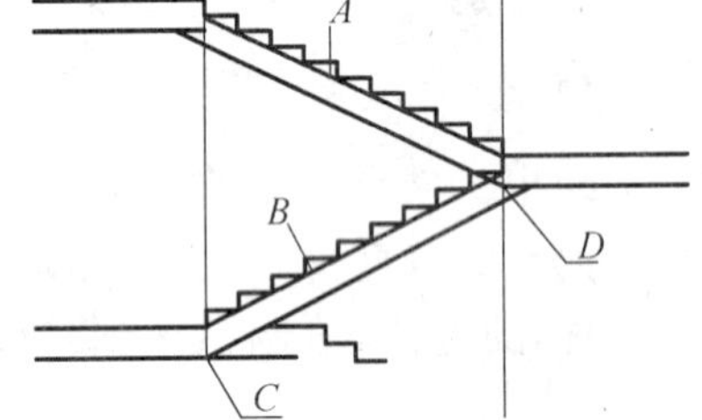

图 16－46 绘制二、三楼楼梯底面线

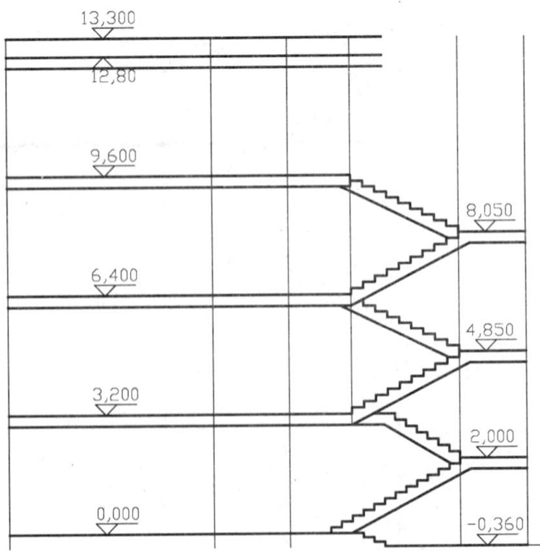

图 16－47 整理楼梯图形

(4) 用“阵列”或“复制”的方法，绘制扶手栏杆；用“多线”命令绘制扶手，如图 16－48 所示。(尺寸目测)

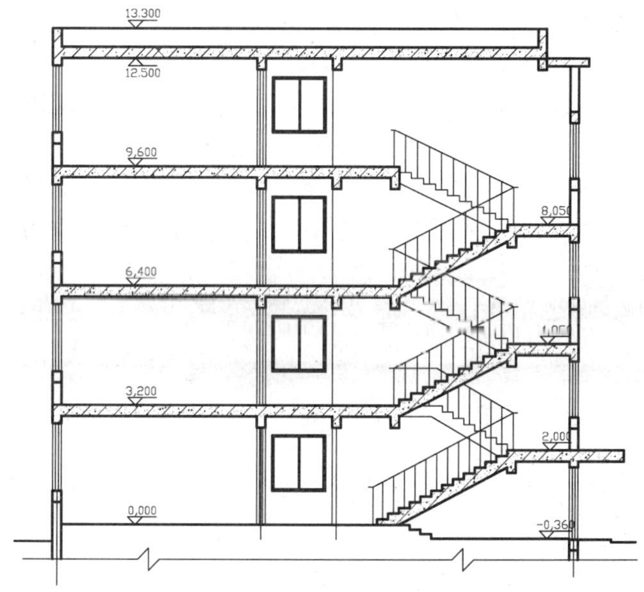

图 16－48　绘制栏杆和扶手

(5) 标注尺寸、高程、墙轴线符号，注写文字，完成图形，如图 16－49 所示。

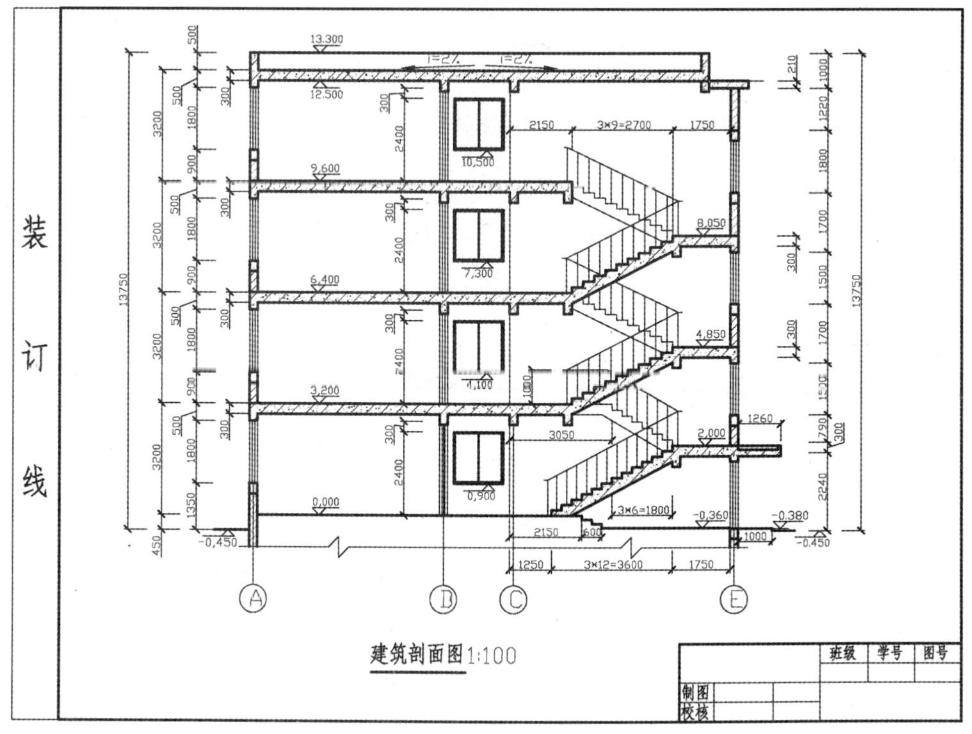

图 16－49　完成图形

三、课外思考

(1) 定位轴线的编号注在直径为(　　)的圆内。

a. 3～5 mm　　b. 5～7 mm　　c. 8～10 mm　　d. 12～14 mm

(2) 索引符号以细实线绘制，圆的直径为(　　)，详图符号应以粗实线绘制，直径为(　　)。

a. 10,14　　b. 8,10　　c. 12,12　　d. 10,10

(3) 指北针用细实线绘制，圆的直径为(　　)，指北针尾部宽为(　　)，指针尖端指向北。

a. 24,5　　b. 15,3　　c. 24,3　　d. 15,5

任务十七　识读和绘制钢筋混凝土结构图

一、钢筋混凝土结构图基本知识

（一）钢筋混凝土结构图概述

房屋结构施工图按房屋结构材料分为钢筋混凝土结构图、钢结构图、木结构图和砖石结构图等。

在房屋建筑中，大部分结构都是由钢筋混凝土构成，混凝土是由水泥、砂、石料和水按一定比例混合，经搅拌、浇筑、凝固、养护而成的材料，其坚硬如石。用混凝土制成的构件抗压强度较高，但抗拉强度较低，极易因受拉、受弯而断裂，因而，为了提高构件的承载力，在构件受拉区内配置一定数量的钢筋，这种由钢筋和混凝土结合而成的材料，称为钢筋混凝土。

钢筋混凝土结构图主要是表达钢筋混凝土构件内钢筋的配置情况，包括钢筋的种类、数量、等级、直径、形状、尺寸、间距等。

（二）钢筋混凝土结构图的一般规定

《房屋建筑制图统一标准》与《建筑结构制图标准》(GB/T50105—2010)用于规范房屋结构施工图绘制。

1. 图线

钢筋混凝土结构施工图中各种图线的用法如表 17－1 所示。

表 17－1　结构施工图中图线的选用

名　称	线　型	线　宽	用　途
粗实线	━━━━━━	b	螺栓、钢筋线、结构平面图中的单线结构构件线、钢木支撑及系杆线、图名下横线、剖切线
中粗实线	━━━━━━	$0.7b$	结构平面图及详图中剖到或可见的墙身轮廓线、基础轮廓线、钢、木结构轮廓线、钢筋线
中实线	──────	$0.5b$	结构平面图及详图中剖到或可见的墙身轮廓线、基础轮廓线、可见的钢筋混凝土构件轮廓线、钢筋线

续表

名　称	线　型	线　宽	用　途
细实线		$0.25b$	尺寸线、标注引出线、标高符号、索引符号
粗虚线		b	不可见的钢筋、螺栓线、结构平面图中的不可见的单线结构构件线及钢木支撑线
中粗虚线		$0.7b$	结构平面图中不可见构件、墙身轮廓线及钢木结构构件线、不可见的钢筋线
中虚线		$0.5b$	结构平面图中不可见构件、墙身轮廓线及钢木结构构件线、不可见的钢筋线
细虚线		$0.25b$	基础平面图中的管沟轮廓线、不可见的钢筋混凝土构件轮廓线
粗单点长画线		b	柱间支撑、垂直支撑、设备基础轴线图中的中心线
粗双点长画线		b	预应力钢筋线
细双点长画线		$0.35b$	原有结构轮廓线

2. 常用构件代号

在结构施工图中，为了读图、绘图方便，对基础、板、梁、柱等构件的名称用代号表示。常用的构件代号见表 17－2。

表 17－2　常用构件代号(GB/T 50105—2010)

类别	名　称	代号	类别	名　称	代号	类别	名　称	代号
板	板	B	梁	过梁	GL	其他	设备基础	SJ
	屋面板	WB		连系梁	LL		承台	CT
	空心板	KB		基础梁	JL		阳台	YT
	槽形板	CB		楼梯梁	TL		桩	ZH
	折板	ZB		框架梁	KL		挡土墙	DQ
	密肋板	MB		框支梁	KZL		地沟	DG
	楼梯板	TB		屋面框架梁	WKL		柱间支撑	ZC
	盖板或沟盖板	GB	架	屋架	WJ		垂直支撑	CC
	挡雨板或檐口板	YB		托架	TJ		水平支撑	SC
	吊车安全走道板	DB		天窗架	CJ		梯	T
	墙板	QB		框架	KJ		雨篷	YP
	天沟板	TGB		刚架	GJ		梁垫	LD

续表

类别	名　称	代号	类别	名　称	代号	类别	名　称	代号
梁	梁	L		支架	ZJ		预埋件	M—
	屋面梁	WL	柱	柱	Z		天窗端壁	TD
	吊车梁	DL		框架柱	KZ		钢筋网	W
	单轨吊车梁	DDL		构造柱	GZ		钢筋骨架	G
	轨道连接	DGL		暗柱	AZ		檩条	LT
	圈梁	QL		基础	J		车挡	CD

图 17－1 为构件代号标注示例，6－YKB5－36－2 表示 6 块预应力空心板，板长 3 600 mm，板宽 500 mm，荷载等级为Ⅱ级。

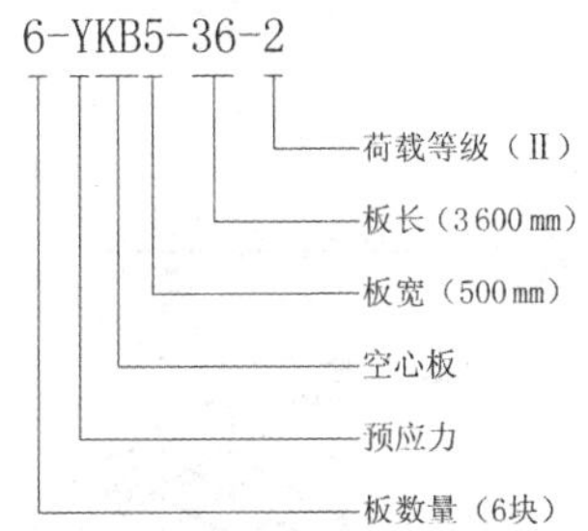

图 17－1　预应力空心板标注示意图

3. 钢筋的种类及代号

钢筋按生产工艺和抗拉强度的不同可以分为多种强度等级，根据混凝土结构设计规范(GB 50010—2002)，常用的钢筋种类和代号如表 17－3 所示，供标注与识别之用。

表 17－3　钢筋的种类及代号

种　类	符　号	d/mm
HPB235(Q235)	Φ	8～20
HRB335(20MnSi)	Φ	6～50
HRB400(20MnSiV、20MnSiNb、20MnTi)	Φ	6～50
RRB400(K20MnSi)	Φ^R	8～40

表中 HPB 235 为光圆钢筋；HRB335、HRB400 为人字纹钢筋；RRB400 为光圆或螺纹钢筋，其中 235、335、400 为强度值。

4. 构件中钢筋的分类和作用

如图 17－2 所示。根据钢筋在构件中所起的作用不同，可分为：

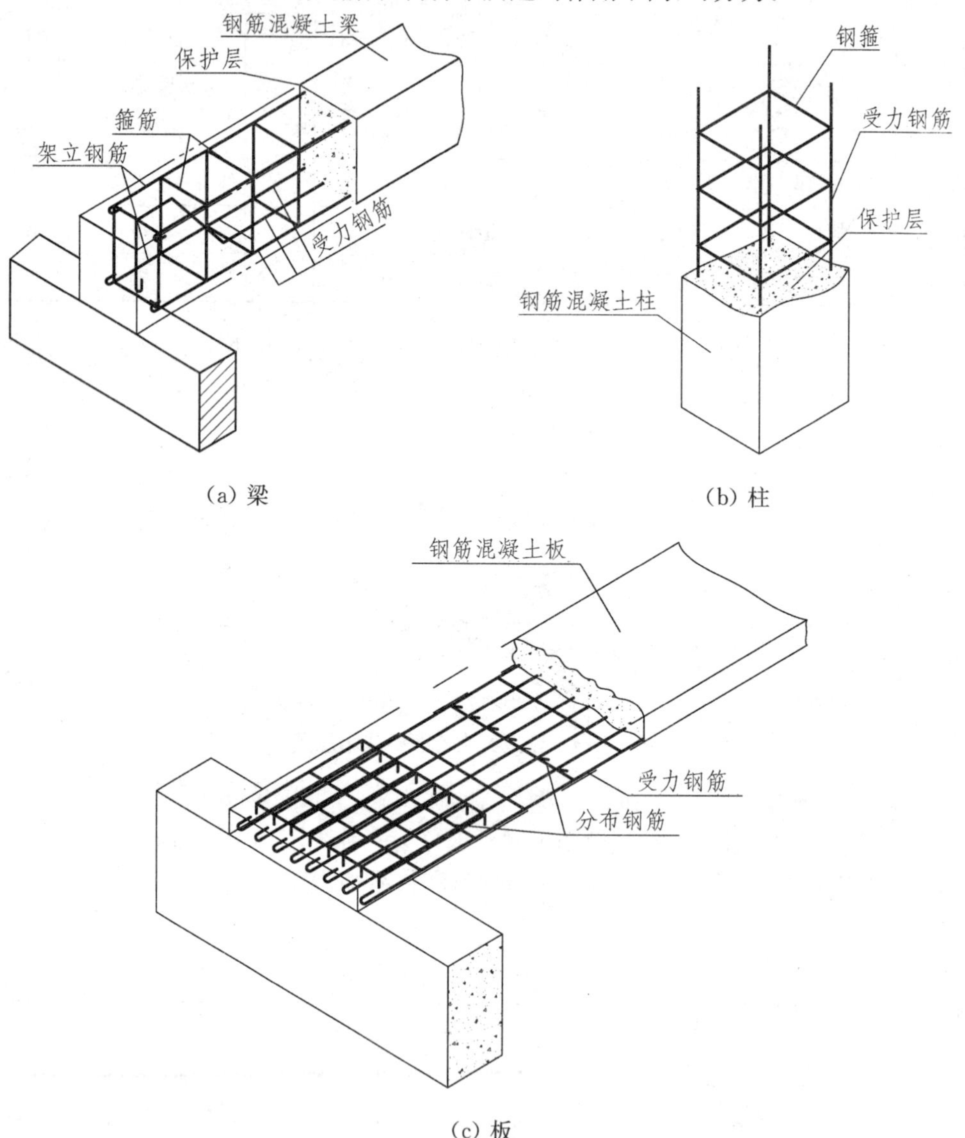

(a) 梁 (b) 柱

(c) 板

图 17－2 梁、柱、板构件中钢筋分类示意图

(1) 受力筋

在构件中主要用来承受拉力，有时也承受压力和剪力的钢筋。

(2) 架立筋

在构件中主要用来固定受力钢筋和箍筋的位置，一般用于钢筋混凝土梁中。

(3) 箍筋(也称钢箍)

在构件中主要用来固定钢筋的位置，承受部分拉力和剪力，使钢筋形成坚固的骨架，这种钢筋多用在梁、柱中。

(4) 分布筋

这种钢筋多用在板中，与受力钢筋垂直布置，将所受外力均匀地传给受力钢筋，并固定受力钢筋的位置，使受力钢筋和分布钢筋组成一个共同受力的钢筋网。

(5) 构造筋

因构件的构造要求和施工安装需要配置的钢筋。架立筋和分布筋也属于构造筋。

(6) 其他钢筋

如吊钩、锚筋以及施工中常用的支撑等。

5. 钢筋的弯钩

为了增强钢筋与混凝土之间的黏结力，不至于使钢筋与混凝土之间发生相对滑动，常将光圆钢筋的两端做成弯钩。弯钩的形式和尺寸有多种，可查有关规定和规范。如采用人字纹钢筋或螺纹钢筋，一般不做弯钩。如图 17－3 所示为钢筋的几种弯钩的图示尺寸。

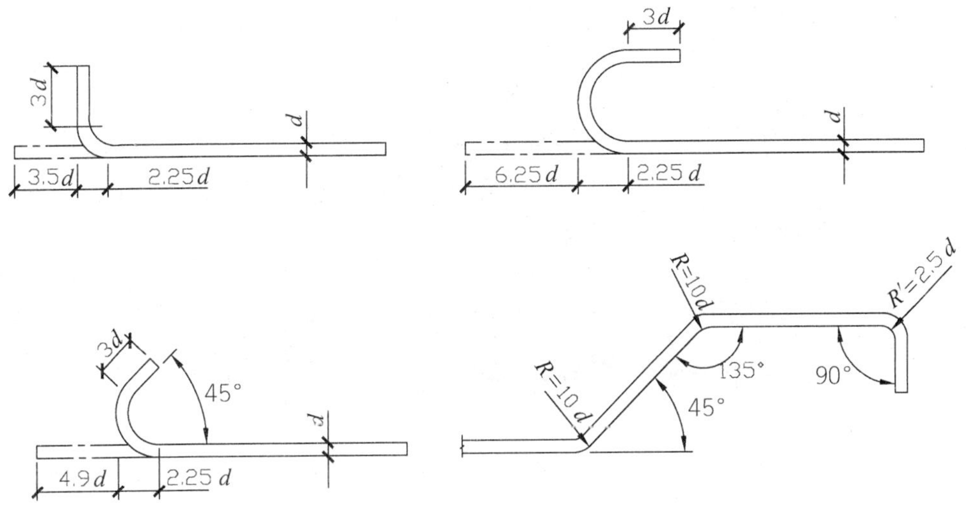

图 17－3　钢筋的弯钩形式示意图

6. 钢筋的保护层

为防止钢筋不受环境影响而产生锈蚀，保证钢筋与混凝土的有效黏结，钢筋边缘到混凝土表面应留有一定厚度的混凝土，称为钢筋的保护层。混凝土保护层的最小厚度视结构的不同而异。在《钢筋混凝土设计规范》(GB50010—2010)中对构件的保护层厚度作了如下规定，如表 17－4 所示。

表 17－4 混凝土保护层最小厚度 (mm)

环境类别	板、墙、壳	梁、柱、杆
一	15	20
二 a	20	25
二 b	25	35
三 a	30	40
三 b	40	50

7. 钢筋图例

一般常用钢筋的图例如表 17－5 所示。

表 17－5 一般钢筋常用图例

序 号	名 称	图 例	说 明
1	钢筋横断面		
2	无弯钩的钢筋端部		长、短钢筋投影重叠时，短钢筋的端部用 45°斜画线表示
3	带半圆形弯钩的钢筋端部		
4	带直钩的钢筋端部		
5	带丝扣的钢筋端部		
6	无弯钩的钢筋搭接		
7	带半圆弯钩的钢筋搭接		
8	带直钩的钢筋搭接		
9	花篮螺丝钢筋接头		
10	机械连接的钢筋接头		用文字说明机械连接的方式(或冷挤压或锥螺纹等)

8. 钢筋画法

在钢筋混凝土构件图中钢筋的常规画法见表 17－6。

表 17－6　钢筋的画法

序　号	说　明	图　例
1	在结构平面图中配置双层钢筋时，底层钢筋的弯钩应向上或向左，顶层钢筋的弯钩则向下或向右	(底层)　(顶层)
2	钢筋混凝土墙体配双层钢筋时，在配筋立面图中，远面钢筋的弯钩应向上或向左，而近面钢筋的弯钩向下或向右 (JM 近面；YM 远面)	JM　YM　JM　YM
3	若在断面图中不能表达清楚的钢筋布置，应在断面图外增加钢筋大样图(如：钢筋混凝土墙、楼等)	
4	图中所表示的箍筋、环筋等若布置复杂时，可加画钢筋大样及说明	或
5	每组相同的钢筋、箍筋或环筋，可用一根粗实线表示，同时用一两端带斜短画线的横穿细线，表示其余钢筋及起止范围	

9. 钢筋的编号

在钢筋混凝土构件的配筋图中，为了区分各种类型和不同直径的钢筋，钢筋必须进行编号，每类钢筋(即型式、规格、长度相同的钢筋)无论根数多少只编一个号。编号顺序应有规律，一般为自下而上、自左至右、先受力筋，后架立筋、箍筋和构造筋，有多少种同类型钢筋就编多少个号。编号采用阿拉伯数字，注写在引出线端直径为 6 mm 的细实线圆中。

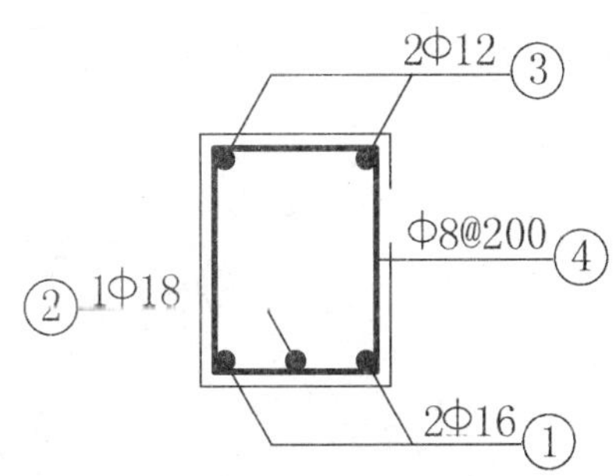

图 17－4　钢筋编号示意图

除了对同种类型的钢筋进行编号外，还应在

引出线上注明该种钢筋的直径、间距和根数。下面通过图 17－4 所示示例说明钢筋的编号方式和标注含义。

图例中：

受力筋有两种，包括编号为“1”的两根直径 16 mm 的 HRB335 钢筋和编号为“2”的一根直径 18 mm 的 HPB235 钢筋。

架立筋一种，编号为“3”的二根直径 12 mm 的 HPB235 钢筋。

箍筋有一种，编号为“4”的直径 8 mm、间距 200 mm 的 HPB235 钢筋。

二、钢筋混凝土结构图图示方法

在绘制钢筋混凝土结构图时，假设混凝土为透明体，在轮廓线内将钢筋布置情况画出，为了突出钢筋的表达，制图标准规定：图内不画混凝土剖面材料符号，钢筋用粗实线，钢筋的截面用小黑点，构件的轮廓线用中粗实线或中实线。钢筋混凝土结构图不仅表示混凝土构件的外部形状和尺寸，更重要的是表示钢筋在构件中的位置、数量、种类和直径等。它一般包括钢筋布置图、钢筋成型图、钢筋表等内容。

(1) 钢筋布置图

钢筋布置图主要是表明构件内部钢筋的分布情况，一般选用视图、断面图综合表达。图 17－5 所示的是用平面图表示的现浇楼板钢筋布置图，图 17－6 所示的是用立面图来表示的钢筋混凝土梁钢筋布置图。钢筋布置图是钢筋绑扎的依据。

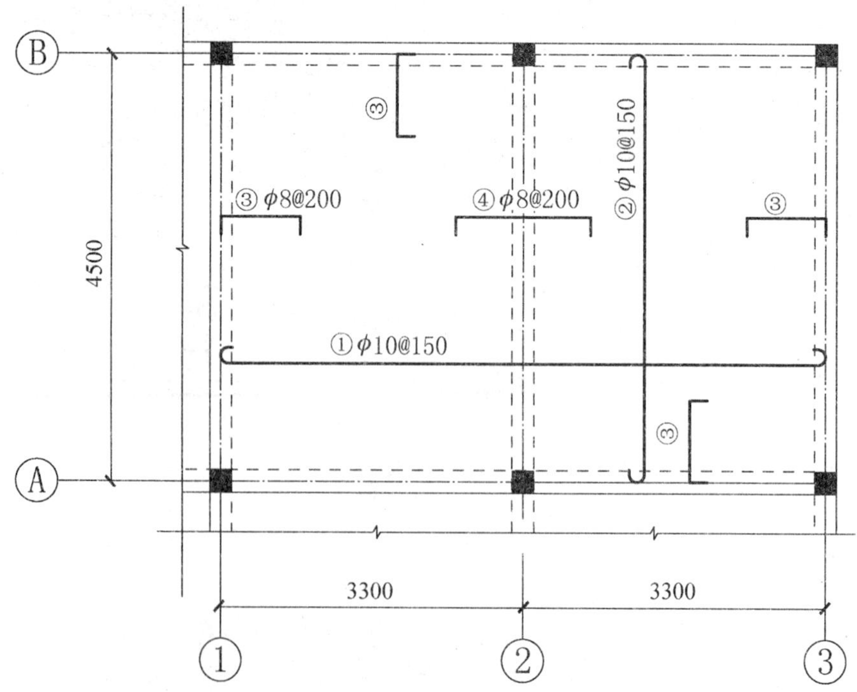

图 17－5 楼板结构平面布置图

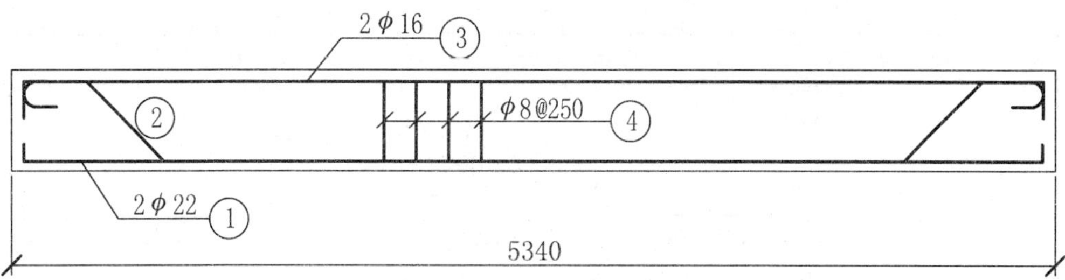

图 17-6　梁钢筋立面布置图

(2) 钢筋成型图

钢筋成型图用来表达构件中每根钢筋加工成型后的形状和尺寸，如图 17-7 所示。在图上直接标注钢筋各部分的实际尺寸，并注明钢筋的编号、根数、直径以及单根钢筋的断料长度，是钢筋断料和加工的依据。

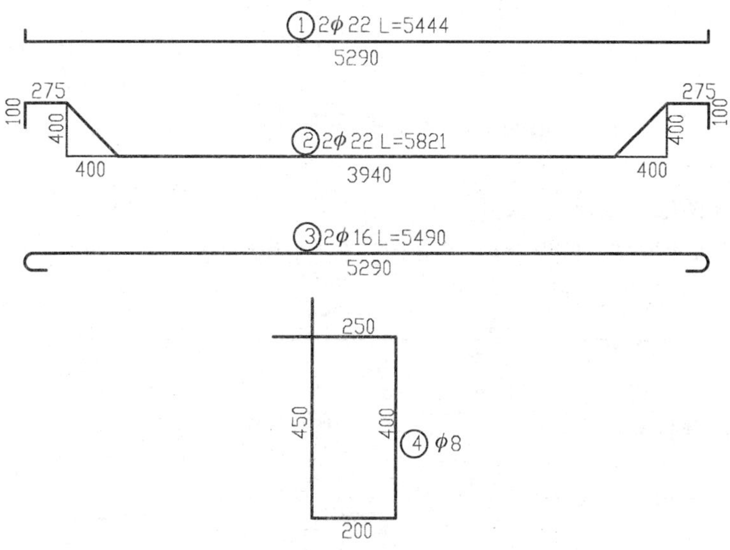

图 17-7　钢筋成型图

(3) 钢筋表

钢筋表是将构件中钢筋的编号、型式、规格、根数、单根数、总长度、重量和备注等内容列成表格的形式，是备料、加工以及做材料预算的依据，如表 17-7 所示。

表 17－7 钢筋表

编　号	规　格	简　图	单根长度	根　数	重　量
①	ϕ22		5 444	2	7.53
②	ϕ22		5 821	1	5.83
③	ϕ16		5 490	2	1.58
④	ϕ8		1 300	22	6.32

三、实训任务与指导

（一）实训任务一

1．实训任务

识读图 17－8 所示梁钢筋结构图，并抄画该建筑结构图。

2．实训要求

（1）A3 图纸，按教师要求进行手工绘图或计算机绘图。

（2）正确进行绘图过程设计，尺寸标注符合国家标准。

（3）图面布局适当，图线、标注清晰。

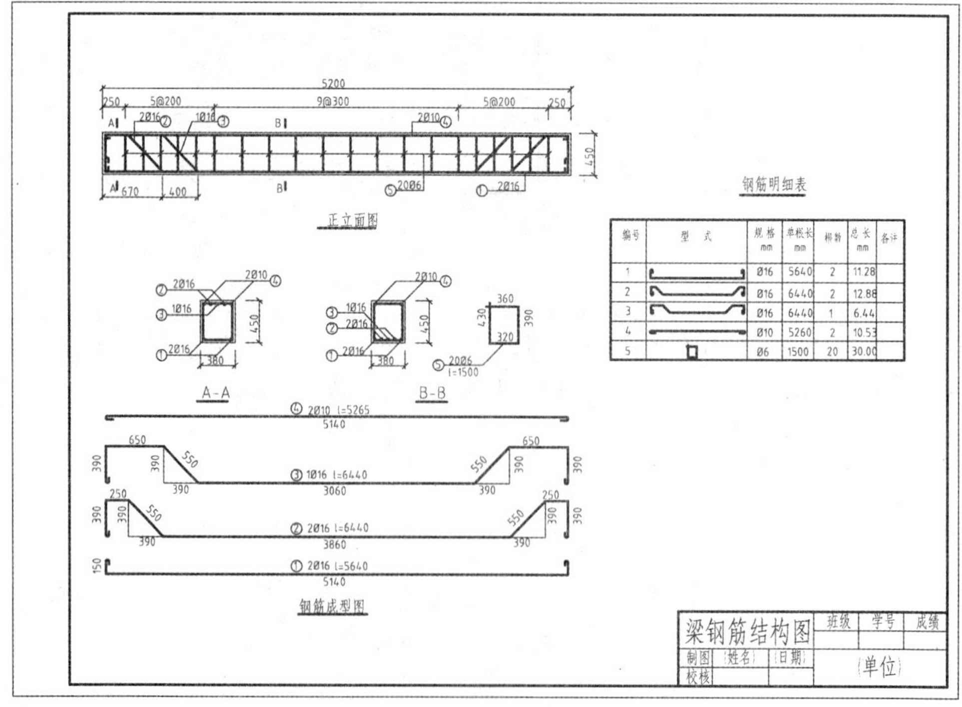

图 17－8 梁钢筋结构图

3. 识图指导

图 17－8 为一单跨简支梁的钢筋结构图，包括配筋立面图、配筋断面图、钢筋成型图和钢筋表。

在配筋立面图中，梁长 5 200 mm，梁的轮廓线用中实线，各种规格的钢筋用粗实线。其中① 号钢筋 2 根，为两端带有半圆弯钩的受力钢筋，配置在梁底；② 号钢筋 2 根，为弯起受力钢筋，中间段在梁底，距梁两端 670 mm 时向上弯起，弯起角度为 45°至梁顶，到梁两端时又垂直向下弯起至梁底部；③ 号钢筋 1 根，也为弯起受力钢筋，中间段在梁底，距梁两端 1 067 mm 时向上弯起，弯起角度为 45°至梁顶，到梁两端时又垂直向下弯起至梁底部；④ 号钢筋 2 根，为配置在梁顶的架立筋，沿梁通长布置，不带弯钩；⑤ 号钢筋 20 根，为沿梁纵向布置的箍筋，中部 10 根间距为 300 mm，两端各 5 根间距 200 mm。

图 17－8 中 A－A、B－B 为该梁的配筋断面图，主要表达了梁的截面形状、尺寸大小、各钢筋的位置和箍筋的形状，不画混凝土的材料图例。梁断面轮廓线用中实线，各钢筋用粗实线表达。A－A 断面图表达了梁端部的断面形状，B－B 断面图表达了梁中间部分的断面形状。通过这两个断面图可知，梁的断面是 380 mm×450 mm的矩形，① 号钢筋配置在梁底两角处；② 号钢筋 B－B 断面配置在梁底部，A－A断面配置在梁顶部，为弯起钢筋；③ 号钢筋 B－B 断面配置在梁底部正中，A－A断面配置在梁顶部正中，也为弯起钢筋；④ 为两根直筋，配置在梁顶两角处；⑤ 号钢筋为两端带有 135°弯钩矩形箍筋。

图中还画出了各种钢筋的成型图(钢筋祥图、抽筋图)，是加工钢筋的主要依据，应和钢筋立面图对应布置。同一种编号的钢筋在图中用粗实线只画一根成型图，并对钢筋进行标注，标注内容包括钢筋的编号、直径、种类、根数和下料长度。

为了加工钢筋和下料方便，在钢筋表中列出了所有钢筋的种类、长度、根数和钢筋的重量，项日可根据需要进行增减。

钢筋结构轴测图如图 17－9 所示。

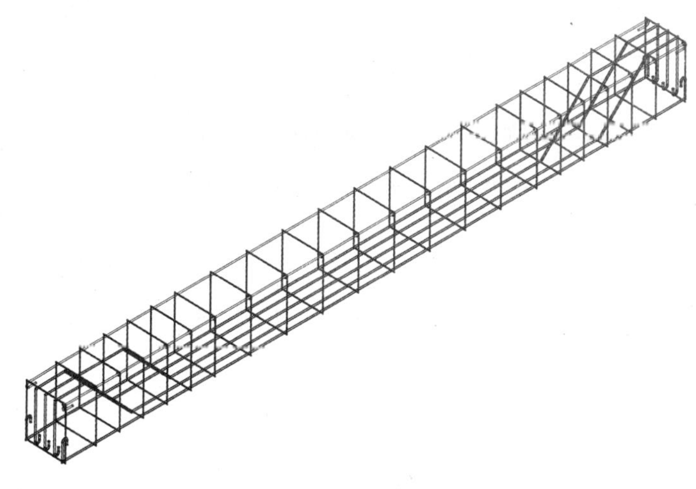

图 17－9　钢筋模型图

4. AutoCAD 计算机绘图指导

(1) 先按尺寸绘制受力筋和架立筋成型图，如图 17－10 所示。

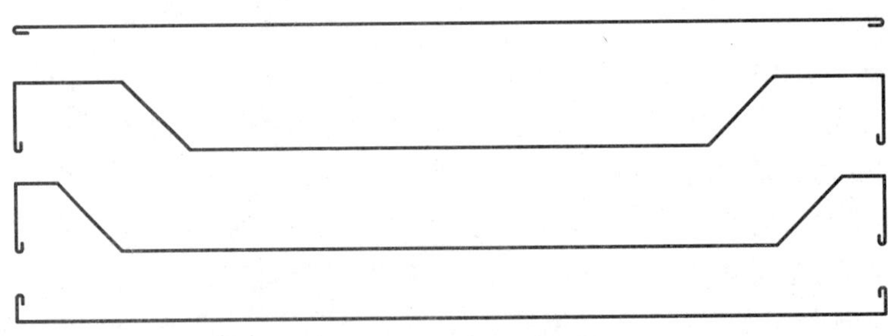

图 17－10　绘钢筋成型图

(2) 复制受力筋和架立筋成型图，按结构位置叠加，再绘制保护层，如图 17－11 所示。

图 17－11　绘受力筋和架立筋

(3) 绘制和复制箍筋，如图 17－12 所示。

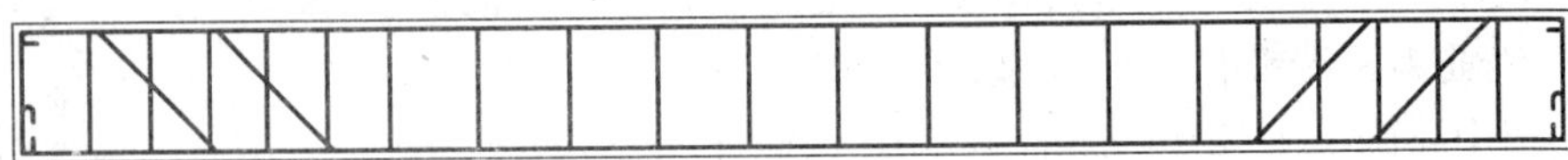

图 17－12　绘箍筋

(4) 绘制箍筋成型图和断面图，如图 17－13 所示。表示钢筋的黑点用“圆环”命令，内径设为零绘制。

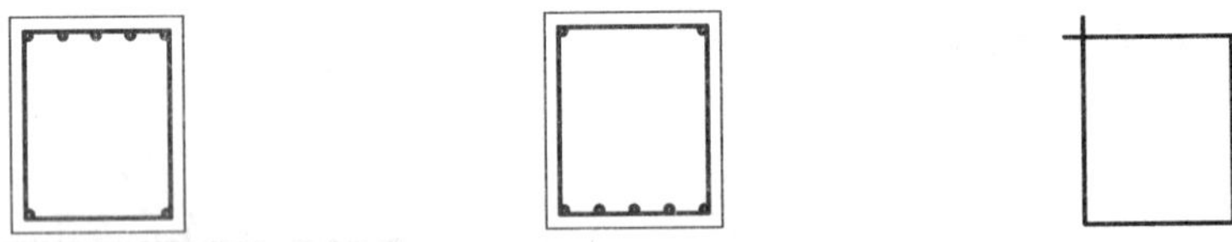

图 17－13　绘箍筋成型图和断面图

(5) 绘制表格，缩放和复制钢筋成型图置于表格，填写文字，如图 17－14 所示。

编号	型　　式	规格/mm	单根长/mm	根数/	总长/mm	备注
1		Ø16	5640	2	11.28	
2		Ø16	6440	2	12.88	
3		Ø16	6440	1	6.44	
4		Ø10	5260	2	10.53	
5		Ø6	1500	20	30.00	

图 17　14　绘钢筋表

(6) 标注钢筋符号和尺寸，调入 A3 图框和标题栏，布图并打印。

(二) 实训任务二

1. 实训任务

识读图 17－15 所示楼面板钢筋结构平面图，并抄画该建筑结构图。

2. 实训要求

(1) A3 图纸，按教师要求进行手工绘图或计算机绘图。

(2) 正确进行绘图过程设计，尺寸标注符合国家标准。

(3) 图面布局适当，图线、标注清晰。

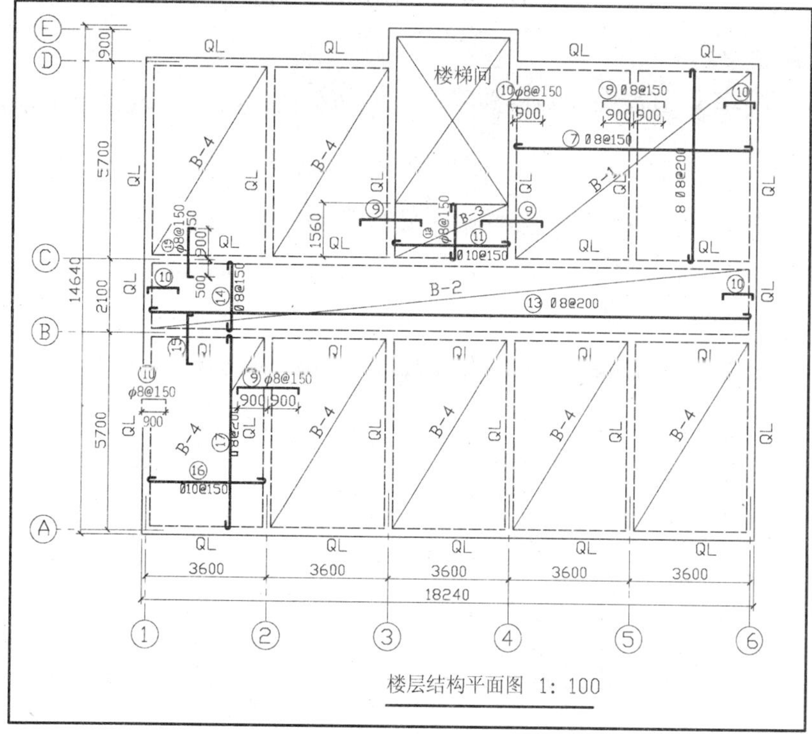

图 17－15　楼面板钢筋结构平面图

3. 识图指导

图 17－15 所示为楼层结构平面图，是在所要表达的结构层没有抹灰时的上表面处水平剖开得到的水平投影图，表达现浇钢筋混凝土板的钢筋布置情况，以及楼层的梁、板、柱、墙等承重构件的平面位置。

图中钢筋用粗实线表达，并表明了钢筋的配置和弯曲情况，每种型号的钢筋只需画一根并标出其规格、间距；其中 7、8、11、12、13、14、16、17 号钢筋为两端带有向左或向上弯起半圆弯钩的 HPB235 受力筋，配置在板底；9、10、15 号钢筋为两端带有向右和向下弯起的直弯钩的 HPB235 级构造筋，配置在板顶。

楼面板钢筋结构图轴测图(局部)如图 17－16 所示。

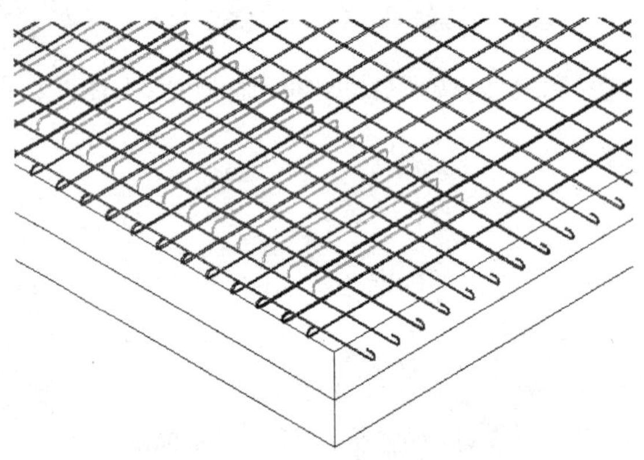

图 17－16　楼面板钢筋模型图

4. 绘图指导

(1) 绘制楼板钢筋基础墙体，如图 17－17 所示。

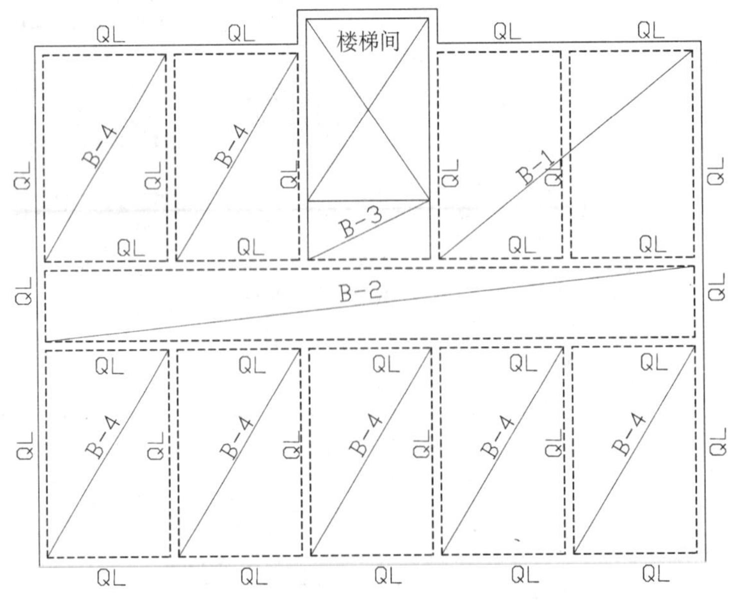

图 17－17　基础墙体

(2) 绘制平面钢筋布置图,如图 17－18 所示。

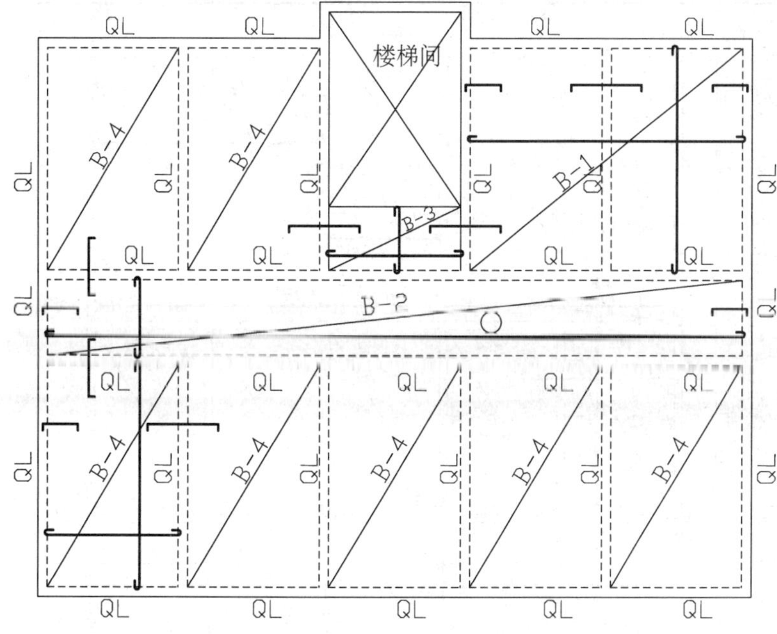

图 17－18　钢筋布置图

(3) 标注钢筋符号和基础尺寸,如图 17－19 所示。

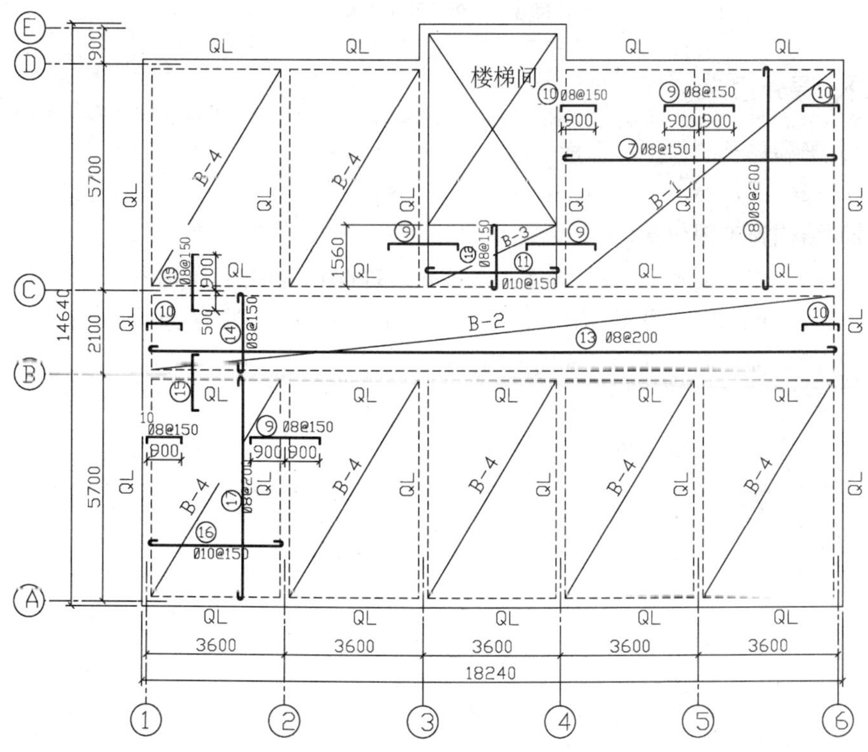

图 17－19　标注钢筋符号和尺寸

(4) 调用图框和标题栏，布图准备打印，如图 17－20 所示。

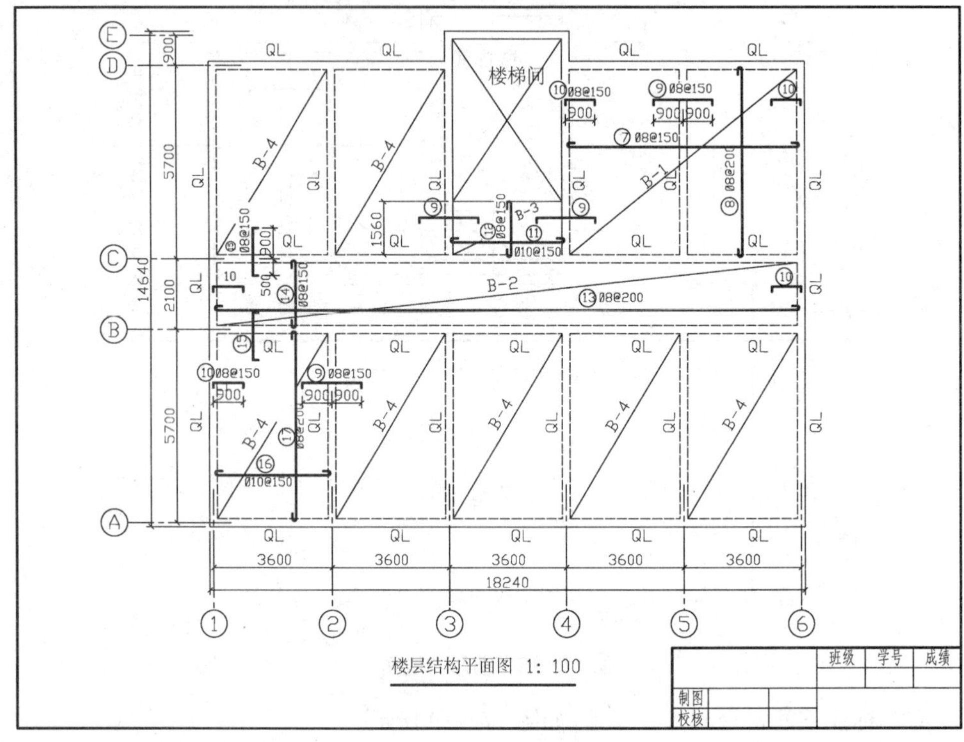

图 17－20 图纸布局

四、课外思考

(1) 梁和柱子的保护层厚度一般为（　　）。

a. 15 mm 以下　　b. 20～50 mm　　c. 15～40 mm　　d. 10 mm 以下

(2) 结构施工图包括（　　）等。

a. 总平面图、平立剖、各类详图　　b. 基础图、楼梯图、屋顶图

c. 基础图、结构平面图、构件详图　　d. 配筋图、模板图、装修图

(3) 在结构平面图中，YTB 代表构件（　　）。

a. 楼梯板　　b. 预制板　　c. 阳台板　　d. 预应力板

(4) 现浇钢筋混凝土板的配筋图中，底层钢筋的弯钩应（　　）。

a. 向上或向右　　b. 向上或向左

c. 向下或向右　　d. 向下或向左

任务十八　识读平面整体表示法结构施工图

一、平面整体表示法结构施工图的内容和特点

混凝土结构施工图平面整体表示法就是选择与施工顺序完全一致的结构平面布置图，把结构构件的尺寸、配筋等按相应的制图规定，整体的一次性表达出来。这样可降低传统设计中大量同值性重复表达的内容，并将这部分内容用可以重复使用的通用标准图的方式固定下来，从而使结构设计方便，表达准确、全面，数值统一，易随机修正，使施工看图和查找方便，利于施工质量检查。因此目前在结构设计中得到广泛的应用。

在平面图上表示各构件的尺寸和配筋的常用方式有：平面注写方式、截面注写方式。平面整体表示法施工图主要绘制梁、柱、板的构造配筋图，由于板的平面整体表示法与传统法相同，故在此仅介绍梁、柱的平面整体表示法。

二、钢筋混凝土梁平面整体表示方法

（一）梁的平面注写方式

梁的平面注写是在梁平面布置图上，分别在不同编号的梁中各选一根梁，在其上注写截面尺寸和配筋的具体数值。平面注写包括集中标注与原位标注，其中集中标注表达梁的通用数值，它包括五项必注值和一项选注值，五项必注值标注顺序是：梁编号、梁截面尺寸、梁箍筋、梁上部通长筋或架立筋配置、梁侧面纵向构造钢筋或受扭钢筋配置；一项选注值是梁顶面标高高差。原位标注表达梁的特殊数值，内容包括上部纵筋、下部纵筋、附加箍筋或吊筋。施工时，原位标注取值优先。

以图 18－1 为例来说明具体的注写方法。

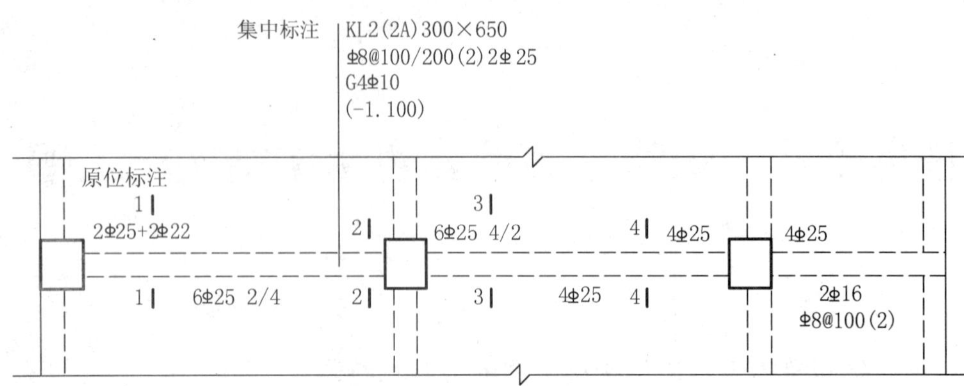

图 18-1 平面注写方式

1. 集中标注

(1) KL2(2A) 300×650 中 KL2 表示第 2 号框架梁;(2A)表示 2 跨,一端有悬挑(B 表示两端有悬挑);300×650 表示梁的截面尺寸。

(2) Φ8@100/200(2)2Φ25 中Φ8@100/200(2)表示箍筋为Φ8,加密区间距为 100,非加密区间距为 200,均为两肢箍;2Φ25 表示梁的上部有 2 根直径为 25 的通长筋。

(3) G4Φ10 表示梁的两个侧面共配置 4Φ10 的纵向构造钢筋,每侧各配置 2Φ10。

(4) (-1.100)表示梁的顶面低于所在结构层的楼面标高,高差为 1.100 m。

2. 原位标注

(1) 梁支座上部纵筋

① 2Φ25+2Φ22 表示梁支座上部有两种直径钢筋共 4 根,中间用"+"相连,其中 2Φ25 放在角部,2Φ22 放在中部。

② 6Φ25 4/2 表示梁上部纵筋为二排,用斜线将各排纵筋自上而下分开。上一排纵筋为 4Φ25,下一排纵筋为 2Φ25。

③ 4Φ25 表示梁支座上部配置 4 根直径为 25 mm 的钢筋。

(2) 梁支座下部纵筋

① 6Φ25 2/4 表示梁下部纵筋为二排,用斜线将各排纵筋自上而下分开。上一排纵筋为 2Φ25,下一排纵筋为 4Φ25。

② 4Φ25 表示梁下部中间配置 4 根直径为 25 mm 的钢筋。

③ Φ8@100(2)表示箍筋为Φ8,间距为 100,为两肢箍。

图 18-2 给出了传统的表示方法,用于对比按平面注写方式表达的同样内容。当采用平面注写方式表达时,不需绘制梁截面配筋图和图 18-1 中相应截面号。

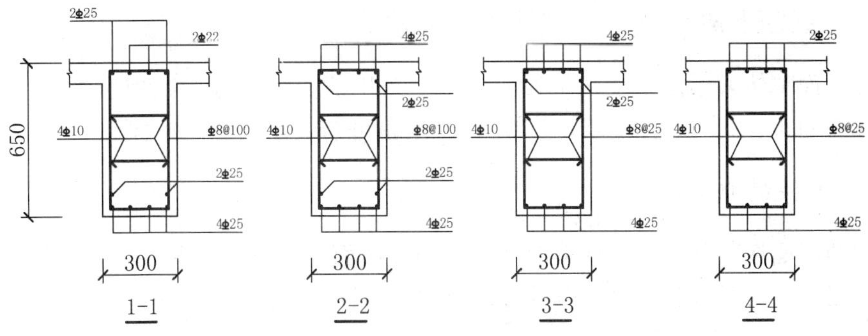

图 18-2　传统截面表示法

(二) 梁的截面注写方式

梁截面注写方式，是在梁平面布置图上，分别在不同编号的梁中各选择一根梁用剖面号引出配筋图，并在其上注写截面尺寸和配筋的具体数值，如图 18-3 所示。

主次梁相交处的加密箍筋或附加吊筋直接画在平面图主次梁交点的主梁上，并加注，如图上画有“╲_╱”符号，上注 2Φ20 处的两根直径为 20“╲_╱”钢筋。

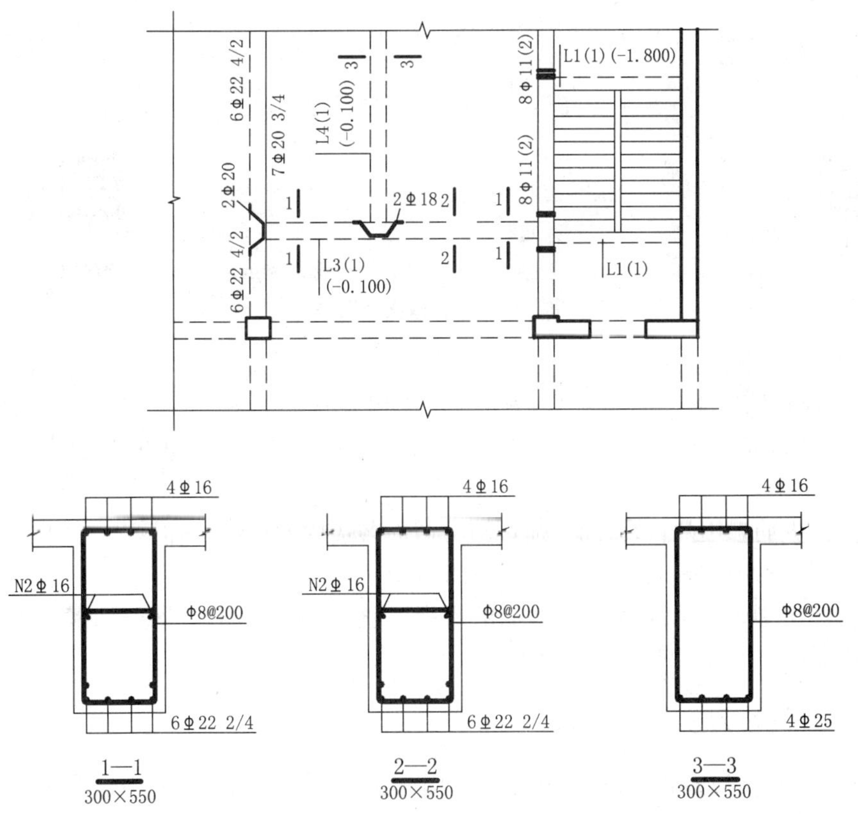

图 18-3　梁截面注写法

三、钢筋混凝土柱平面整体表示方法

柱平面整体表示法是在柱平面布置图上采用截面注写方式或列表注写方式表达。柱平面布置图可采用适当比例单独绘制，也可与其他构件合并绘制。

（一）柱的截面注写方式

柱的截面注写方式是在柱平面布置图的柱截面上，分别在同一编号的柱中选择一个截面，以直接注写方式注写截面尺寸和配筋具体数值。具体注写方式如图18－4所示。

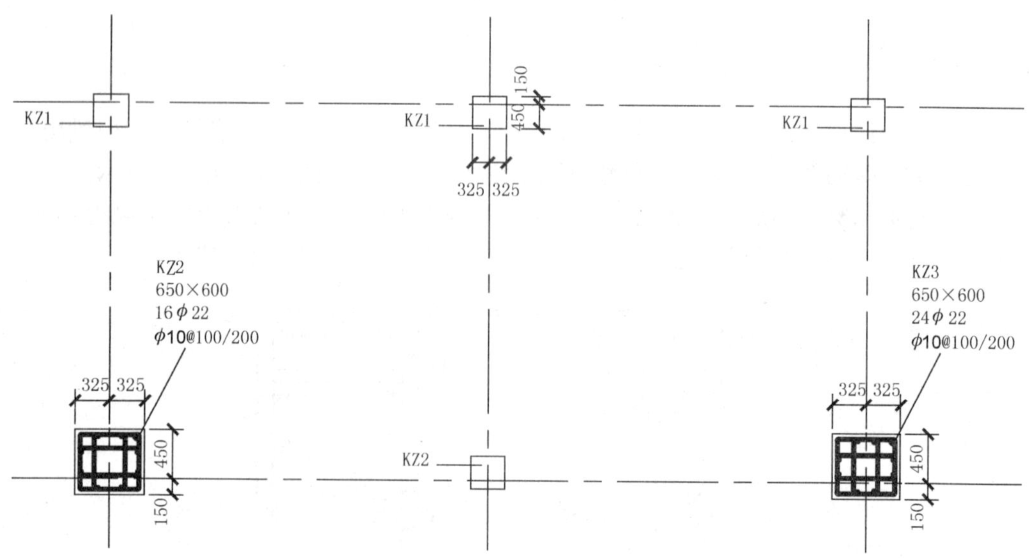

图 18－4　柱截面注写法

图 18－4 中：

① KZ1、KZ2、KZ3 为柱代号，表示柱的类型为框架柱；

② 650×600 表示柱的截面尺寸。22Φ22、24Φ22 表示柱中纵筋的级别、直径和数量；

③ 当纵筋采用两种直径时，须再注写截面各边中部筋的具体数值，对于采用对称配筋的矩形截面柱，可仅在一侧注写中部筋，对称边省略不注；

④ Φ10@100/200 表示柱中箍筋的级别、直径和间距，用“/”区分加密和非加密区的间距。

（二）柱的列表注写方式

柱的列表注写方式是在柱平面布置图上，分别在同一编号的柱中选择一个或几个截面标注几何参数代号，在柱表中注写柱号、柱段起止标高、几何尺寸与配筋的具体数值，并配以各种柱截面形状及其箍筋类型图来表达柱整体配筋图的一种方式。

图 18－5 为柱平面整体配筋图列表注写方式示例。

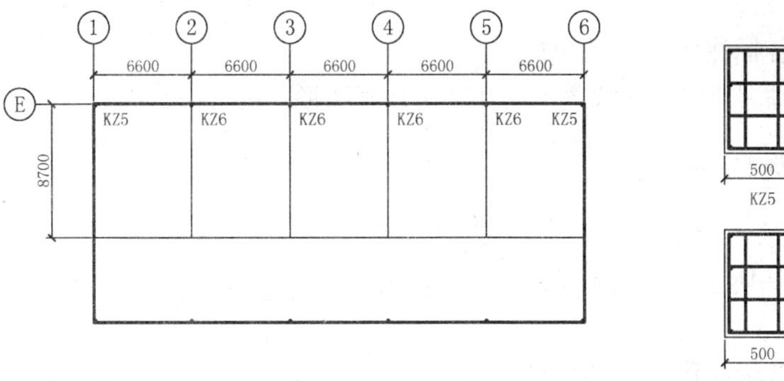

柱号	标高	$b\times h$	b_1	b_2	h_1	h_2	全部纵筋	角筋	b 边中一侧	h 边中一侧	箍筋类型	箍筋
KZ5	－3.180～6.570	500×700	120	380	580	120	10Φ25,6Φ20	4Φ25	3Φ25	3Φ20	Ⅰ(4×4)	ϕ8@100
KZ6	－3.180～6.570	500×700	250	250	580	120	10Φ25,6Φ20	4Φ25	3Φ25	3Φ20	Ⅰ(4×4)	ϕ8@100/200

图 18－5　柱截面注写法

柱表中注写的内容规定如下：

① 柱号：柱号由类型代号和序号组成。KZ5，即序号为 5 号的框架柱。

② 标高：柱的起止标高，自柱根部往上以变截面位置或截面未变但配筋改变处为界分段注写。KZ5 柱起点标高－3.180，上端标高 6.570。

③ $b\times h$：各段柱的截面尺寸。KZ5 断面尺寸为 500 mm×700 mm。b_1、b_2、h_1、h_2 为截面与轴线的关系尺寸，有 $b=b_1+b_2$，$h=h_1+h_2$。

④ 全部纵筋：柱的纵筋参数，包括根数、级别、直径。柱的纵筋分角筋、截面 b 边中部筋和 h 边中部筋三项。如图 18－5 所示柱表中 KZ5，配筋情况是：角筋为 4 根直径 25 mm 的Ⅰ级钢筋；截面 b 边一侧中部筋为 3 根直径 25 mm 的Ⅰ级钢筋；截面 h 边一侧中部筋为 3 根直径 20 mm 的Ⅰ级钢筋。

⑤ 箍筋类型：箍筋类型号及箍筋肢数。如图 18－5 所示，在柱表的右上部为该工程的箍筋类型图，该柱的箍筋类型采用的是类型Ⅰ，小括号中 4×4 表示的是箍筋肢数组合。

⑥ 箍筋：注写柱箍筋，包括钢筋级别、直径与间距。KZ6 为"ϕ8@100/200"，表示直径为 8 mm 的一级钢筋，加密区间距 100 mm，非加密区间距为 200 mm。

具体注写方式也可查阅有关的标准图集。

四、实训任务与要求

（一）实训任务一

1. 实训任务

识读附图一所示梁平法施工图，并抄画该图。

2. 实训要求
(1) 熟悉各标注代号、数值的含义。
(2) 按教师要求 A3 图纸手工或计算机抄画图形，并标注尺寸。

(二) 实训任务二

1. 实训任务
识读附图一所示柱平法施工图，并抄画该图形。
2. 实训要求
(1) 熟悉各标注代号、数值的含义。
(2) 按教师要求 A3 图纸手工或计算机抄画图形，并标注尺寸。

任务十九　识读房屋基础施工图

一、房屋基础施工图概述

房屋基础是位于墙壁或柱下面的承重构件，它承受房屋的全部荷载，并传递给基础下面的地基。地基可以是天然土壤，也可以是经过加固的土壤。

房屋基础图是表示基础部分的平面布置和详细构造的图样，它是施工时在基础上放灰线(用石灰粉线定出房屋定位轴线、墙身线、基础底面线)、开挖基坑和砌筑基础的依据。

房屋基础的结构形式与房屋上部结构形式密切相关，一般墙体的基础为条形基础，柱的基础为块形独立基础。图 19－1 是常见基础的示意图。

基础图通常包括基础平面图和断面详图。

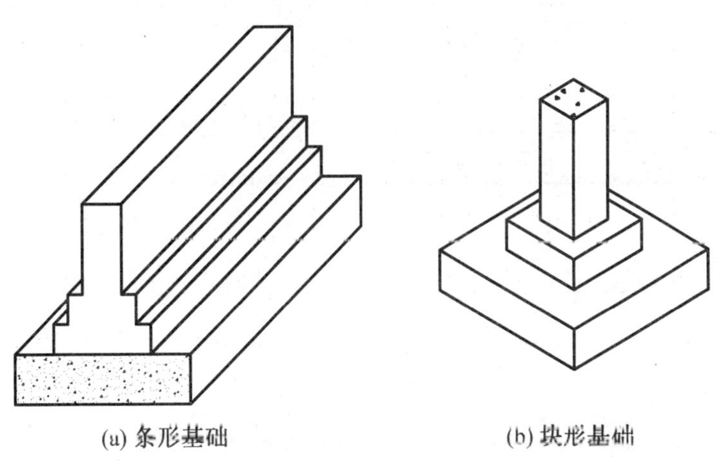

图 19－1　常见基础

二、基础平面图的图示内容与识读

1. 图示内容和要求

基础平面图是表示基础平面布置的图样，是沿房屋的地面与基础之间剖切的基础水平投影图。

基础平面图内容包括：图名、比例、纵横定位轴线及其编号、剖切符号及编号；基础墙、柱以及基础底面的形状、大小及其与轴线的关系；轴线间距、基础定形尺寸和定位尺寸等；基础梁的位置和代号。

基础平面图一般采用与建筑平面图相同的比例。在基础平面图中，只画出基础墙、柱和基础底面轮廓线，梁和墙身的投影重合时，梁可用单线结构构件画出，基础、大放脚等细部的可见轮廓线省略不画，这些细部形状，将具体反映在基础详图中。在基础平面图中，剖切到的基础墙画中实线，基础底面画细实线，可见的梁画粗实线，不可见的梁画粗虚线，如果剖切到钢筋混凝土柱，则用涂黑表示。

基础平面图中应标注各部分的定型尺寸和定位尺寸。基础的定型尺寸即基础墙宽度、柱外形尺寸以及基础的底面尺寸，这些尺寸可直接标注在基础平面图上，也可以用文字加以说明（如图 19－2 中基础墙宽均为 240）；基础定位尺寸也就是基础墙、柱的轴线尺寸，轴线编号应和建筑施工图中的底层平面图一致。

2. 基础平面图识读

图 19－2 是某教学楼的条形基础平面图。图中可看出该楼共有 1～5 五种不同的条形基础，它们的构造、尺寸和配筋，分别由编号为 J_1～J_5 的剖切平面所剖切到的断面详图来表达；JL－1 和 JL－2 的是基础梁，它们的构造、尺寸和配筋也将由详图表达。通常将基础梁与基础浇筑在一起，基础梁 JL－1 可表示在 J_3 的详图中，而 JL－2可表示在 J_1 和 J_2 的详图中。

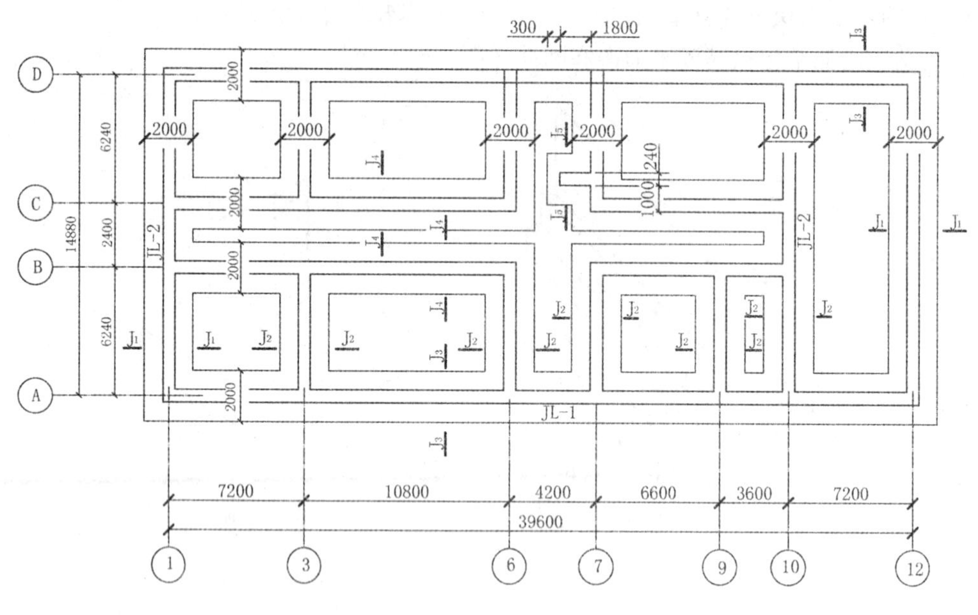

说明：基础墙宽均为240

基础平面图 1:100

图 19－2 基础的平面图

基础平面图只表明了基础的平面布置，而基础各部分的形状、大小、材料、构造以及基础的埋置深度等都没有表达出来，这就需要画出各部分的断面详图作为砌筑基础的依据。

三、基础详图识读

1. 图示内容和要求

基础详图就是基础的垂直断面图，包括以下内容：图名、比例，定位轴线及其编号，基础墙厚度、大放脚每步的高度及宽度，基础断面的形状、大小、材料以及配筋，基础梁的宽度、高度及配筋，室内外地面、基础垫层底面的标高。防潮层的位置和做法等。

在基础详图中应标注出基础各部分（如基础墙、柱、基础垫层等）的详细尺寸、钢筋尺寸（包括钢筋搭接长度）以及室内地面标高和基础底面（基础埋置深度）的标高。

2. 基础详图识读

图 19－3 是住宅楼的外墙基础详图，上面是砖砌的基础墙，下面的基础采用钢筋混凝土结构。因为是通用详图，所以在定位轴线圆圈内不注写编号。在钢筋混凝土基础下铺设 100 mm 厚的混凝土垫层，使用垫层的作用是使基础与地基有良好的接触，以便均匀地传布压力，并且使基础底面处的钢筋不与泥土直接接触，以防止钢筋锈蚀。从室外设计地面到基础垫层底面之间的深度称为基础的埋置深度，图 19－3 中所示基础的埋置深度为－0.600 m－(－2.000 m)＝1.400 m。另外还在基础梁中配置了钢筋，如图中的 4⌀12 和 4⌀14 及四支箍⌀8@200，四支箍可以由大小钢箍组成，也可以由两个相同的矩形钢箍拼成。

外墙室内地面下连通的钢筋混凝土基础圈梁 JQL，断面尺寸为 240 mm×240 mm，配置了纵向钢筋 4⌀12 和钢箍⌀8@200。

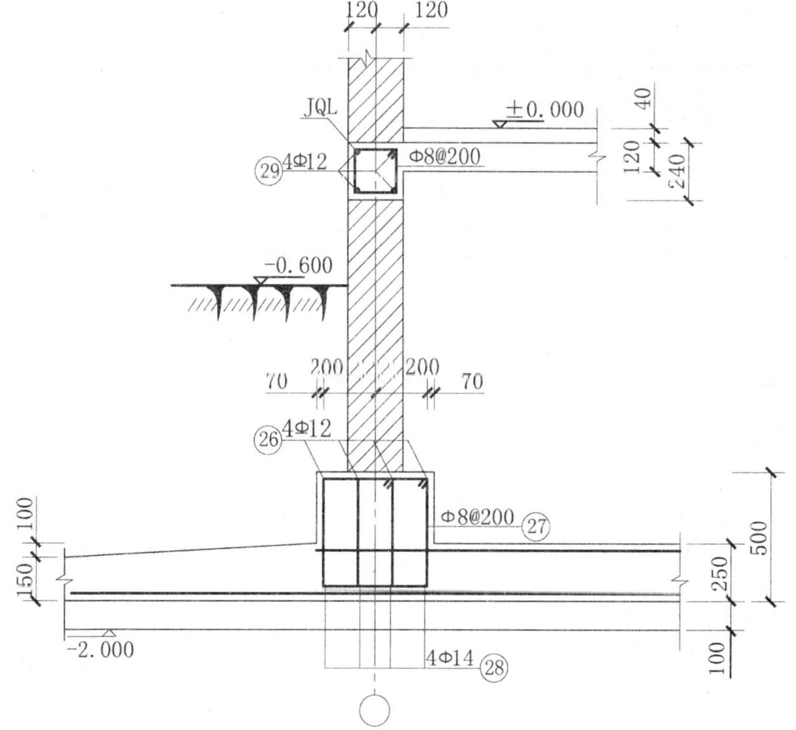

图 19－3　外墙基础详图

四、实训任务

（一）实训任务一

1. 实训任务

识读并抄画图 19 - 4 所示房屋建筑基础平面图和基础详图。

2. 实训要求

（1）了解一般民用建筑基础平面图和基础详图的表达内容和图示特点。

（2）用 A3 图纸抄画，基础平面图比例为 1∶100，基础详图比例 1∶10。

（3）图面布局清晰，图线符合国家标准。

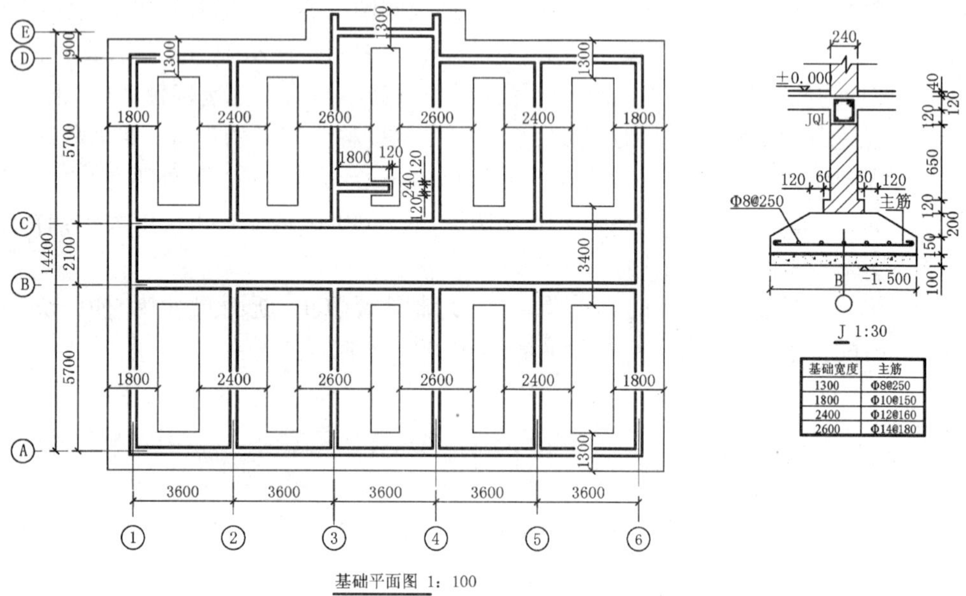

基础宽度	主筋
1300	Φ8@250
1800	Φ10@150
2400	Φ12@160
2600	Φ14@180

图 19 - 4　外墙基础平面图和基础详图

（二）实训任务二

1. 实训任务

识读并抄画图 19 - 5 所示工业厂房建筑基础平面图和基础详图。

2. 实训要求

（1）了解一般工业厂房基础平面图和基础详图的表达内容和图示特点。

（2）用 A3 图纸抄画该基础平面图，比例为 1∶200，基础详图比例 1∶20 和 1∶30。

（3）图面布局清晰，图线符合国家标准。

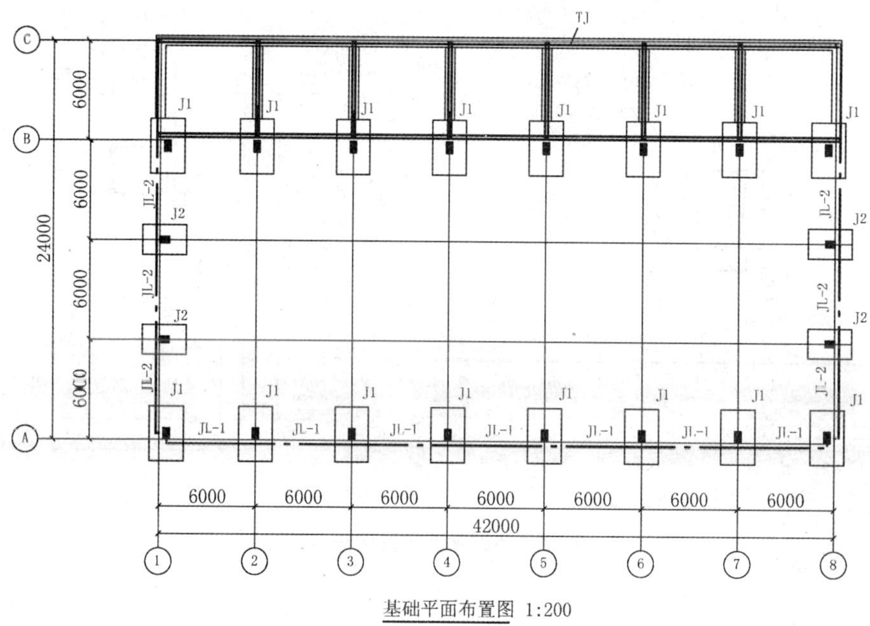

基础平面布置图 1:200

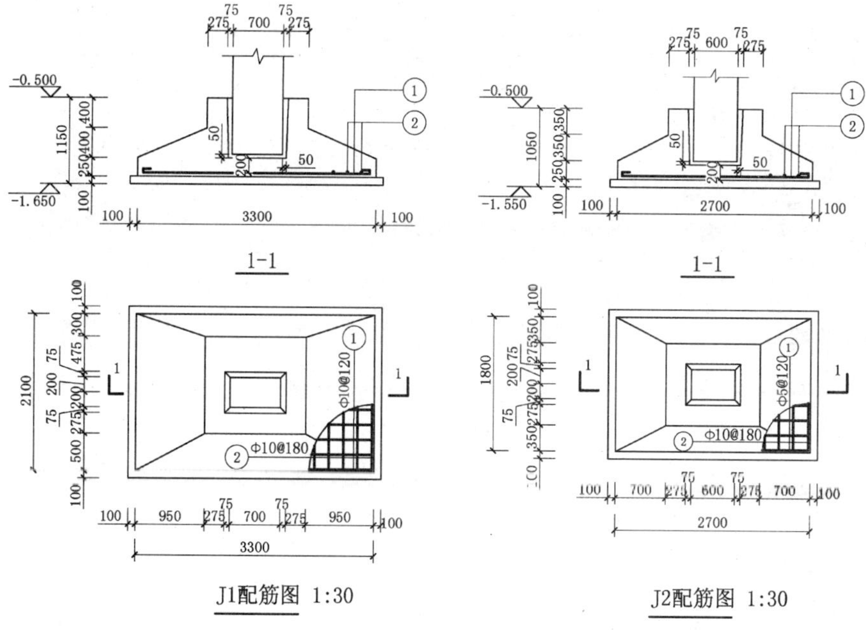

J1配筋图 1:30

J2配筋图 1:30

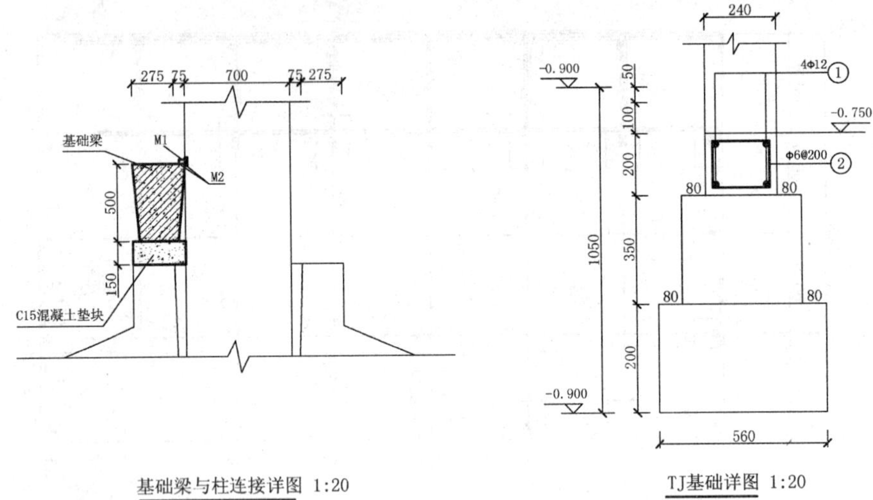

图 19－5　基础平面布置图与基础详图

任务二十　识读钢结构施工图

一、钢结构施工图的内容及特点

钢结构是用型钢或钢板，根据设计和使用者的要求，通过焊接、螺栓连接、铆钉连接来组成承重结构。它与钢筋混凝土结构、木结构和砖石结构相比，具有强度高、构件小、自重轻等优点，因此在工程建设中广泛应用于跨度大、高度高、承载重的结构以及经常拆装的结构，常见的有钢厂房、桥梁、景观建筑等，如图 20 - 1 为钢结构雨篷的断面图。

钢结构施工图的特点是：型钢由于是工业成品，一般用图例表达，钢结构构件尺寸和构件之间的连接方式一般用规定标注表达。钢结构施工图执行的有关国家标准主要有《建筑结构制图标准》GB/T50105—2010 和《焊缝符号表示方法》GB324—88。

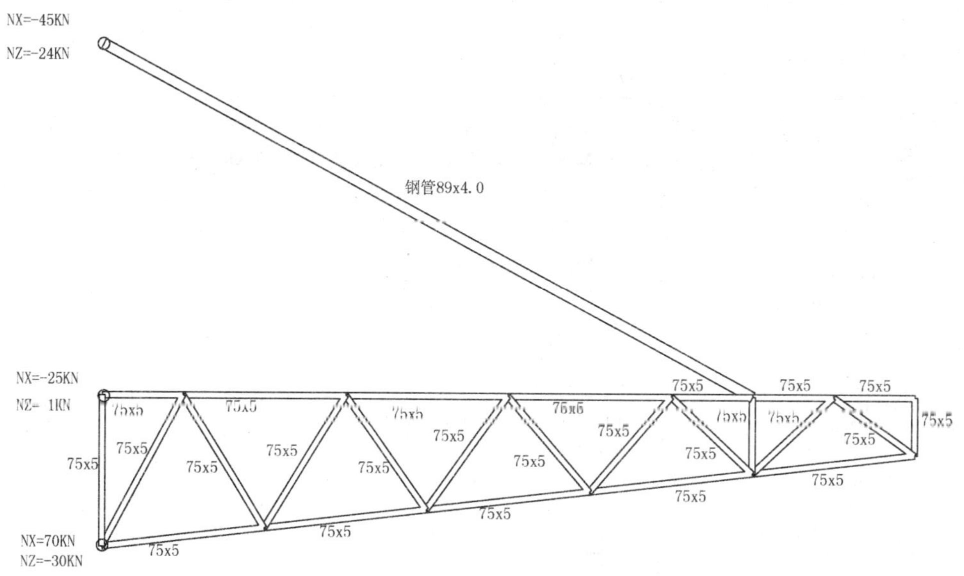

图 20 - 1　钢结构雨篷

二、常用型钢图例及标注

常用的型钢有角钢、工字钢和槽钢。其图例、截面种类和标注方法见表 20 - 1。

表 20-1 常用型钢的标注方法

序号	名称	截面	标注	说明
1	等边角钢	 ∟	∟ $b\times t$	b 为肢宽 t 为肢厚
2	不等边角钢	 B ∟	∟ $B\times b\times t$	B 为长肢宽，b 为短肢宽 t 为肢厚
3	工字钢	 I	I N　Q I N	轻型工字钢加注 Q 字 N 为工字钢的型号
4	槽钢	[	[N　Q [N	轻型槽钢加注 Q 字 N 为槽钢的型号
5	方钢	 b	□ b	
6	扁钢	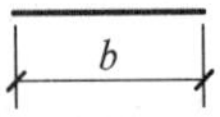 b	— $b\times t$	
7	钢板	 —	$\frac{-b\times t}{t}$	$\frac{宽\times厚}{板长}$
8	圆钢	 ○	ϕ d	
9	钢管	 ○	$DN\times\times$ $d\times t$	内径 外径×壁厚
10	薄壁方钢管	 □	B□ $b\times t$	薄壁型钢加注 B 字 t 为壁厚
11	薄壁等肢角钢	B□ $b\times t$	B∟ $b\times t$	
12	薄壁等肢卷边角钢	 a	B∟ $b\times a\times t$	
13	薄壁槽钢	 h	B[$h\times b\times t$	
14	薄壁卷边槽钢	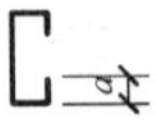 a	B[$h\times b\times a\times t$	
15	薄壁卷边 Z 型钢	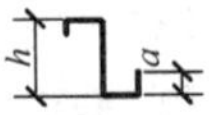 h a	B ⅂ $h\times b\times a\times t$	

续表

序　号	名　称	截　面	标　注	说　明
16	T型钢	 ┬	TW×× TM×× TN××	TW为宽翼缘T型钢 TM为中翼缘T型钢 TN为窄翼缘T型钢
17	H型钢	 H	HW×× HM×× HN××	HW为宽翼缘H型钢 HM为中翼缘H型钢 HN为窄翼缘H型钢
18	起重机钢轨		QU××	详细说明产品规格型号
19	轻轨及钢轨		××kg/m钢轨	

三、螺栓、孔、电焊铆钉结构图例

在绘制钢结构图时，螺栓、孔、电焊铆钉等结构用图例表示。具体名称和规定见表20－2所示。

表20－2　螺栓、孔、电焊铆钉的表示方法

序　号	名　称	图　例	说　明
1	永久螺栓	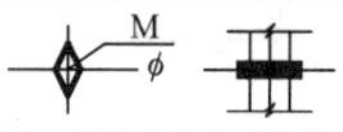 M ϕ	1. 细"＋"线表示定位线 2. M表示螺栓型号 3. ϕ表示螺栓孔直径 4. d表示膨胀螺栓、电焊铆钉直径 5. 采用引出线标注螺栓时，横线上标注螺栓规格，横线下标注螺栓孔直径
2	高强螺栓	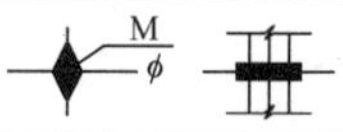 M ϕ	
3	安装螺栓	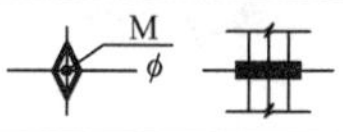 M ϕ	
4	胀锚螺栓	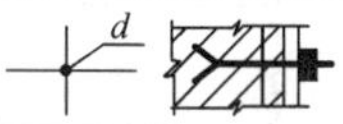 d	
5	圆形螺栓孔	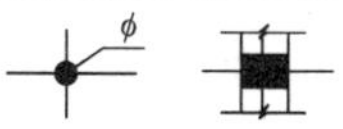 ϕ	
6	长圆形螺栓孔	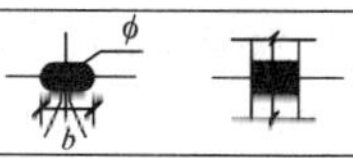 ϕ b	
7	电焊铆钉	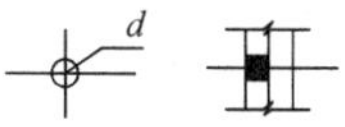 d	

四、焊缝代号标注

钢结构采用的主要连接方式为焊接，它具有构造简单、不削弱构件截面和节约钢材等优点。在焊接的钢结构图中，必须把焊缝的位置、型式和尺寸标注清楚，国家标准规定钢结构图采用"焊缝代号"标注。焊缝代号如图20－2所示，由指引线、基本符号、焊缝尺寸、辅助符号和补充符号组成。

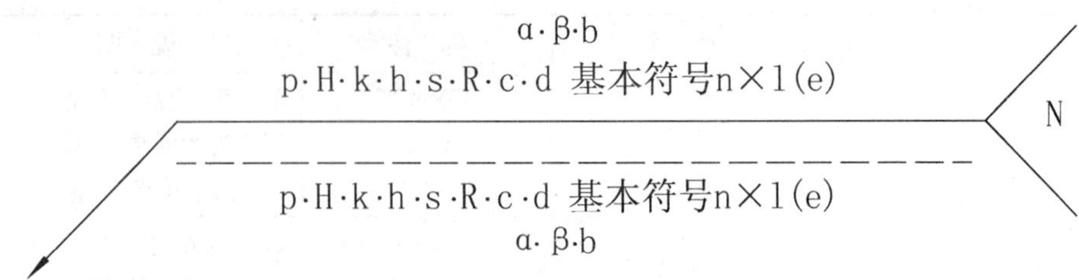

图 20－2　焊缝代号

1. 指引线

指引线由箭头线和基准线(实线和虚线)组成,如图 20－2 所示。箭头指向的一侧为“接头的箭头侧”,与之相对的另一侧为“接头的非箭头侧”。基本符号在实线侧时,表示焊缝在箭头侧,基本符号在虚线侧时,表示焊缝在非箭头侧,如图 20－3 所示。双面焊缝可省略虚线,如图 20－4 所示。

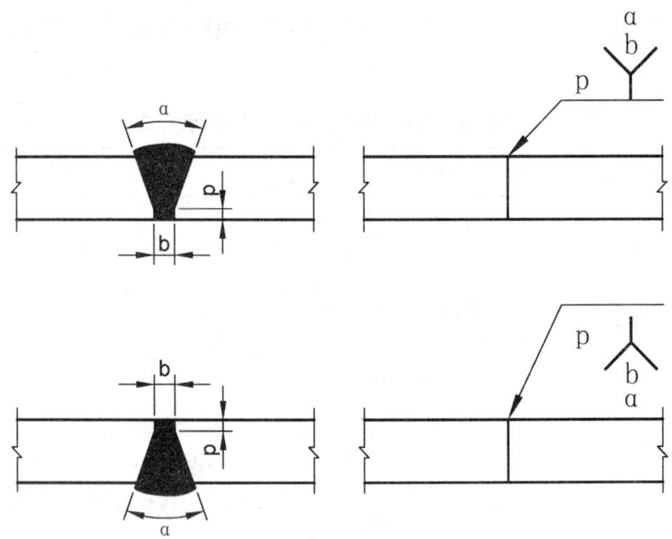

图 20－3　单面焊缝位置与焊缝代号标注

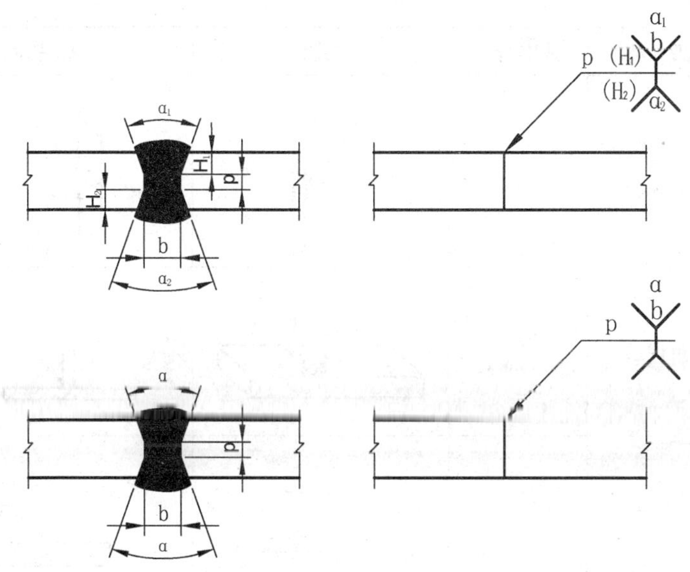

图 20－4　双面焊缝位置与焊缝代号标注

2. 基本符号

基本符号是表示焊缝横断面形状的符号，用粗实线绘制。常用焊缝的基本符号如表 20－3 所示。

表 20－3　基本符号及标注示例

序　号	名　称	基本符号	示意图	标注示例
1	I 形焊缝	‖		
2	V 形焊缝	V		
3	单边 V 形焊缝	V		

续表

序　号	名　称	基本符号	示意图	标注示例
4	带钝边 V 形焊缝		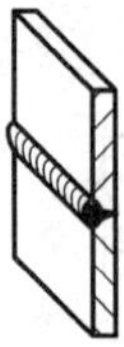	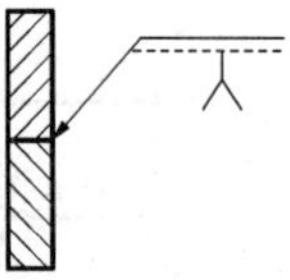
5	角焊缝		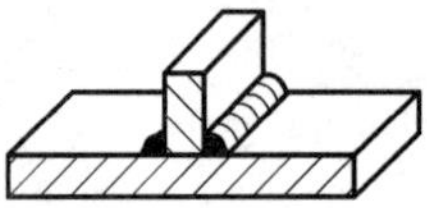	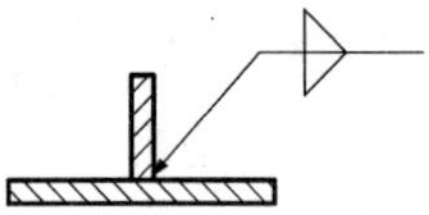
6	带钝边 V 形焊缝		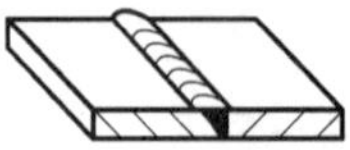	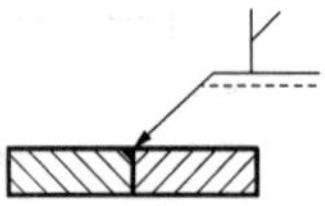
7	带钝边 U 形焊缝			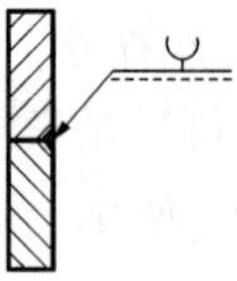
8	封底焊缝		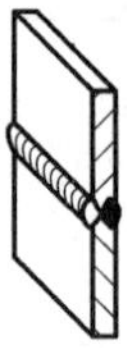	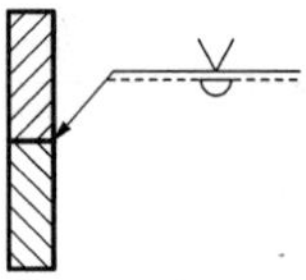
9	点焊缝		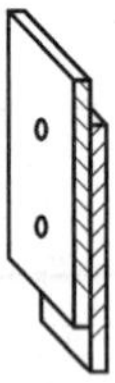	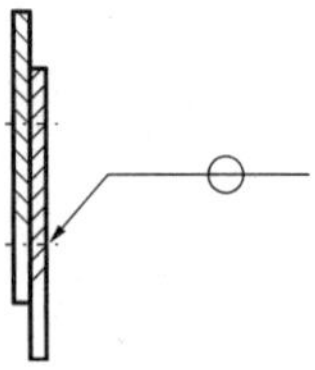
10	塞焊缝		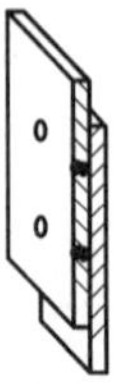	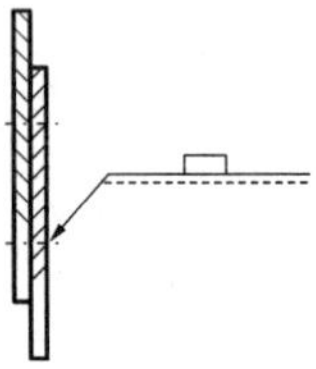

3. 辅助符号

辅助符号是表示焊缝表面特征的符号，用粗实线绘制，如表 20 - 4 所示。在不需要确切说明焊缝表面形状时，可以不用辅助符号。

表 20－4　辅助符号及标注示例

序号	名　称	辅助符号	示意图	标注示例	说　明
1	平面符号	—		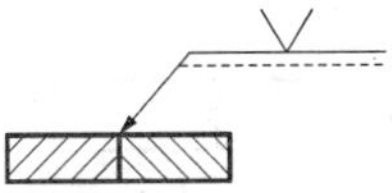	表示焊缝表面齐平（一般通过加工）
2	凹面符号	⌣	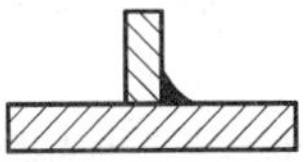	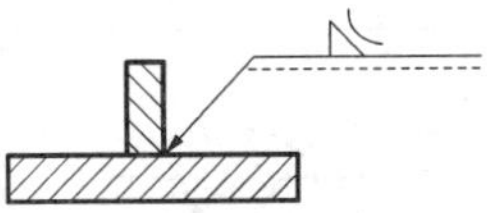	焊缝表面凹陷
3	凸面符号	⌢		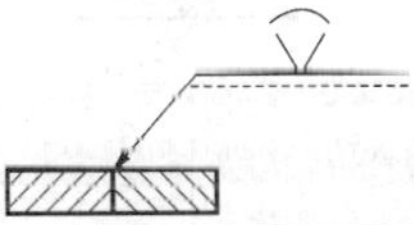	表示 V 形焊缝表面凸起

4. 补充符号

补充符号是为了补充说明焊缝的某些表面特征而采用的符号，用粗实线绘制，如表 20－5 所示。

表 20－5　补充符号

序　号	名　称	符　号	说　明
1	平面	—	焊缝表面通常经过加工后平整
2	凹面	⌣	焊缝表面凹陷
3	凸面	⌢	焊缝表面凸起
4	圆滑过渡		焊趾处过渡圆滑
5	永久衬垫	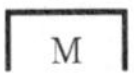 M	衬垫永久保留
6	临时衬垫	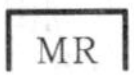 MR	衬垫在焊接完成后拆除
7	三面焊缝	⊏	三面带有焊缝
8	周围焊缝	○	沿着工件周边施焊的焊缝 标注位置为基准线与箭头线的交点处
9	现场焊缝		在现场焊接的焊缝
10	尾部	 <	可以表示所需的信息

5. 焊缝尺寸

焊缝尺寸标注在规定位置，常用焊缝尺寸符号含义及标注示例如表 20－6 所示。

表 20-6 常用焊缝尺寸符号及标注示例

序号	名称	示意图	序号	名称	示意图
δ	工件厚度	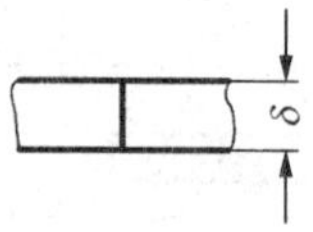 δ	c	焊缝宽度	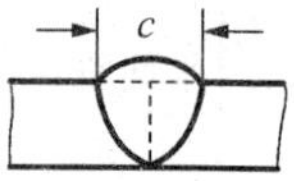 c
α	坡口角度	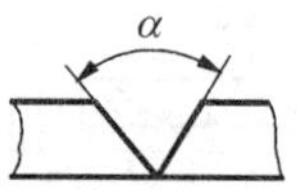 α	K	焊脚尺寸	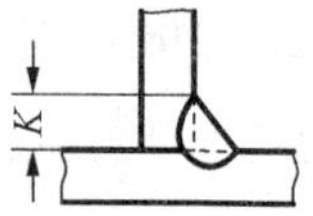 K
β	坡口面角度	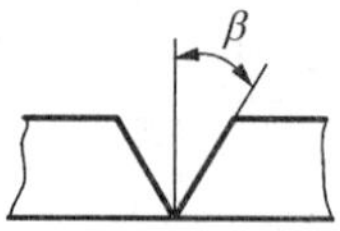 β	d	点焊:熔核直径 塞焊:孔径	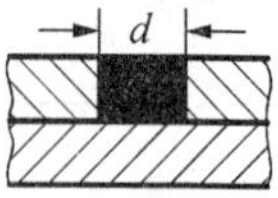 d
b	根部间隙	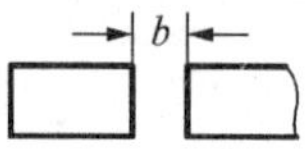 b	n	焊缝段数	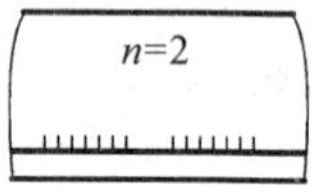 n=2
p	钝边	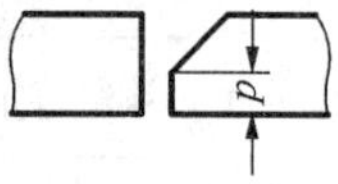 p	l	焊缝长度	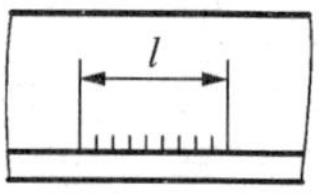 l
R	根部半径	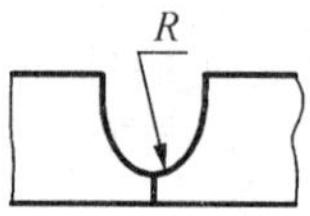 R	e	焊缝间距	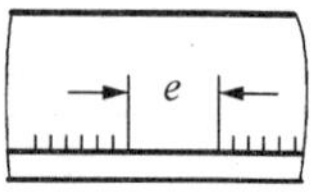 e
H	坡口深度	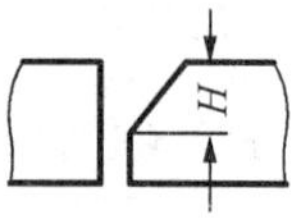 H	N	相同焊缝数量	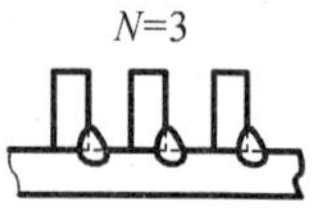 N=3
S	焊缝有效厚度	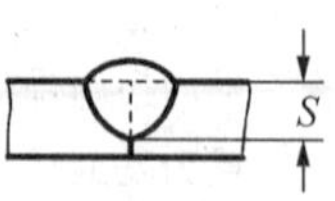 S	h	余高	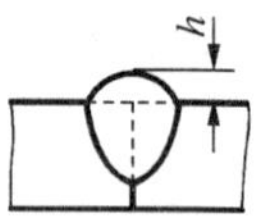 h

五、实训任务与要求

1. 实训任务

在有教师指导下识读附图一所示的"广告牌架钢结构施工图"。

2. 实训要求

(1) 看懂钢结构的框架构造,各构件之间的连接方式。

(2) 看懂施工图中标注符号、数值的含义。

任务二十一　识读室内给排水施工图

一、室内给排水施工图的内容及特点

室内给水与排水施工图是用来表示卫生设备、管道及其附件的类型、大小及其在房屋中的位置、安装方法等的图样。室内给水与排水施工图通常由给水排水平面图、系统图、安装详图、施工说明等组成。

给水与排水施工图的特点是采用规定的图例和符号表示各种设备、器件、管网、线路等。图例示意性地表示设备、器件、管线的相对位置、连接方式等，并不完全根据投影原理按比例绘制。给水与排水设备图例和符号执行《建筑给水排水制图标准》(GB/T50106—2010)的规定。

二、给排水施工图常用图例

给水与排水工程中管道很多，它们都按一定方向通过干管、支管，最后与具体设备相连接。如室内给水系统的流程为：进户管——水表——干管——支管——用水设备；室内排水系统的流程为：排水设备——支管——干管——户外排出管。常用J作为给水系统和给水管的代号，用F作为废水系统和废水管的代号，用W作为污水系统和污水管的代号。这些给水和排水的器具、仪表、阀门和管道，绝大部分都是工业部门的定型系列产品，一般只需按设计需要，选用其相应的规格产品即可。由于在房屋建筑工程和给排水工程设计中，一般用1∶50～1∶100的比例，在这样相对较小比例的图样中，不必详细表达它们的形状。在给水排水工程图中，各种管道及附件、管道连接、阀门、卫生器具、水池、设备及仪表等，都采用统一的图例表示。

表21-1中摘录了《建筑给水排水制图标准》(GB/T50106—2010)中规定的一部分图例，不敷应用时，可直接查阅该国家标准。对于标准中尚未列入的图例，则可自行拟设，但应在图纸上专门画出，并加以说明，以免引起误解。

表 21-1　给水与排水施工图中常见图例

名　称	图　例	名　称	图　例
生活给水管	—— J ——	闸阀	
废水管	—— F ——	截止阀	DN≥50　DN<50
污水管	—— W ——	浮球阀	平面　系统
雨水管	—— Y ——	放水龙头	平面　系统
管道交叉	下面或后面的管道断开	台式洗脸盆	
三通连接		浴盆	
四通连接		坐便器	
多孔管		淋浴喷头	
存水弯		水表	
立管检查口		圆形地漏	
自动冲洗箱			

三、给排水平面图识读

给排水平面图一般采用与建筑平面图相同的比例，主要反映卫生设备及水池、管道及其附件在房屋中的平面位置。

1. 图示内容和要求

在给排水平面图中，房屋轮廓线应与建筑施工图一致，墙、柱、门窗等都用细实线表示。抄绘建筑平面图的数量，宜视卫生设备和给排水管道的布置情况而定。对于多层房屋，底层由于室内管道需与室外管道相连，一般需单独画出一个完整的平面图(限于教材篇幅，仅画出卫生间及厨房部分平面图，其余部分省略，用折断线断开)。楼层建筑平面图只抄绘与卫生设备和管道布置有关的部分即可，一般应分层抄绘，如楼层的卫生设备和管道布置完全相同时，只需画出一个平面图，但在图中必须注明各楼层的层次和标高。设有屋顶水箱的楼层，可单独画出屋顶给水排水平面图。

为了使土建施工与管道设备的安装协调统一，在各层给水排水平面图上，均须标明墙、柱的定位轴线，并在底层平面图的定位轴线间标注尺寸，同时还应标注出各层平面图上的有关标高。

各类卫生设备及水池均可按表 21－1 的图例绘制，用中实线画出其平面图形的外轮廓。各种室内给水排水管道，不论直径大小，应按表 21－1 所述图例画出。给水排水管的管径尺寸应以 mm 为单位，以公称直径 DN 表示，如 DN15、DN50 等。

当室内给水排水管道系统的进出口数为两个或两个以上时，宜用阿拉伯数字编号。编号圆用细实线绘制，直径为 12 mm，直接画在管道进出口处，也可用指引线与引入管或排出管相连。在水平细实线以上注写的，是管道类别的代号，以汉语拼音字头表示；在水平细实线以下注写的是管道的编号，用阿拉伯数字表示，如图 21－1 所示。

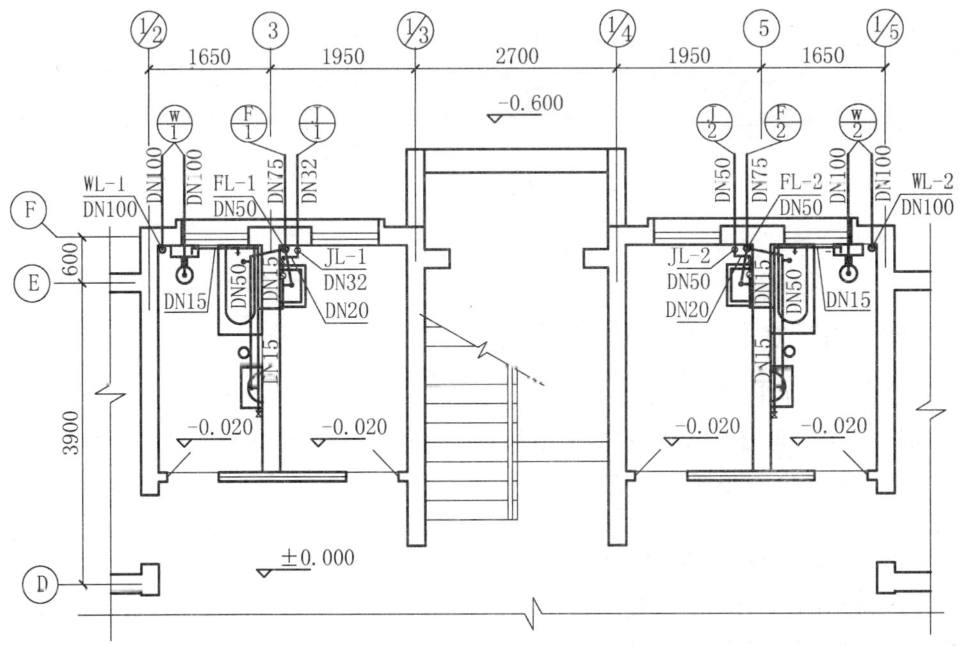

图 21－1　底层给水排水平面图

给水排水立管是指穿过一层及多层的竖向供水管道和排水管道。立管在平面图中以空心小圆圈表示，并用指引线注明管道类别代号。当一种系统的立管数量多于一根时，宜用阿拉伯数字编号，如JL-1中的J表示给水管，L表示立管，1表示编号。

管道的长度是在施工安装时，根据设备间的距离，直接测量截割的，所以在图中不必标注。

2. 平面图识读

图21-1是住宅楼底层给水排水平面图，西边住户的给排水系统编号为1，东边住户的给排水系统编号为2。在给水系统2中，设有通向水箱的给水立管JL-2，管径为50 mm；在给水系统1中，设有给水立管JL-1，管径分别为32 mm和20 mm。在污水系统1和2中，设有污水立管WL-1和WL-2，管径为DN100。在废水系统1和2中，设有废水立管FL-1和FL-2，管径分别为DN50。

为了使图形表达得更清晰，给水管、废水管、污水管等自设图例，如图21-2所示。

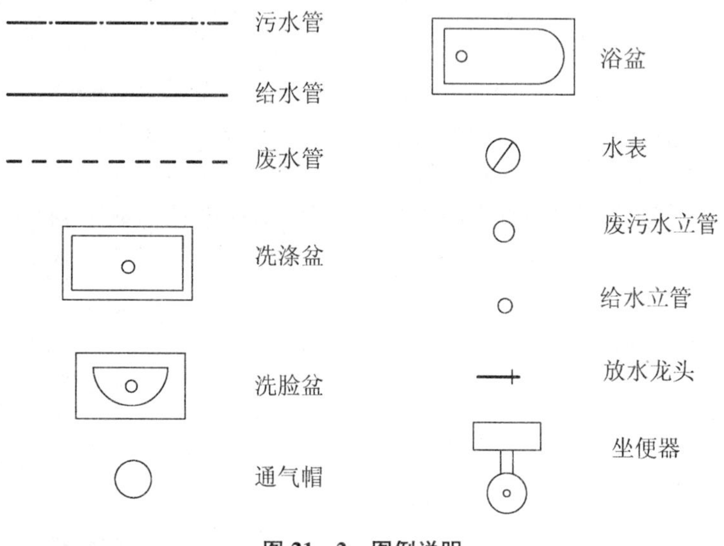

图21-2 图例说明

四、给排水系统图识读

给水排水平面图按投影关系表示了管道的平面布置和走向，但输水管道的形体是细长的，在空间往往转折较多，采用多面视图来表达时，显得交叉重叠，不易表达完整清晰。通常将管道画成轴测图，显示其在空间三个方向的延伸，称为给排水系统图。

给排水系统图分给水系统图和排水系统图，它们是根据各层给排水平面图中卫生设备、管道水平方向的布置及竖向标高，用斜等轴测投影方法绘制而成的图形，分别表示给水系统和排水系统的上下、前后和左右的空间位置关系。给水排水系统图一般采用和平面图相同的比例。

1. 图示内容和要求

《给水排水制图标准》规定，给水排水轴测图宜按 45°正面斜轴测投影法绘制，我国习惯采用正面斜等测来绘制轴测图，其轴间角和轴向伸缩系数如图 21－3 所示。

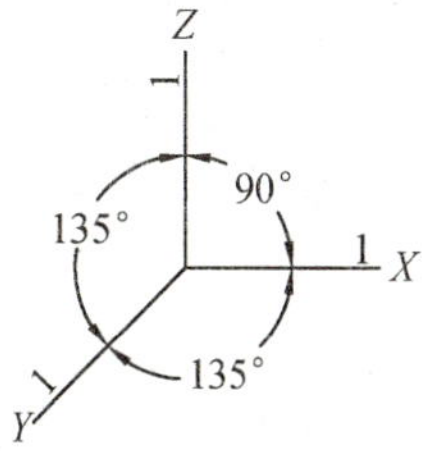

图 21－3　正面斜等轴测图

给水排水系统图中每个管道应编号，编号与底层给水排水平面图中管道进出口的编号相一致。在管道系统图中的水表、截止阀、放水龙头等，可用图例画出，但不必每层都画，相同布置的各层，只需将其中的一层画完整，其他各层只在立管分支处用折断线表示即可。

为了反映管道和房屋的联系，轴测图中还要画出被管道穿越的墙、地面、楼面、屋面的位置，一般用细实线画出地面和墙面，并画出材料图例线，用一条水平细实线画出楼面和屋面，如图 21－4 所示。

当管道在系统图中交叉时，在交叉处将可见的管道画成连续线，而将不可见的管道画成断开线。

管道的管径一般标注在管道旁边，标注空间不够时，可用引线引出标注，室内给水排水管道标注公称直径 DN，管道各管段的管径要逐段注出，当连续几段的管径都相同时，可以仅标注它的始段和末段，中间段可以省略不注。

室内给排水系统图中标注的标高是相对标高，即底层室内主要地面为±0.000。在给水系统中，标高以管中心为准，一般要注引水管、阀门、放水龙头、卫生设备的连接支管、各层楼地面、屋面、水箱的顶面和底面等处的标高。在排水系统图中，横管的标高以管道内底为准，一般应标注立管上的通气帽、检查口、排出管的起点标高。

2. 系统图识读

图 21－4 为住宅楼底楼给水系统图。给水系统 2 中，2 号给水管(DN50)从户外相对标高－0.080 m 处穿墙入户后，向上转折成 JL－2(DN50)，穿出标高为－0.020 m 的地面，进入东边底层住户的厨房。在标高 1.000 m 处接有 DN20 水平支管，接阀门、水表、水龙头后然后向下，在标高 0.250 m 处穿墙进入卫生间，接 DN15 支管，向南接脸盆上的水龙头，向北折向东后在标高 0.670 m 处，接浴盆上的水龙头，支管的最东边接坐便器的给水口。JL－2 继续上行，在标高为 2.98 m 处穿过二层楼板，在标高为 4.000 m 处，接水平支管，为西边二层住户的厨房和卫生间配水。1 号给水管，只供应西边底层和二层两户用水，与西边完全相同，读者可自行识读。

JL－2 穿过三层、四层楼板和屋面板，到达屋顶，分东西两路向水箱供水。在标高为 12.500 m 的水箱底面有一 DN50 的竖管向下，向南接阀门后再向下，为一排污口。水箱前壁上方正中，有一 DN70 的溢流管，当水箱的浮球阀失去控制时，发生溢流，排出箱内多余积水。水箱西壁上引出 3 号给水立管 JL－3，分别在标高为 10.000 m和 7.000 m 处接水平支管，为西边四层和三层住户的厨房和卫生间配水。水箱东壁上，向东引 4 号给水立管 JL－4，分别向东边四层和三层住户的厨房和卫生间配水。

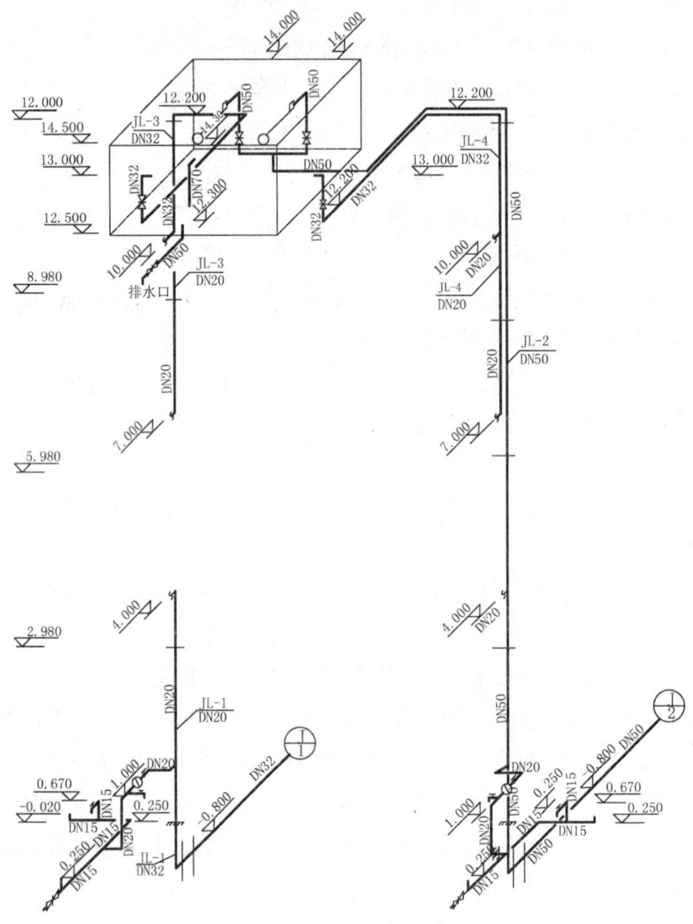

图 21－4 给水系统图

图 21－5 为四层住宅楼排水系统图。图中可看出 1 号排污系统有两根排出管，一根直接排除西边底层住户大便器所排出的污水，另一根排除由 WL－1 汇总的西边二、三、四层住户大便器所排出的污水。WL－1 在接了顶层大便器的支管后，作为通气管，向上延伸，穿出四层楼板和屋面板，成为通气孔。污水立管在标高为 1.600 m 和 7.600 m 处各装有一个检查口。2 号排污系统与 1 号排污系统情况基本相同，读者可自行识读。

1 号废水系统的排出管，在西边底层住户的厨房穿墙出户，标高为－1.100 m，管径为 DN75，西边四户的废水，都汇总到 FL－1 中，然后由 1 号废水排出管排除。图中可看出，排除厨房洗涤盆废水的支管，在各层楼地面的上方，而排除卫生间洗脸盆、地漏和浴盆废水的支管，则在各层楼地板的下方。FL－1 在四层楼面之上与厨房中洗涤盆废水支管连接后，作为通气管，向上延伸出屋面，至标高 12.700 m 处，加镀锌铁丝球通气帽。为了便于检查和疏通管道，在标高 1.600 m 和 7.600 m 处设置两个检查口。在卫生设备的泄口处，要设置存水弯，以便利用弯内存水形成的水封，阻止废水管内的臭气向卫生间或厨房外溢。2 号废水系统与 1 号废水系统情况基本相同。

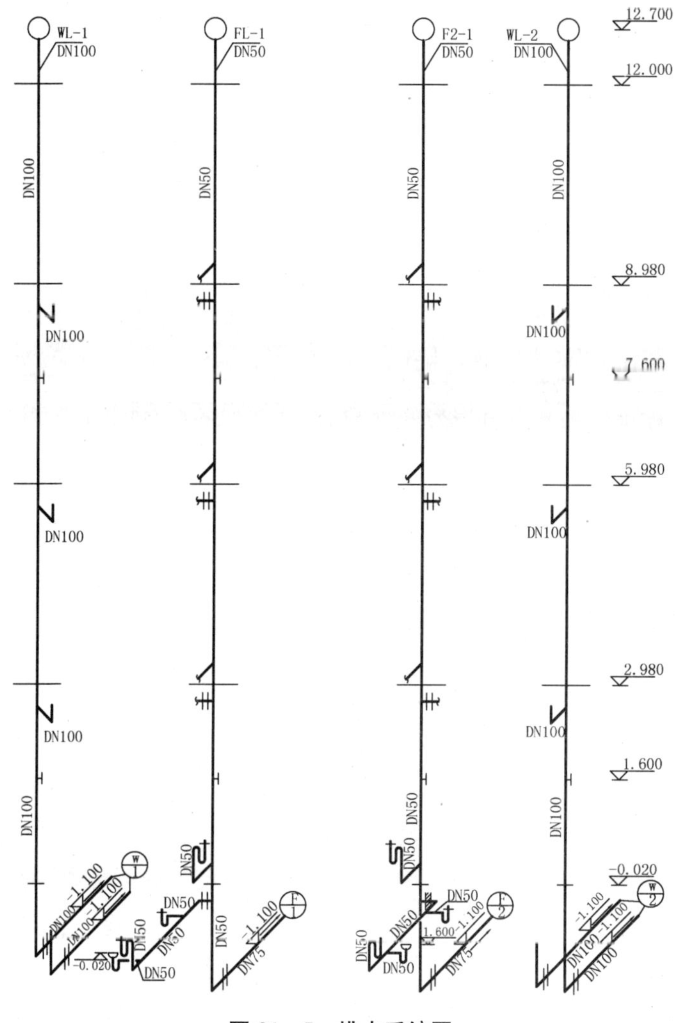

图 21－5　排水系统图

五、实训任务与要求

1. 实训任务

识读图 21－6(a)、(b)、(c)所示室内卫生间给排水施工图。

2. 实训要求

(1) 熟悉施工图中各标注代号、数值的含义，掌握卫生间给排水管道、附件的类型及安装方法。

(2) 掌握给排水管线设备的位置、材料、数量及大小。

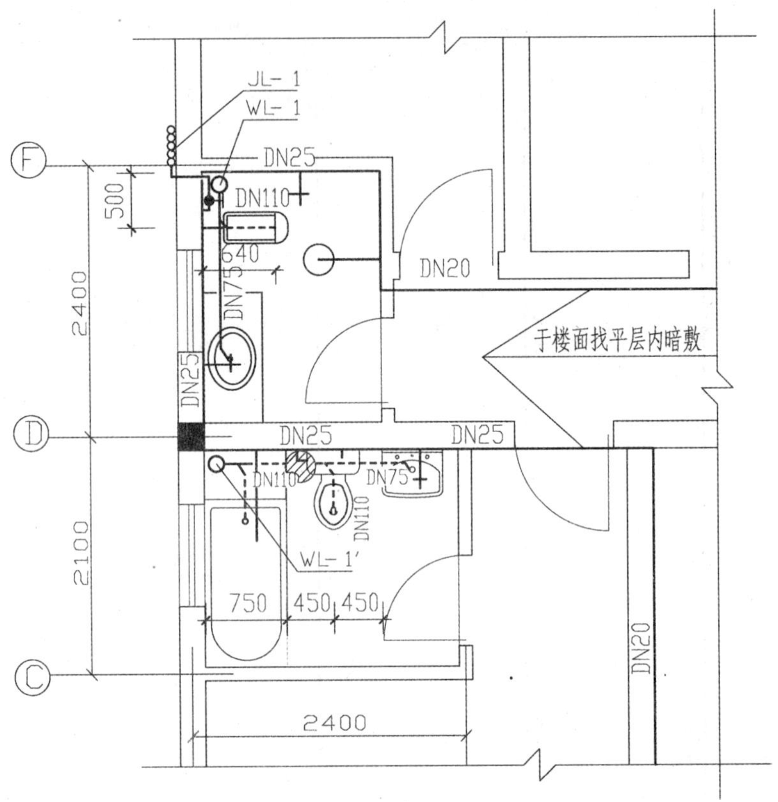

(a) 卫生间给排水平面图

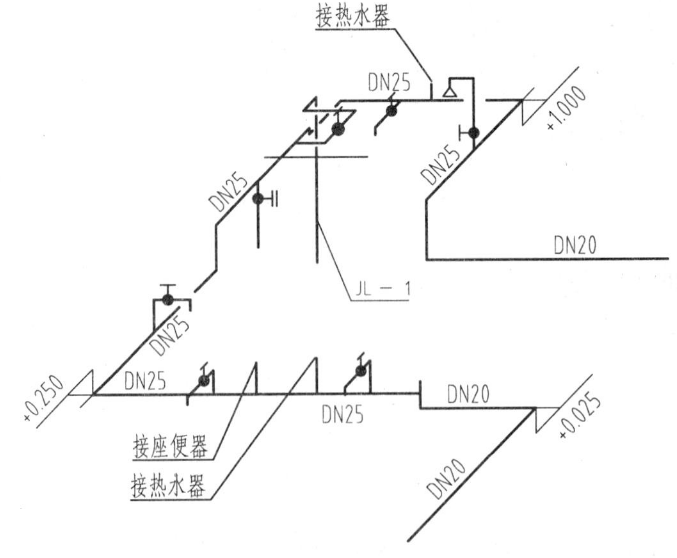

(b) 卫生间给水系统图

设备材料图例			
序号	名　称	图例	型号及规格
1	排水混凝土管	——	DN250-DN300
2	管UPVC排水	——	DN50-DN200
3	热镀锌钢管	——	DN50-DN150
4	PP-R给水管	——	DN20-DN90
5	蹲式大便器		建设方自定
6	蹲便器自闭式冲洗阀		DN20
7	单管淋浴器		DN15
8	陶瓷芯水嘴		DN15
9	洗脸盆		建设方自定
10	座便器		建设方自定
11	浴缸		建设方自定
12	不锈钢洗菜池		建设方自定
13	防臭地漏		DN75
14	截止阀		DN50
15	截止阀		DN20
16	闸阀		DN100
17	闸阀		DN70

(c) 室内给排水设备图例与型号规格表

图 21－6　室内卫生间给排水施工图

参考文献

[1] 张多峰. AutoCAD 建筑制图. 郑州：黄河水利出版社，2011.
[2] 倪化秋. 工程制图. 北京：中国水利水电出版社，2009.
[3] 刘志麟. 建筑制图. 北京：机械工业出版社，2003.
[4] 白丽红. 建筑工程制图与识图. 北京：北京大学出版社，2009.
[5] 苏小梅. 建筑制图. 北京：机械工业出版社，2008.

参考答案

任务二　制图标准学习与应用

课外思考答案

(1) (b);(2) (a);(3) (d);(4) (c);(5) (d)

任务十　识读组合体视图绘制轴测图

课外识图拓展练习答案

(1) (a);(2) (c);(3) (c);(4) (d);(5) (b)

任务十一　识读组合体视图补画第三视图

课外识图拓展练习答案

(1) (c);(2) (b)

任务十五　识读房屋建筑施工图

课外思考答案

(1) (a);(2) (b);(3) (a);(4) (d)

任务十六　绘制房屋建筑施工图

课外思考答案

(1) (c);(2) (a);(3) (c)

任务十七　识读和钢筋混凝土结构图

课外思考答案

(1) (b);(2) (c);(3) (c);(4) (b)

附图：宿舍楼房屋建筑图

建筑设计说明

1. 工程名称

山水利职业学院日照生活区一期工程 E 楼

2. 建筑概况

建筑高度 20.60 m，建筑东西长 66.550 m，南北长 13.490 m，总建筑面积3 905 m^2。

建筑等级为二级，耐久年限为二级，抗震设计按 7 度设防。

建筑地上五层半，砖混结构，屋面防水等级为 3 级，建筑合理使用年限为 50 年。

设计标高半层室内地面为 0 高程，室内外高差为 0.3 m。

3. 设计依据

《民用建筑设计通则》(JGJ37—87)

《屋面工程技术规范》(GB50207—94)

《民用建筑节能设计规范》(JGJ26—95)

《建筑设计防火规范》(GBJ16—87)

《住宅建筑设计规范》(GB50096—1999)

4. 采用图集

均为山东省通用标准图集

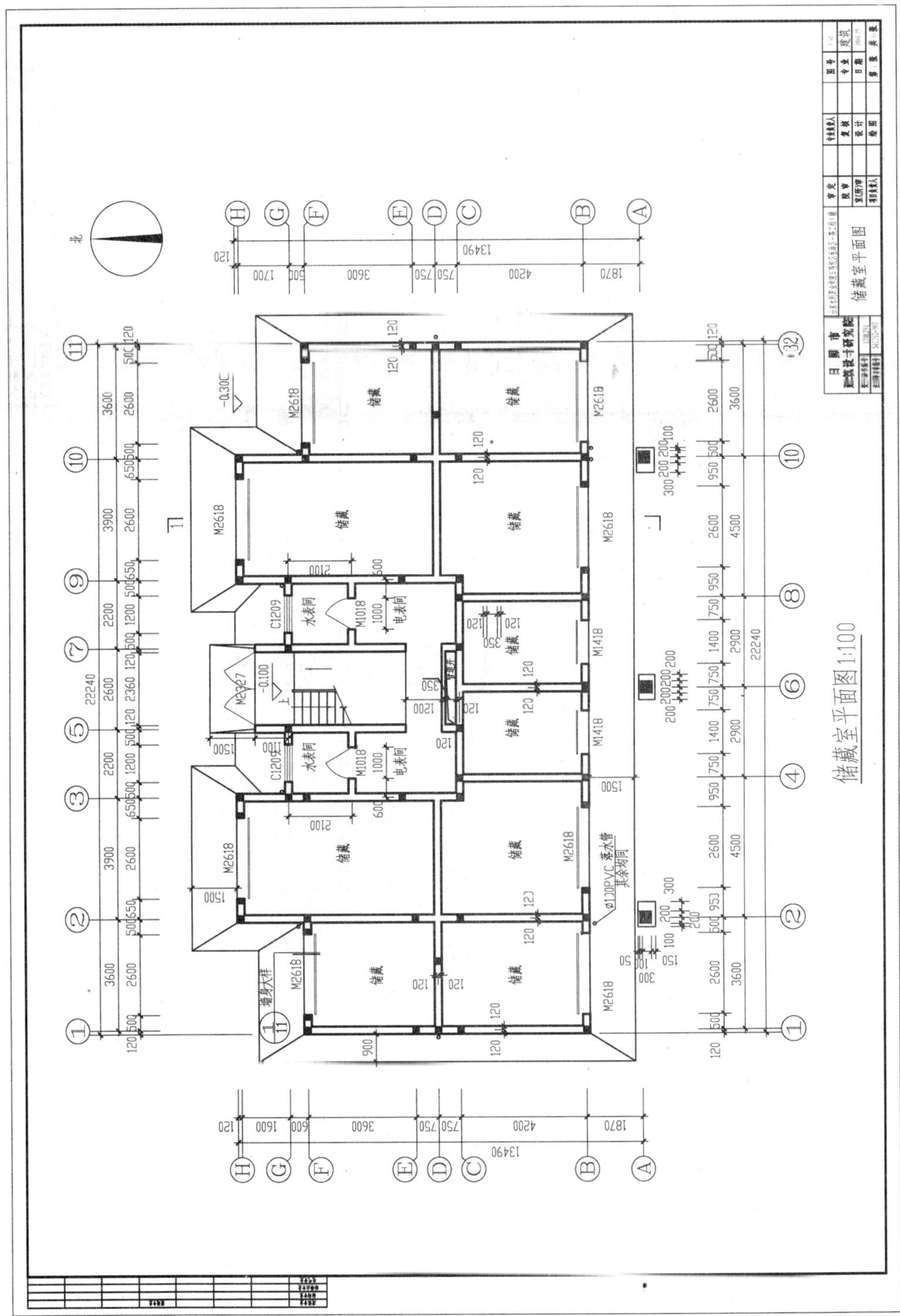
储藏室平面图 1:100

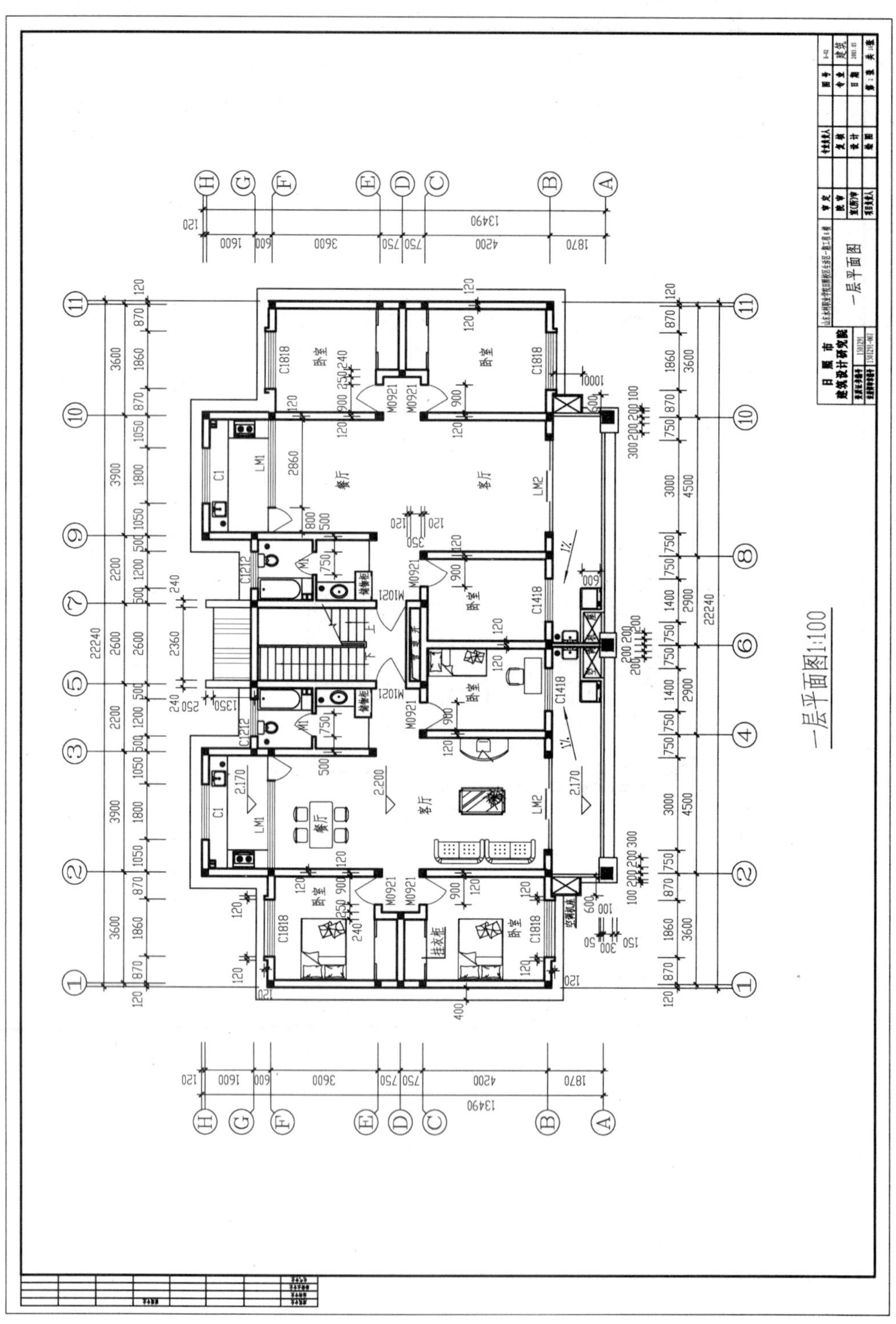
一层平面图1:100

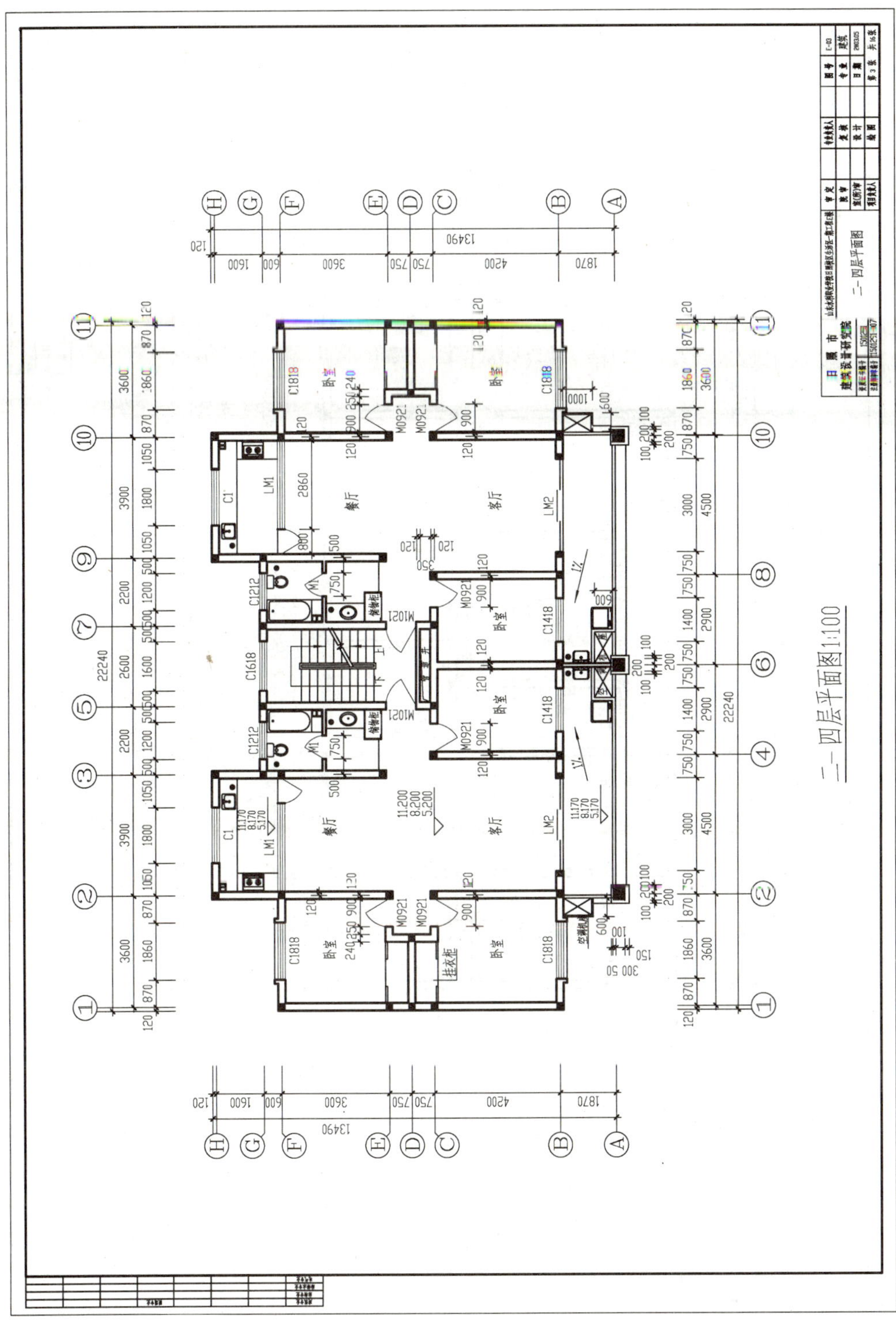
二~四层平面图1:100

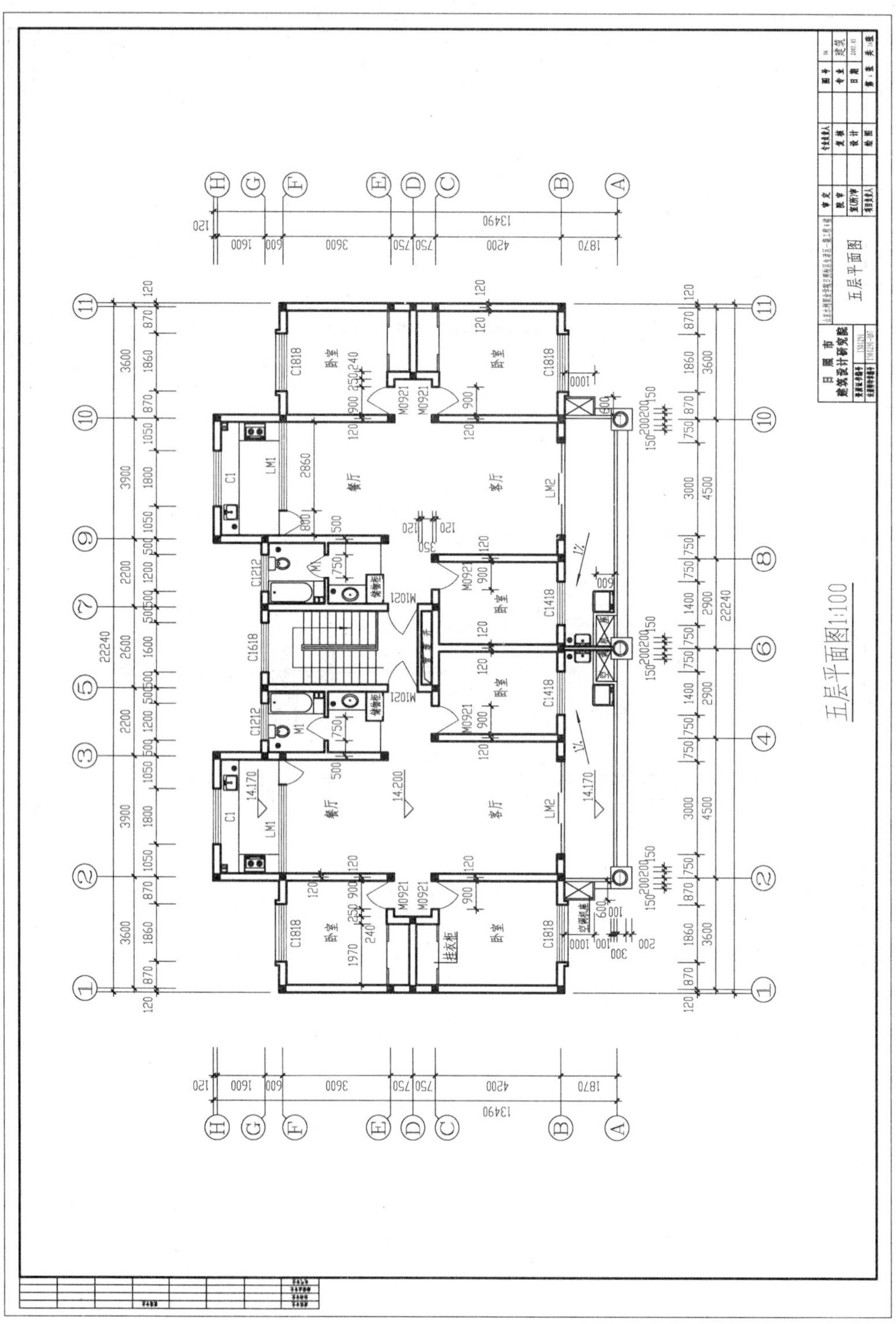

五层平面图1:100
五层平面图
日照市建筑设计研究院

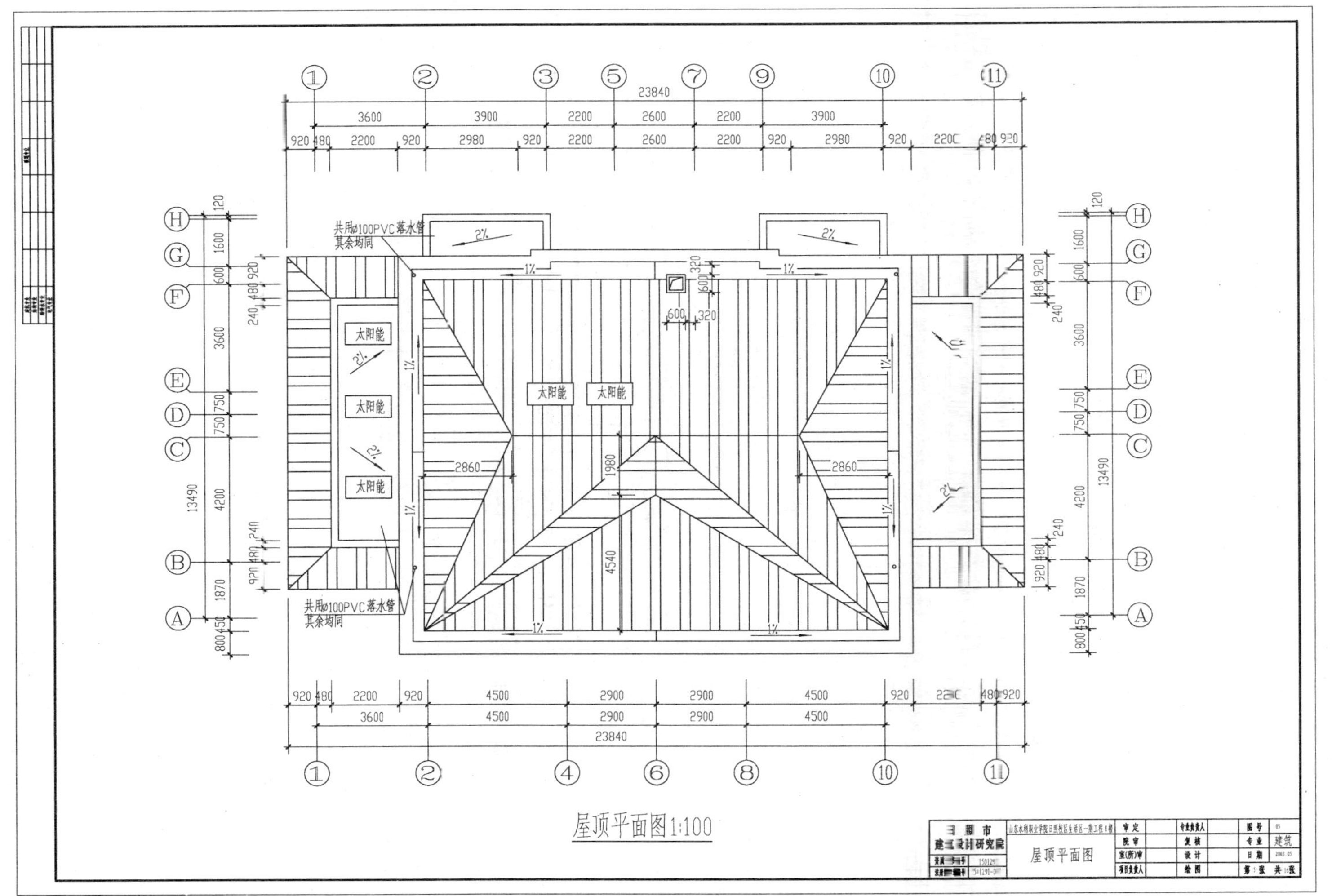
共用φ100PVC落水管
其余均同
太阳能
屋顶平面图1:100
屋顶平面图
建筑

南立面图1:100

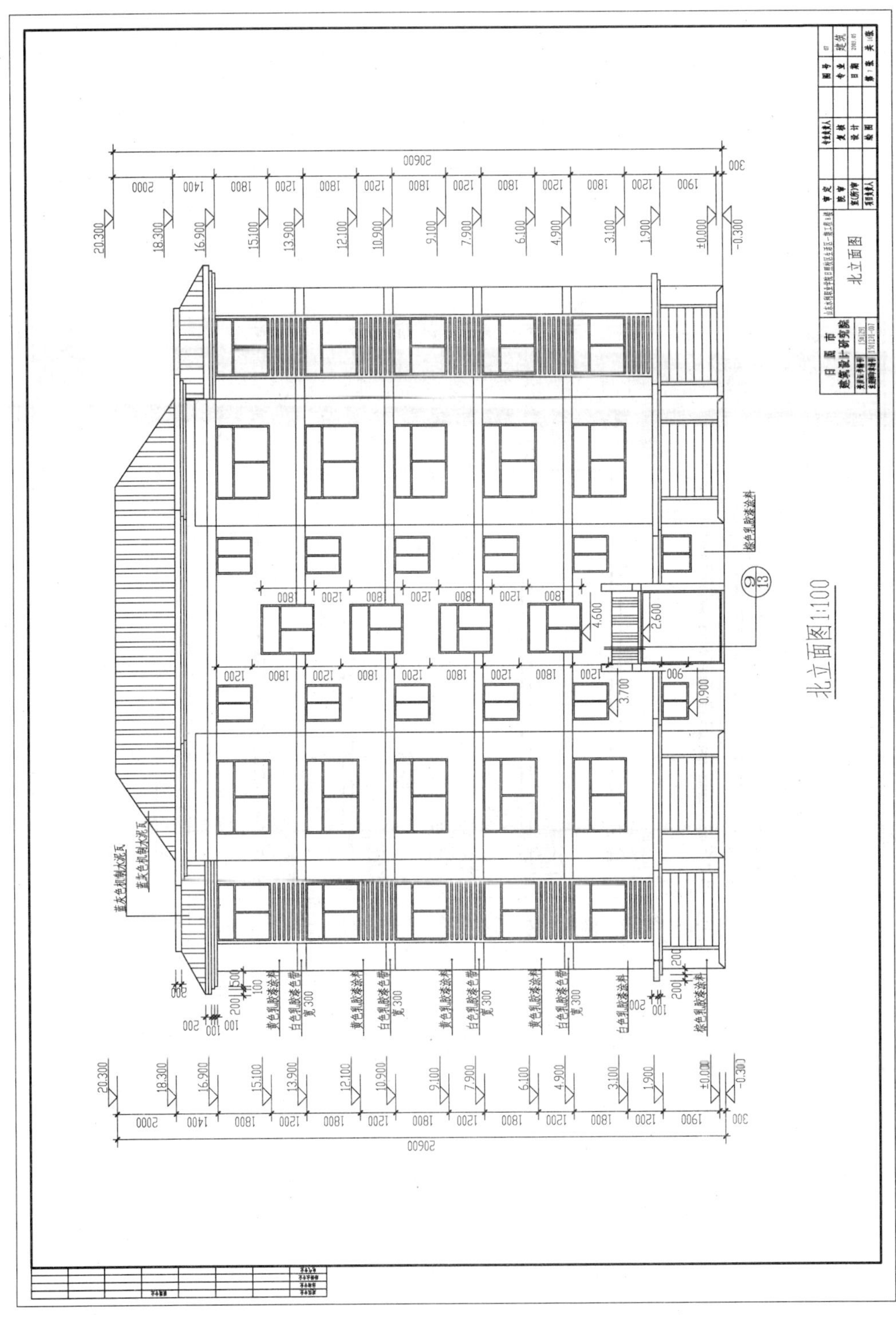
北立面图1:100

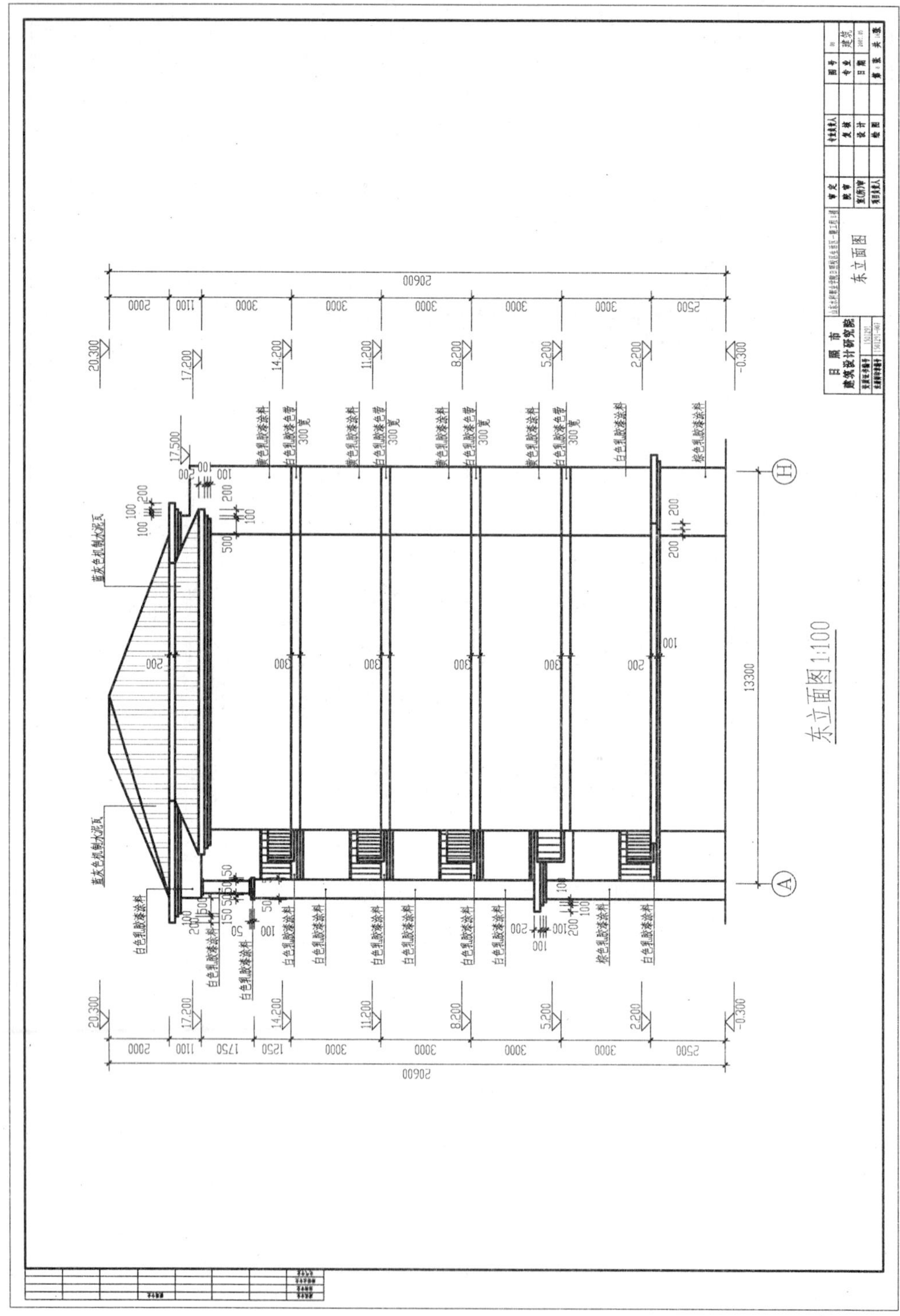
东立面图 1:100

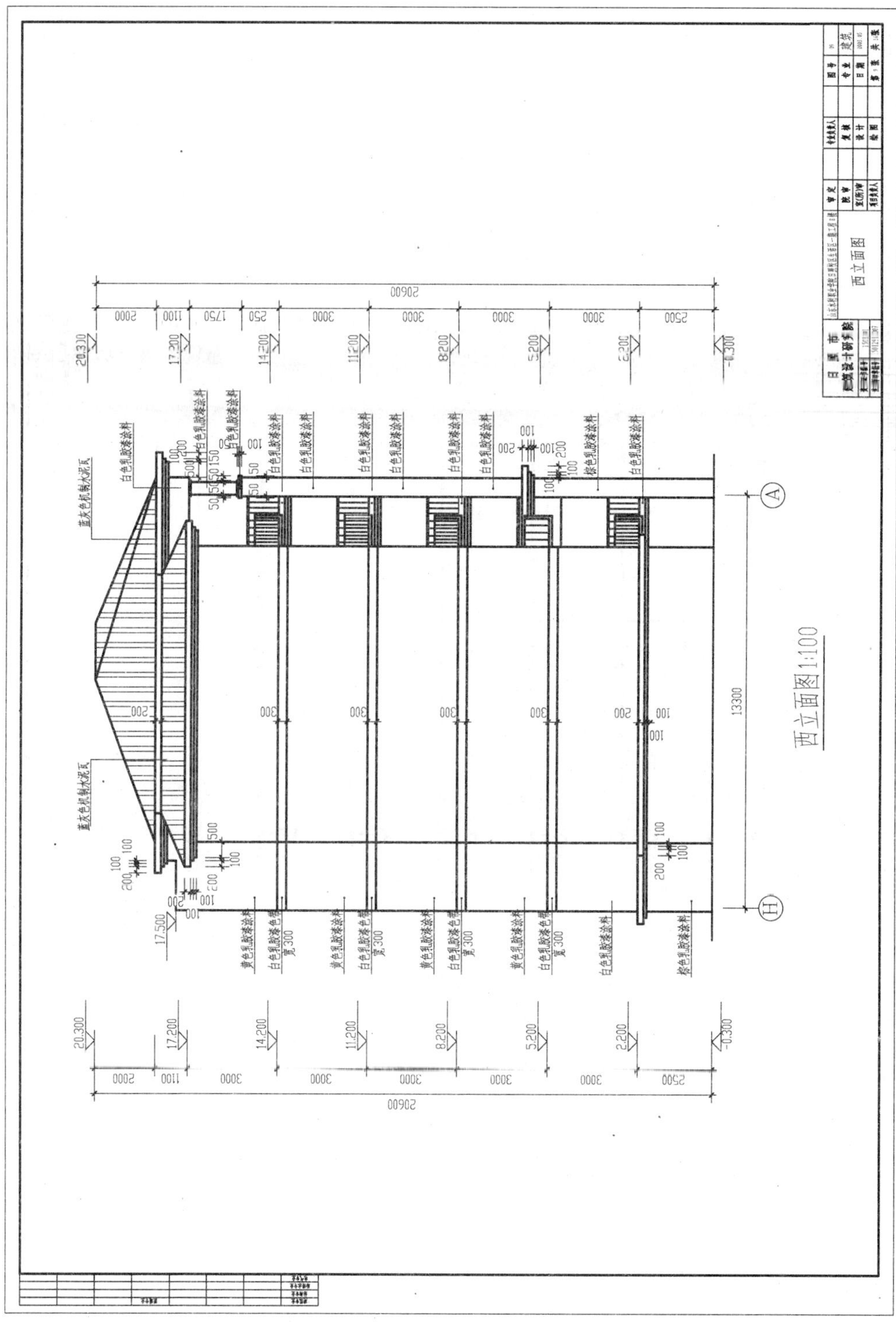
西立面图1:100
西立面图
蓝灰色机制水泥瓦
白色乳胶漆涂料
黄色乳胶漆涂料
棕色乳胶漆涂料
20.300
17.200
14.200
11.200
8.200
5.200
2.200
-0.300
20600
13300

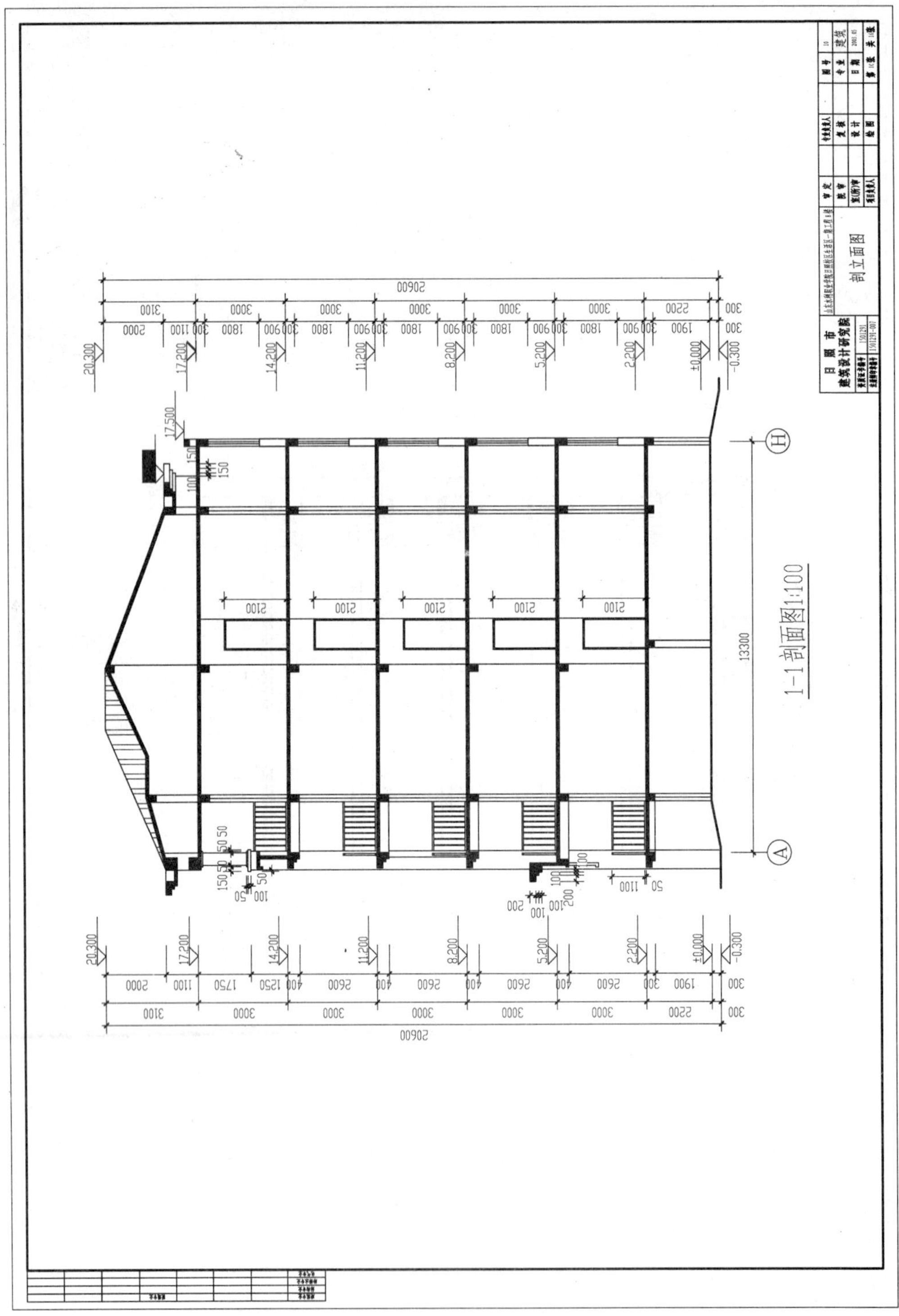
1-1剖面图1:100
日照市
建筑设计研究院
剖立面图
20600
13300

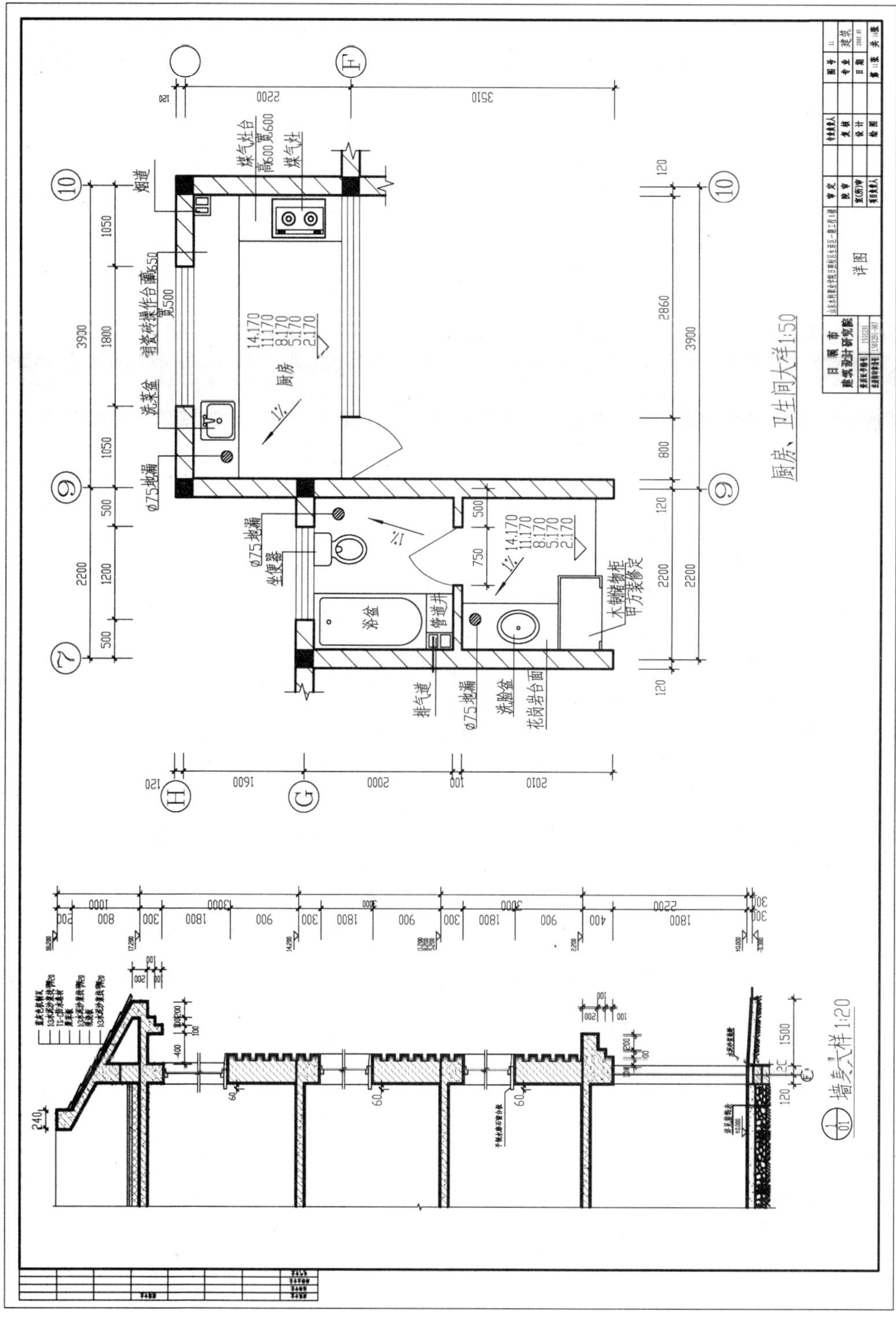
厨房、卫生间大样1:50
墙身大样1:20
厨房
煤气灶台
煤气灶
烟道
洗菜盆
ø75地漏
坐便器
浴盆
管道井
排气道
洗脸盆
详图

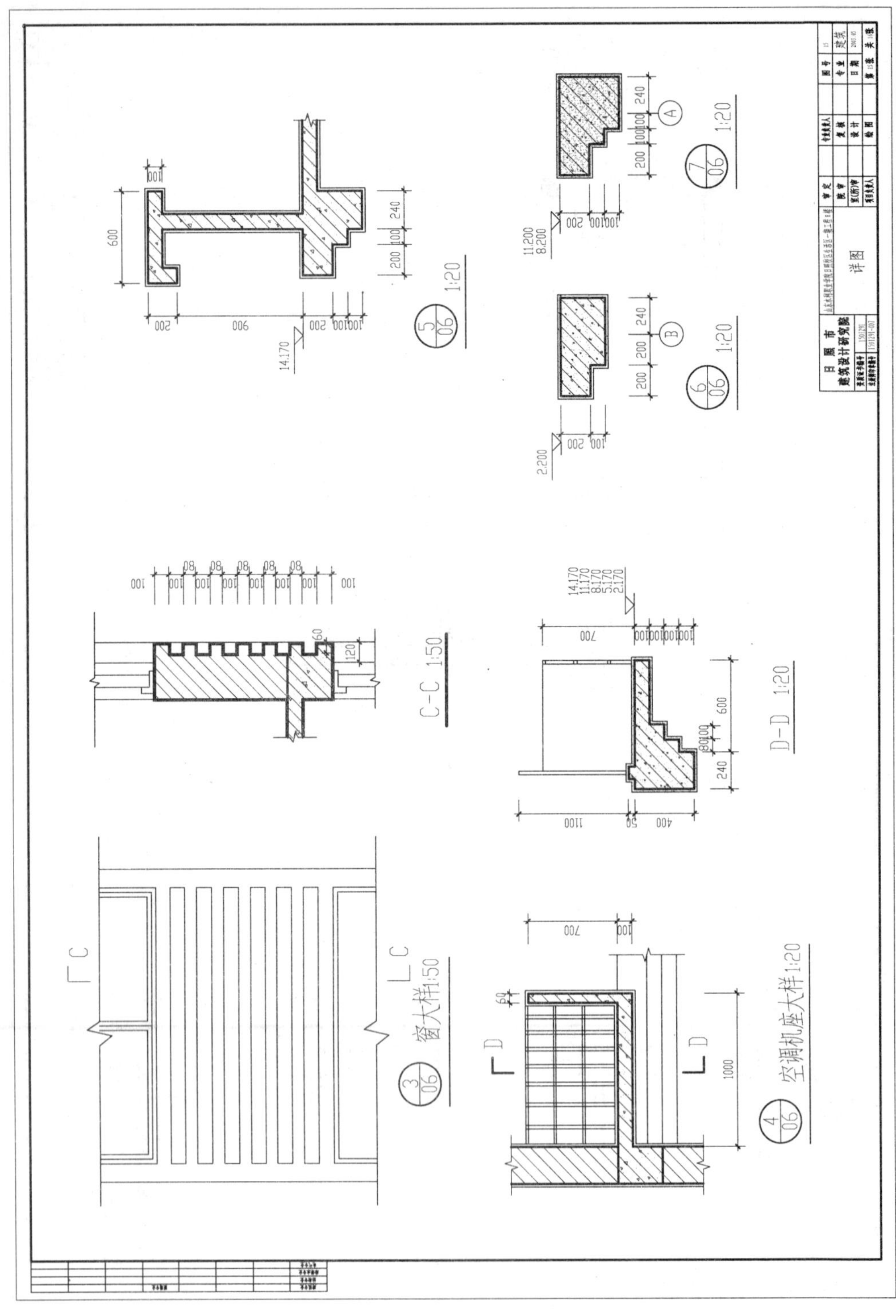
窗大样1:50
空调机座大样1:20
C-C 1:50
D-D 1:20
详图

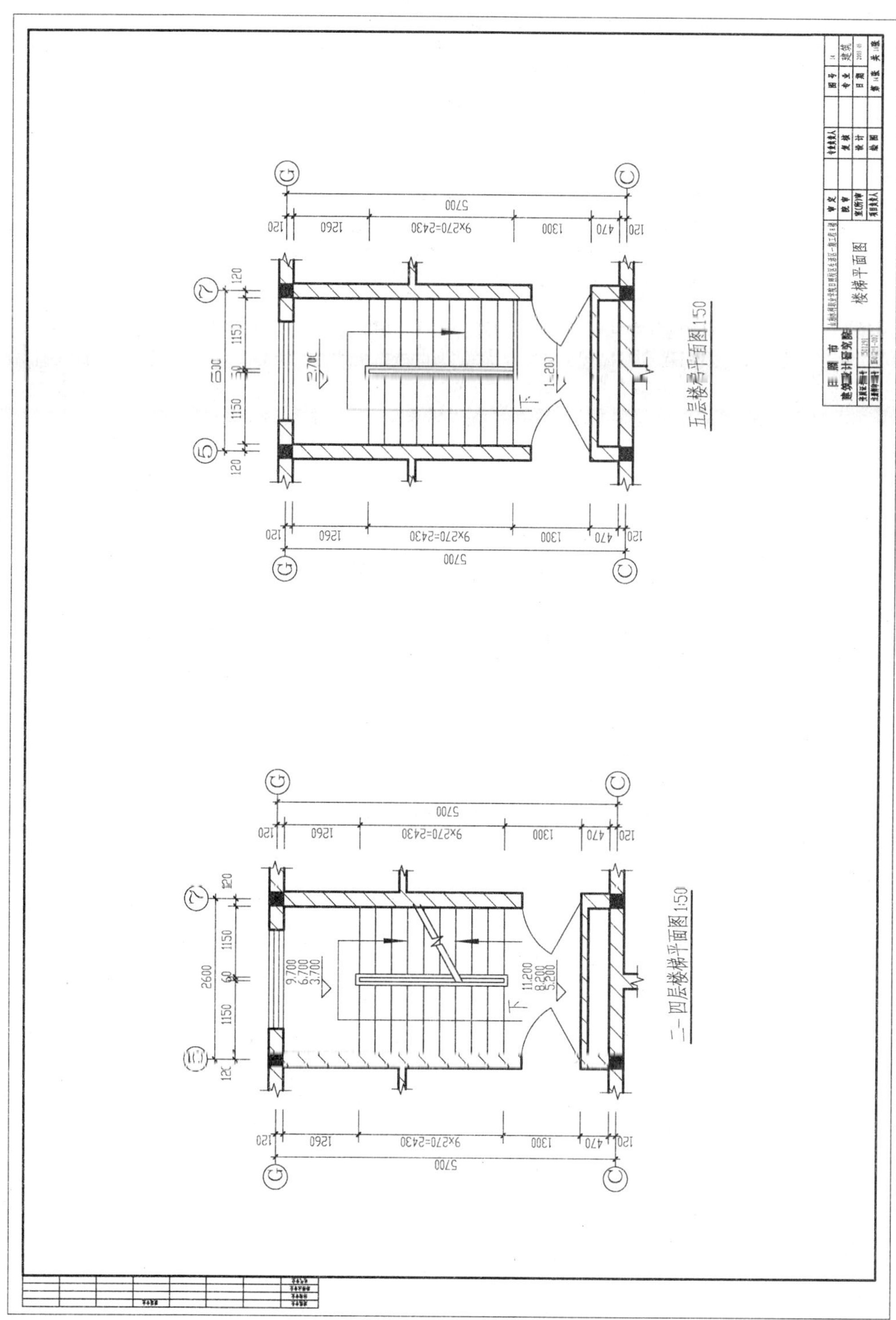
五层楼梯平面图1:50
二~四层楼梯平面图1:50
楼梯平面图
5700
9×270=2430
1260
1300
470
120
1150
2600
9.700
6.700
3.700
11.200
8.200
5.200
下

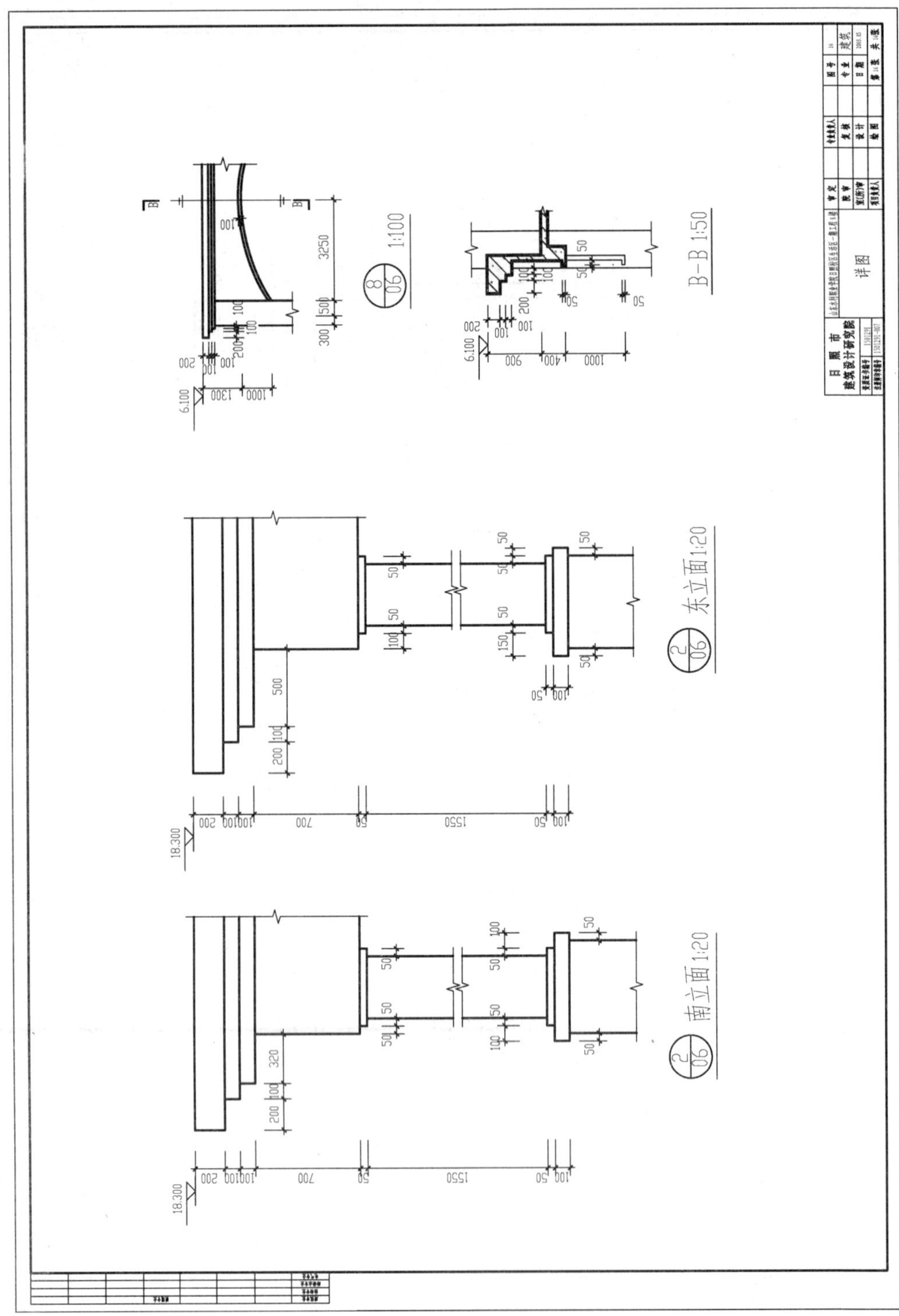
南立面 1:20
东立面 1:20
B-B 1:50
1:100
详图
日照市建筑设计研究院

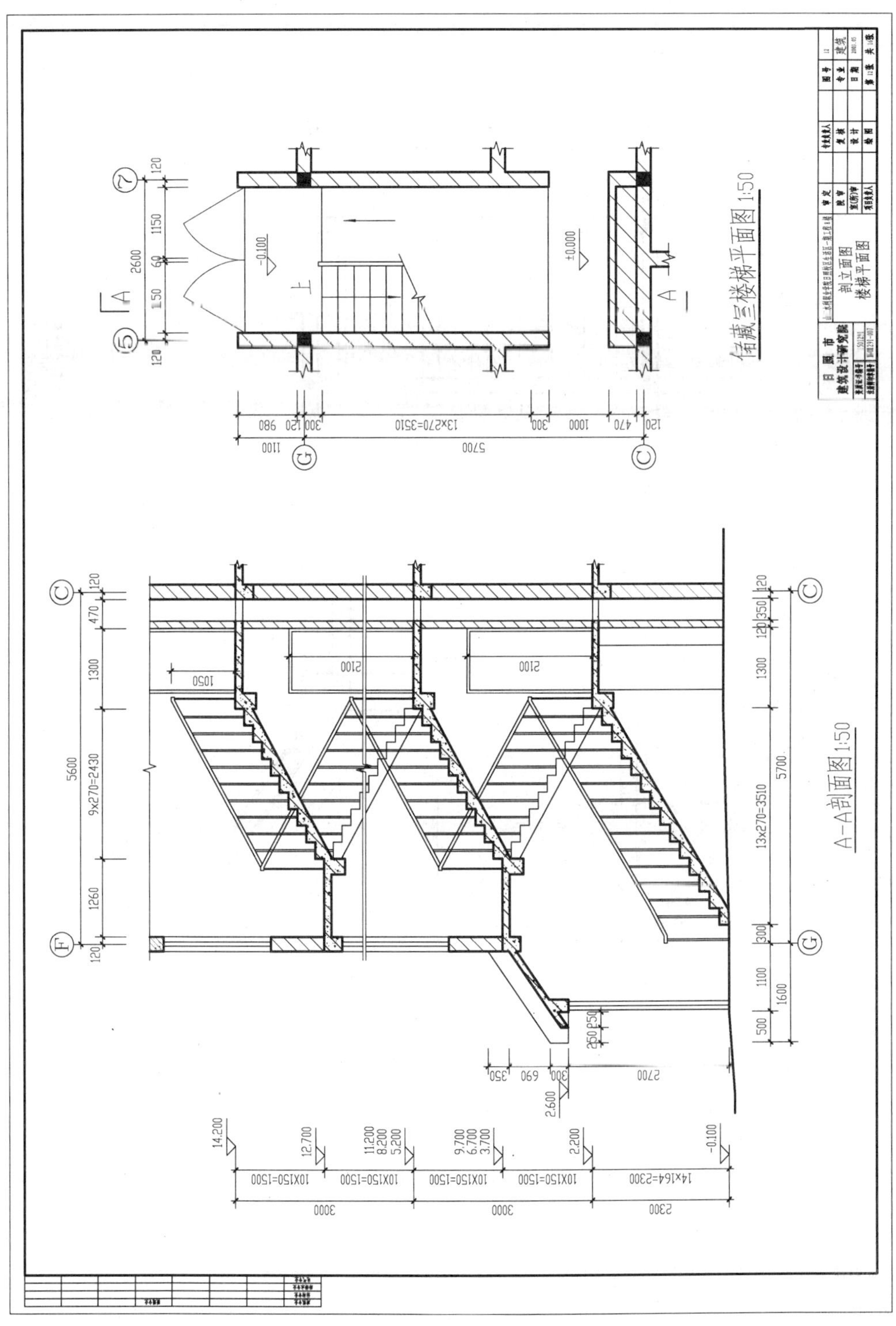
A-A剖面图 1:50
剖立面图
楼梯平面图
13x270=3510
9x270=2430
14x164=2300
10X150=1500
5700
5600

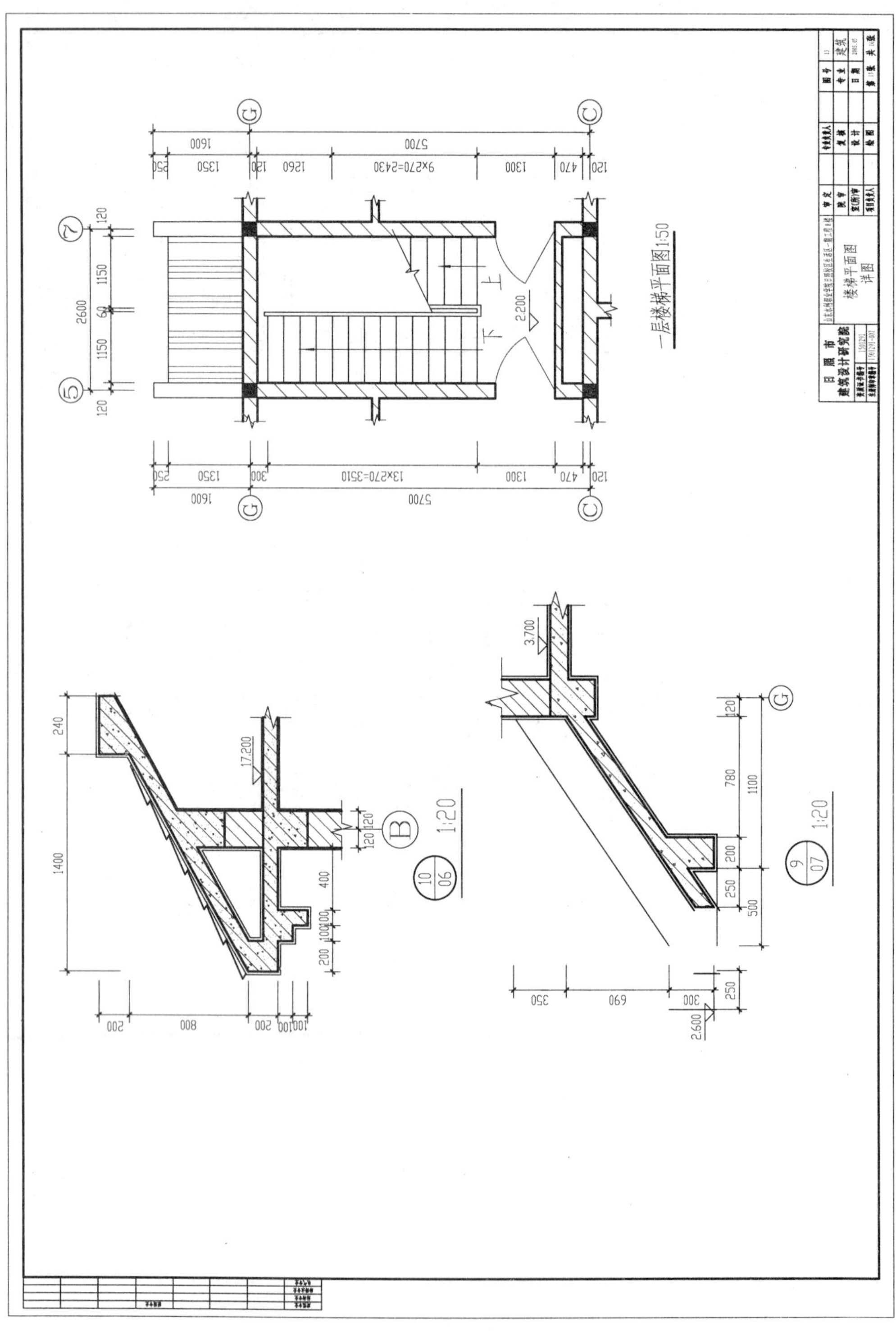
一层楼梯平面图1:50
楼梯平面图
详图
上
下
1:20
1:20

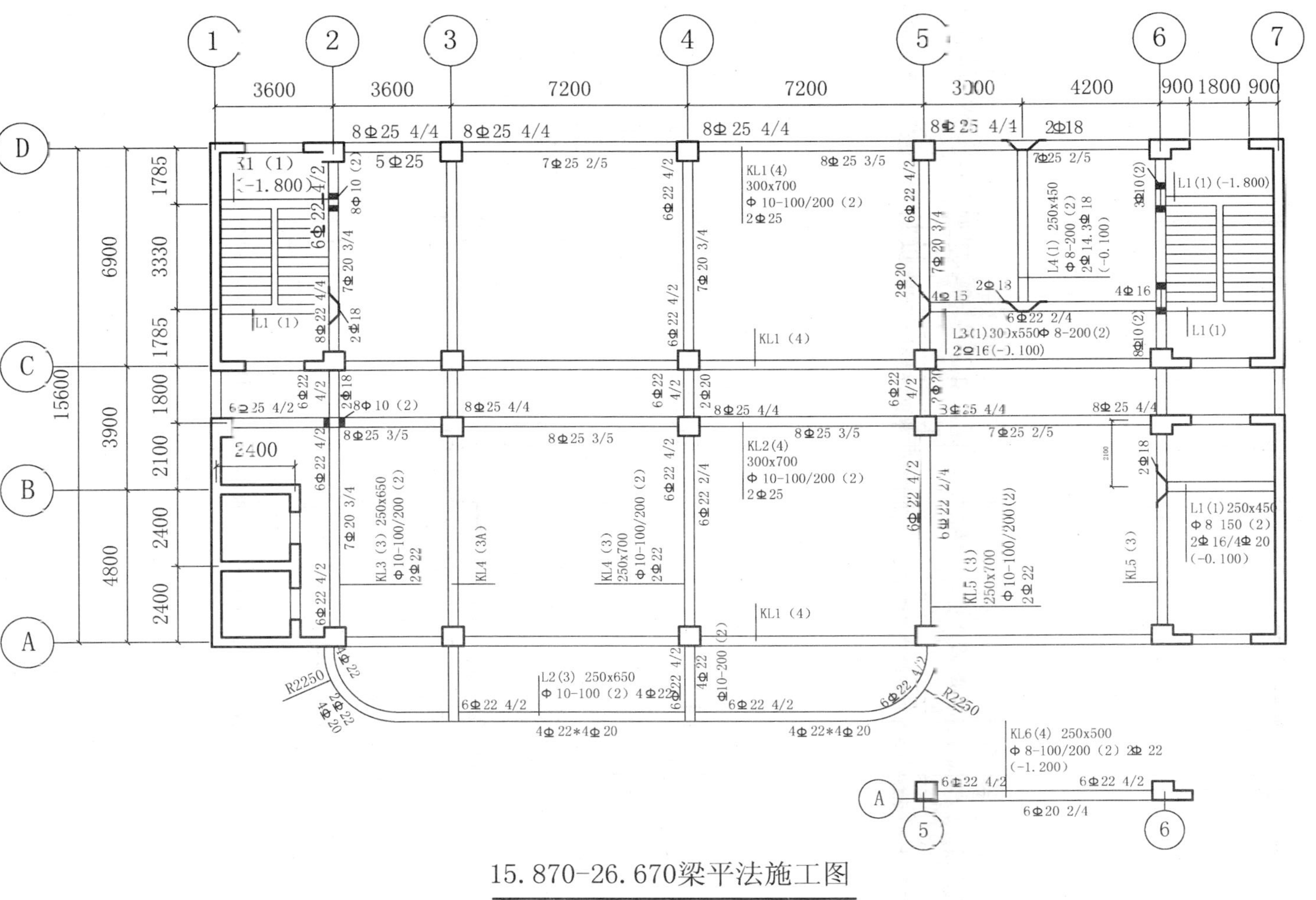

15.870-26.670梁平法施工图

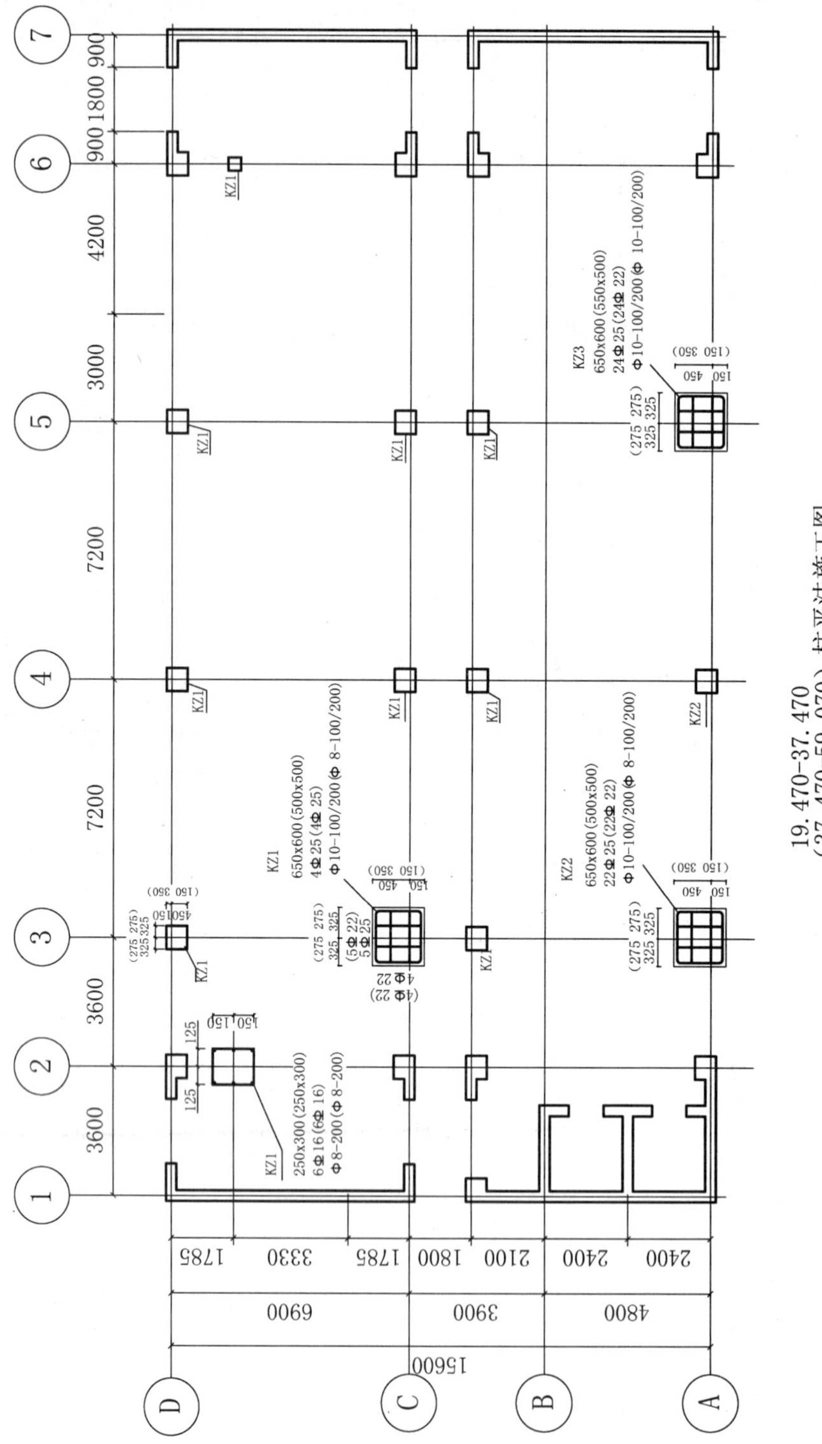

19.470-37.470
(37.470-59.070) 柱平法施工图

注：KZ3标高19.470-59.070m以及KZ1和
KZ2标高37.470-59.070均采用焊接封闭箍

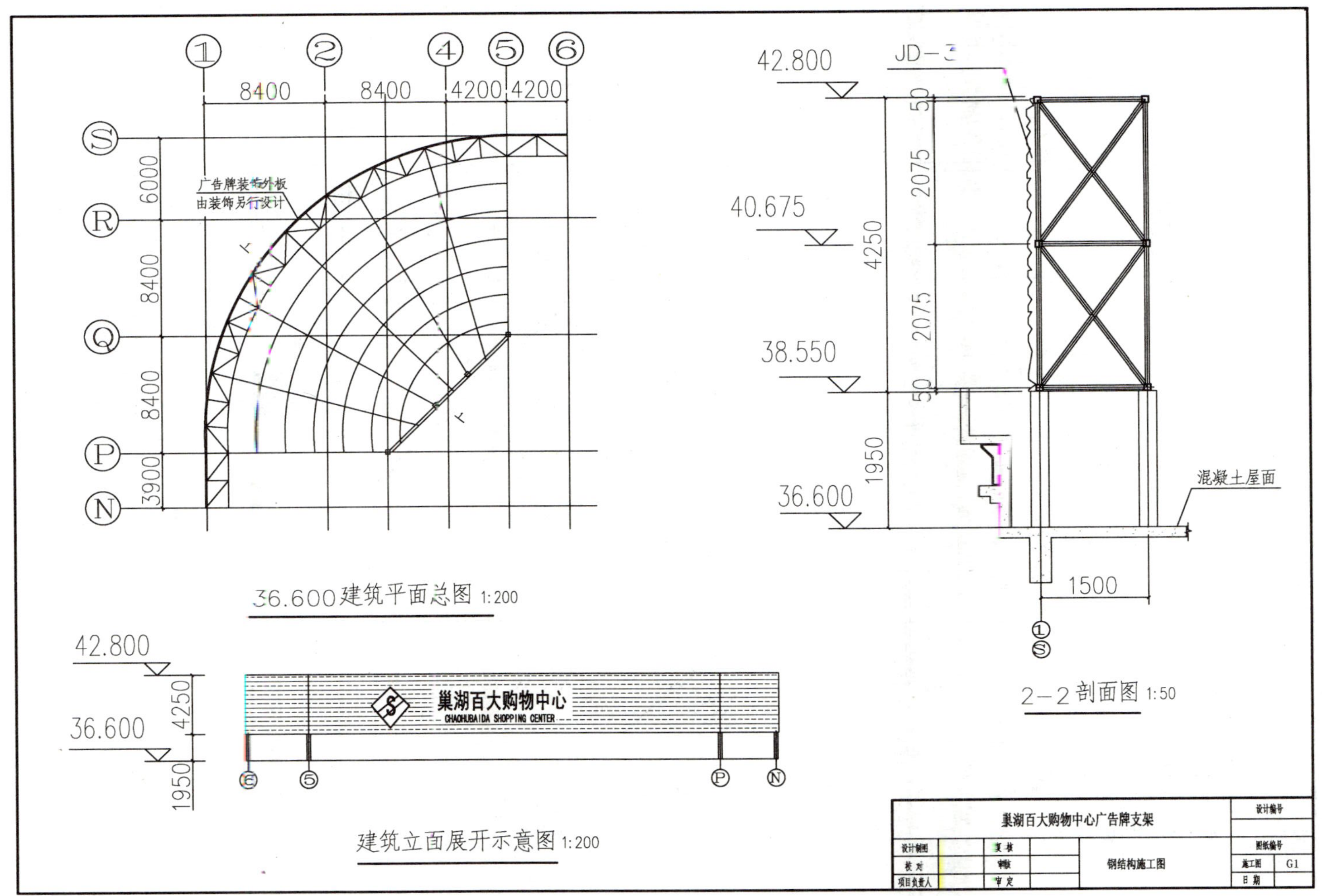
8400 8400 4200 4200
6000 8400 8400 3900
广告牌装饰外板
由装饰另行设计
36.600建筑平面总图 1:200
42.800
40.675
38.550
36.600
50 2075 2075 50
4250
1950
1500
混凝土屋面
2—2剖面图 1:50
巢湖百大购物中心
CHAOHUBAIDA SHOPPING CENTER
建筑立面展开示意图 1:200
巢湖百大购物中心广告牌支架
钢结构施工图
G1

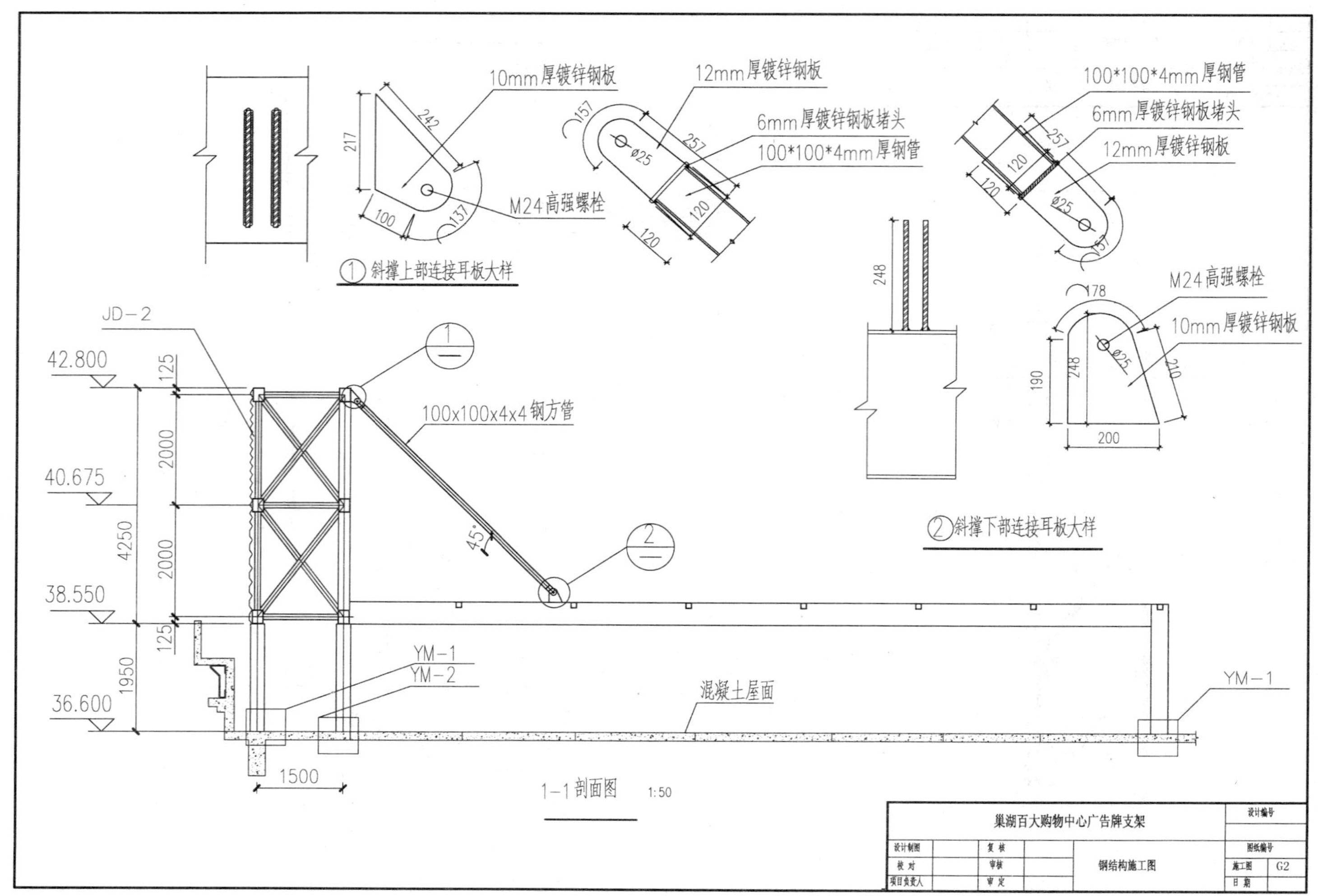
10mm厚镀锌钢板
242
217
100
137
M24高强螺栓
①斜撑上部连接耳板大样
12mm厚镀锌钢板
157
6mm厚镀锌钢板堵头
257
100*100*4mm厚钢管
ø25
120
120
100*100*4mm厚钢管
6mm厚镀锌钢板堵头
257
12mm厚镀锌钢板
120
120
ø25
157
248
178
M24高强螺栓
10mm厚镀锌钢板
190
248
ø25
210
200
②斜撑下部连接耳板大样
JD-2
42.800
40.675
38.550
36.600
125
2000
2000
125
4250
1950
100x100x4x4钢方管
45°
YM-1
YM-2
混凝土屋面
YM-1
1500
1-1剖面图 1:50
巢湖百大购物中心广告牌支架
设计编号
设计制图
复核
校对
审核
项目负责人
审定
钢结构施工图
图纸编号
施工图
G2
日期

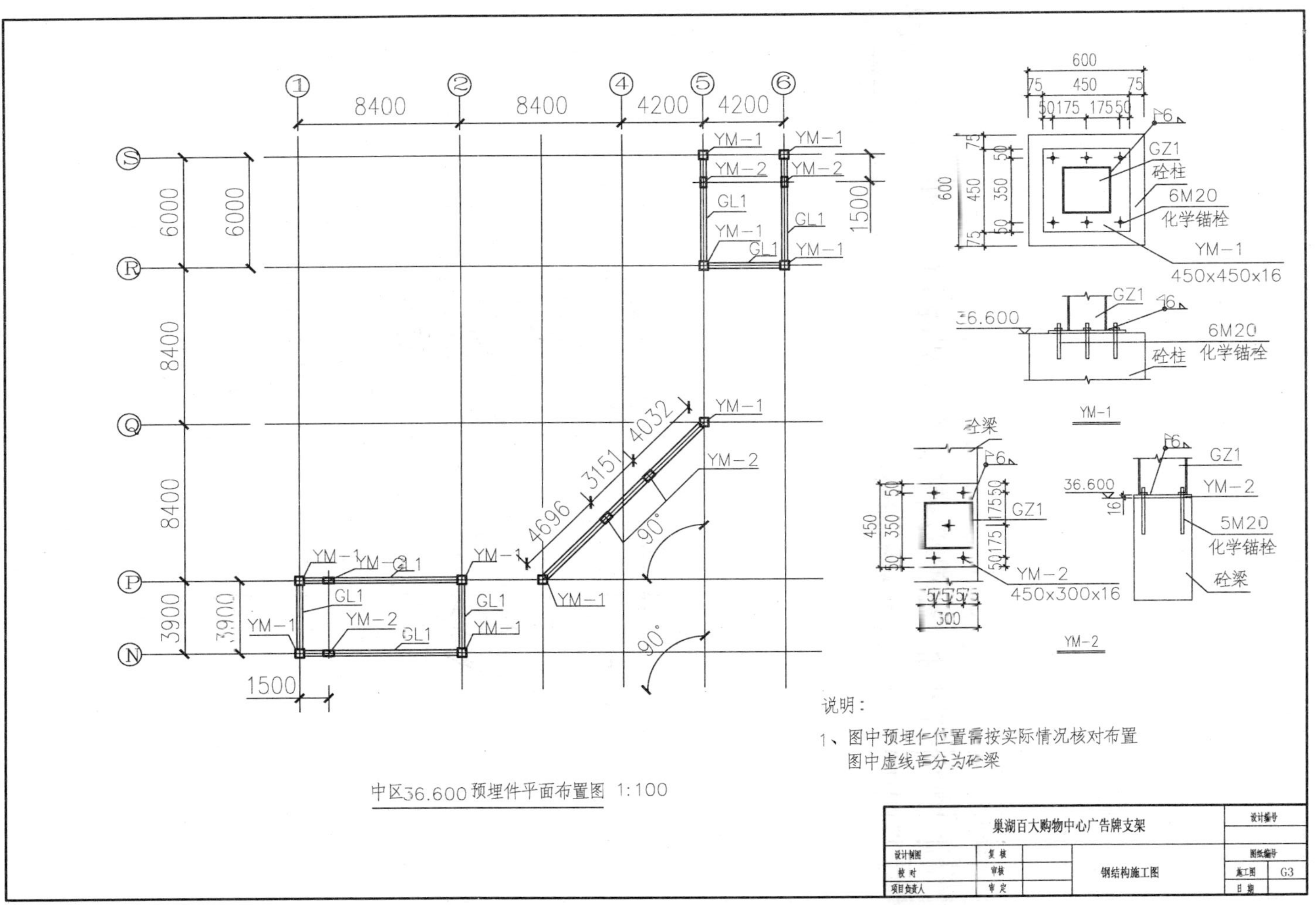

中区36.600预埋件平面布置图 1:100

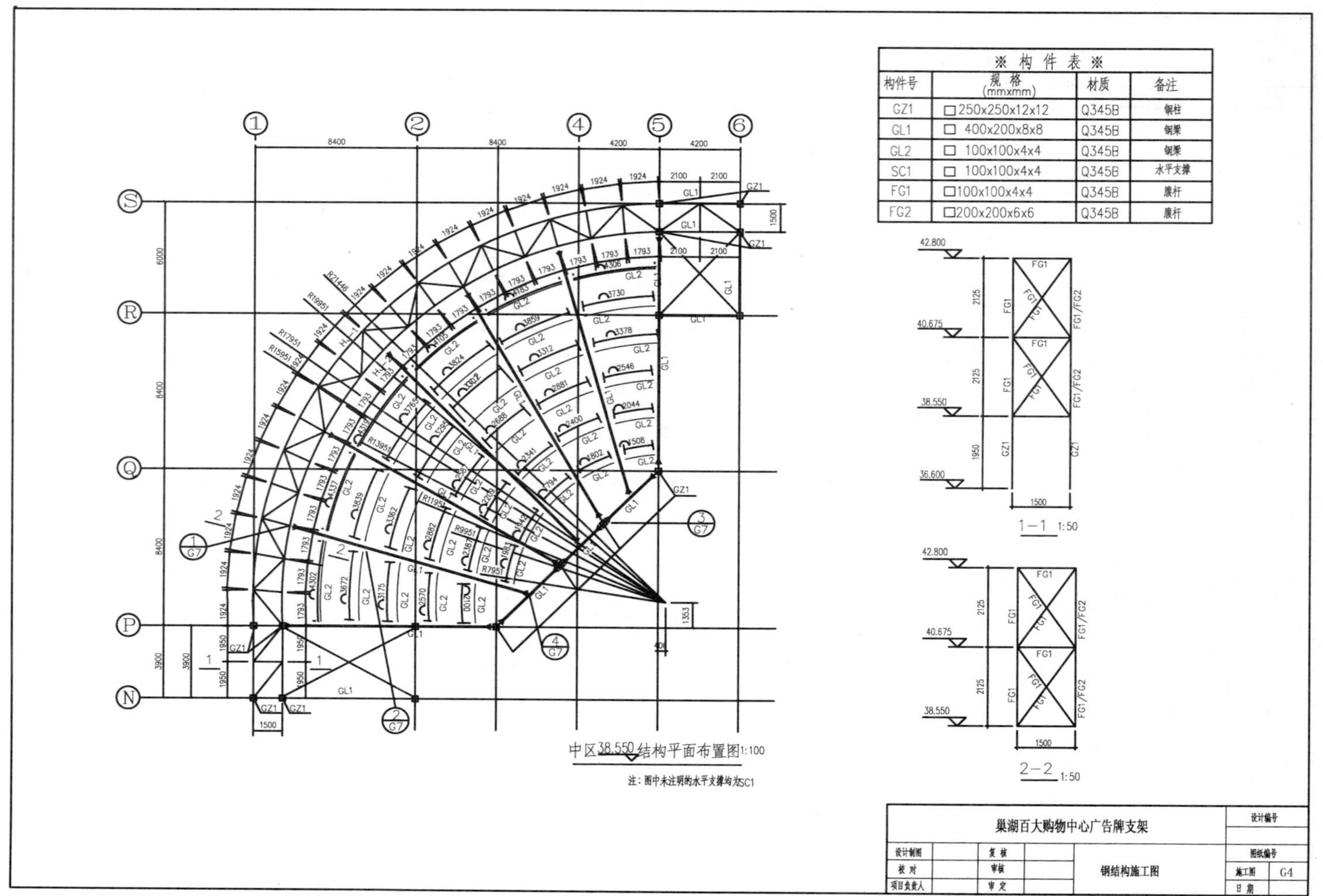

构件号	规格 (mmxmm)	材质	备注
GZ1	□250x250x12x12	Q345B	钢柱
GL1	□400x200x8x8	Q345B	钢梁
GL2	□100x100x4x4	Q345B	钢梁
SC1	□100x100x4x4	Q345B	水平支撑
FG1	□100x100x4x4	Q345B	腹杆
FG2	□200x200x6x6	Q345B	腹杆

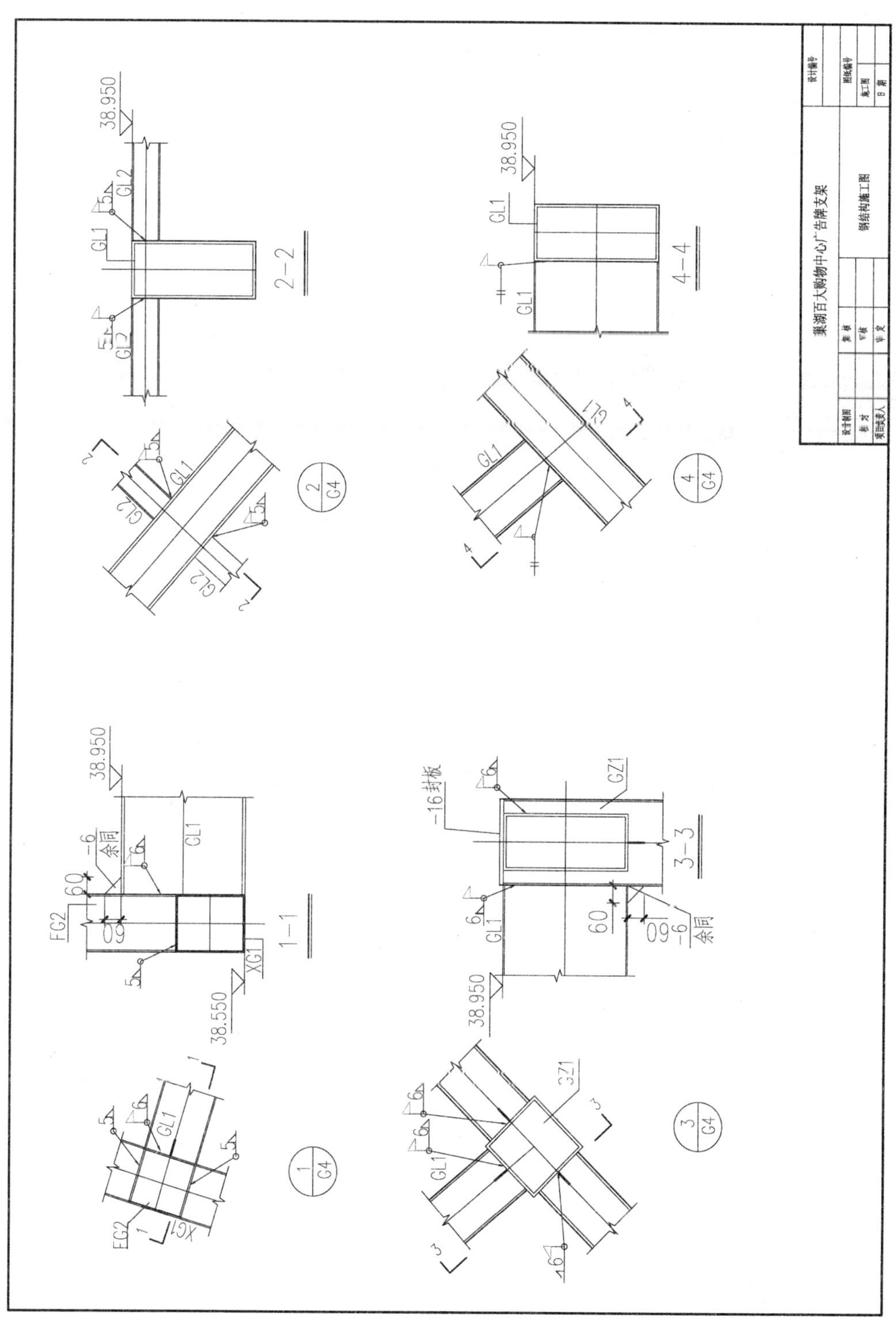
巢湖百大购物中心广告牌支架
钢结构施工图
2-2
4-4
1-1
3-3
38.950
38.550
GL1
GL2
FG2
XG1
GZ1
-16封板
-6
余同